정원학개론

Introduction to Gardening

(사)한국정원디자인학회

기문당

분야별 집필진

개론편

PART 1 정원의 개요 | 홍광표 · 박미옥
PART 2 정원의 역사

조성편

PART 3 정원 디자인 | 이애란 · 최재현
PART 4 정원시설물관리 | 이우성
PART 5 정원식물관리 | 김도균
PART 6 정원시공 | 이혁재 · 홍승훈
PART 7 정원재료 | 윤덕규
PART 8 식물생리 | 유영한

정원학개론

2023년 8월 25일 1판 1쇄 발행
2025년 2월 25일 1판 3쇄 발행

저　　자　(사)한국정원디자인학회
발 행 처　기문당
주　　소　서울시 성동구 무학봉 28길 4-1
전　　화　02) 2295-6171~2
팩　　스　02) 6971-8188
홈페이지　www.kimoondang.com
I S B N　978-89-6225-986-5　93520

머리말

정원은 인류와 자연이 공존하며 공생하는 실체의 장(場)입니다. 과거와 현재를 엮어주기도 하고, 지금 우리의 생활과 문화를 담은 작고도 크며, 깊고도 넓은 가치의 마당이라고 생각합니다. 자연의 소재와 터를 빌려 한땀 한땀 그 가치를 완성해가며 보람을 느끼고 함께 성장하며 나누는 시간 또한 정원의 소중한 매력일 것입니다.

정원을 알아가기 위해 또한 만들어가며 정원에 대한 전 과정을 이해하고 싶어 하는 독자들을 위해 (사)한국정원디자인학회에서 정원학과 조성을 개괄적으로 기술한 책 한 권을 발간하게 되었습니다.

본 서적은 크게 개론편과 조성편으로 되어 있습니다.

첫째, 개론편은 정원의 개요와 역사를 담았습니다.

개요는 정원의 개념과 조성목적, 정원문화와 트렌드, 역사에서는 서양의 정원과 동아시아 삼국 정원의 역사를 간결하게 정리하였습니다.

둘째, 조성편은 실제적인 정원조성의 전 과정을 담았습니다. 6개의 세부 파트로 정원디자인, 시설물과 식재, 시공, 정원의 재료와 식물생리로 구성하였습니다. 정원디자인은 정원조성의 시작으로 정원을 만들고자 하는 이들의 생각을 체계화하고 표현하는 선제적 작업입니다. 정원공간의 구성요소인 시설물과 수목, 식재에 대한 재료별 특성과 연출은 사례를 통해 알기 쉽게 기술하였습니다. 시공은 공사의 프로세스에 따라 사진과 함께 상세하게 설명하였습니다. 또한 소재와 식물생리에 대한 기본적인 이해와 적용을 위한 파트를 담았습니다.

본 집필진은 정원의 개론적 이해와 정원조성에 대해 좀 더 알기 쉽고 편안하게 정원에 접근할 수 있도록 이 책을 준비하였습니다. 정원에 다가가는 다양한 모습들의 독자들에게 조금이나마 그 시선의 방향으로 함께 바라보는 동반자가 되었으면 합니다.

저자 대표 **이 애 란**

목 차

개론편

PART 1

정원의 개요

1 PART

정원의 개요

1 정원의 개념

1.1 정원(庭園, garden)의 정의

고전적 개념으로 볼 때, 정원은 일정한 경계(울타리)를 두른 폐쇄적 공간이었다. 이것은 서구의 경우 현대 영어 garden, 중세 영어 gardyne, 이탈리아어 giardino, 스페인어 jardino, 프랑스어 jardine, 독일어 Garten 등과 같은 말들이 주변을 '둘러싸다'라는 의미의 'gher^{ghort}'라는 단어구성요소를 공통적으로 쓰고 있고, 동양의 경우에는 정원을 의미하는 한자어인 '원^{園}'이 큰 입 '구^{口}'자를 몸글로 쓰고 있다는 것을 보면 알 수가 있다.[1)]

이러한 어의적 개념과 더불어 정원은 인간의 역사와 더불어 존재해온 아주 오래된 역사적 공간이며, 다양하고 복합적인 목적성을 가진 문화적 환경으로 존재해왔다. 한편, 생태적으로 볼 때, 정원은 인공적으로 조성된 인공자연이다. 즉, 정원은 원생자연은 아니지만 그것에 가장 가깝게 만들어진 의도된 자연인 것이다.

건축과의 상관성을 놓고 보면 정원은 건축과 상대되는 관점에서 이야기되기도 한다. 오래전부터 정원은 건물의 뜰이나 마당을 의미하는 공간적 개념을 가져왔기 때문이다. 따라서 정원의 양식이나 규모나 기능 등이 건물과 상관성을 가지면서 결정되어왔다는 것이 보편적 사고였다. 또한, 정원은 그것을 구성하는 요소로 식물을 사용하기 때문에 시시각각으로 변화하는 시간성을 함유하고 있다. 그렇기 때문에 정원은 3차원적 환경이 아니라 4차원적 환경으로서의 속성을 가지게 되는 것이다.

정원의 소유와 이용의 측면에서 보면, 정원은 특정한 사람들에게만 향유되어 온 사유공간이기도 했다. 권력과 부를 가진 군주나 귀족 그리고 부를 가진 이들에게만 허락되는 공간이었던 것이다.

---

1) 유병림·황기원·박종화, 1989, 조선조 정원의 원형, 서울대학교 환경대학원 부설 환경계획연구소

그러나 이러한 소유와 이용의 개념은 왕권이나 군주제가 무너지면서 일반 대중들에게 개방되었으며, 공원이라는 개념이 생기게 된 계기가 되기도 했다.

1.2 우리나라에서 사용했던 정원용어

예로부터 우리나라에서는 정원을 부르는 말로 문정門庭, 원림園林, 정원庭院, 정제庭除, 임천林泉, 화원花園, 임원林園, 원유園囿, 원정園庭, 수원樹園, 화원花苑, 정庭, 원포園圃 등이 있었다.[2)]

이러한 용어들을 보면, 정원은 대체적으로 주택에 조성된 것을 의미하였던 것으로 보이나, 임천, 임원, 원유, 원포 등을 보면 정원이 자연을 의미하는 말로 쓰이기도 했다는 것을 알 수 있다. 한편, 원림이라는 말은 중국에서 예로부터 정원을 지칭하는 용어였으며, 우리나라에서도 중국의 영향을 받아 원림이라는 말을 흔히 사용했던 것으로 보인다. 반면 우리가 지금 일반적으로 쓰고 있는 정원이라는 말은 '정庭'과 '원園'이 합쳐진 것으로, 이 말에는 정원이 건물의 상대적 개념인 '뜰'이라는 의미와 일정한 경계에 의해서 둘러싸인 위요되고 폐쇄된 '사유공간'이라는 의미를 더불어 가지고 있음을 보여준다.

우리나라에서는 일찍이 정원을 만들고 관리하는 '동산바치'라는 직업이 있었다. 그러나 유교국가였던 조선시대에 정원을 조성했던 기술자들은 '사농공상'이라는 신분계층의 틀 속에서 천시되던 직업인들이었다. 따라서 정원을 경영했던 양반계급에 속한 이들은 잘 알려져 있지만 정원을 조성했던 기술자들은 알려진 사람들이 거의 없을 정도로 묻혀 있다. 그 결과 정원을 만든 기술자들이 잘 알려져 온 서양이나 심지어는 일본에 비해서 우리나라 정원문화는 크게 융성할 수 없었으며, 정원조성의 계통성이 형성되기 어려웠던 것으로 보인다.

1.3 조경과 정원의 관계

조경Landscape Architecture이라는 말의 역사는 매우 일천하다. 그 말은 19세기 중반 미국의 센트럴파크Central Park 현상설계에서 '그린스워드플랜Greensward plan'으로 당선되어 센트럴파크를 조성했던 프레드릭 로 옴스테드Frederick Law Olmsted가 처음으로 '조경가Landscape Architect'라는 용어를 사용하면서부터 쓰이게 된 전문용어이다.

---

2) 윤국병, 1982, 고려시대의 정원용어에 관한 연구, 한국정원학회지, 창간호, pp.28~40

그림 1-1 뉴욕 맨하탄의 센트럴파크

1980년대 초 우리나라에도 'Landscape Architecture'라는 전문영역이 도입되면서 우리는 그것을 조경造景이라는 말로 번역하여 사용하였으며, 조경이 토목이나 건축, 도시계획 등과 협업할 수 있는 하나의 전문분야로 자리를 잡게 되었다.

일본에서는 조경분야를 일찍부터 정원을 만드는 일로 생각해서 조원造園이라는 말로 표기해 왔고, 중국에서는 원림園林이라는 말을 사용해왔다. 일본에서 사용하는 조원이라는 말은 우리나라에서 사용하기 시작한 조경보다 다루는 내용이나 공간적 범위가 작은 업무영역을 지칭해 왔으며, 이 말은 헤이안平安시대 이래 일본에서 정원을 만드는 정원사들이 활동했던 영역의 연장선상에 있다. 한편, 중국에서 사용하고 있는 원림이라는 말 역시 중국에서는 오래전부터 정원을 만드는 일을 지칭하는 전문용어로 사용되어 왔던 것으로, 지금은 우리가 사용하는 조경이라는 분야와 일의 내용이나 공간적 범위가 유사한 것으로 보인다.

이러한 용어가 지닌 함의로 미루어볼 때, 조경은 무엇을 만들어내는 하나의 행위를 말하는 것이고, 정원은 조경을 통해서 만들어지는 결과물이라는 것을 알 수 있다. 따라서 조경과 정원의 관계는 행위와 그 행위를 통해서 만들어진 결과라는 관계적 측면에서 받아들여야 할 것이다. 최근에 조경과 정원이 마치 다른 것처럼 얘기하는 경우를 볼 수 있는데, 이것은 조경과 정원의 상관관계를 이해하지 못하기 때문에 나타나는 착오인 것이다.

1.4 정원의 법적 개념

우리나라의 정원은 '수목원 정원의 조성 및 진흥에 관한 법률'에 근거한다. 법 제2조 1의2에는 '정원이란 식물, 토석, 시설물(조형물을 포함한다) 등을 전시·배치하거나 재배·가꾸기 등을 통하여 지속적인 관리가 이루어지는 공간(시설과 그 토지를 포함한다)을 말한다'고 정의되어 있다.

한편, 법 제4조 2항에는 정원을 조성·운영 주체, 기능 및 주제에 따라 다음과 같이 구분하고 있다.

- 국가정원: 국가가 조성·운영하는 정원
- 지방정원: 지방자치단체가 조성·운영하는 정원
- 민간정원: 법인·단체 또는 개인이 조성·운영하는 정원
- 공동체정원: 국가 또는 지방자치단체와 법인, 마을·공동주택 또는 일정지역 주민들이 결성한 단체 등(이하 "공동체"라 한다)이 공동으로 조성·운영하는 정원
- 생활정원: 국가, 지방자치단체 또는 「공공기관의 운영에 관한 법률」 제4조에 따른 공공기관으로서 대통령령으로 정하는 기관이 조성·운영하는 정원으로서 휴식 또는 재배·가꾸기 장소로 활용할 수 있도록 유휴공간에 조성하는 개방형 정원
- 주제정원
  - 교육정원: 학생들의 교육 및 놀이를 목적으로 조성하는 정원
  - 치유정원: 정원치유를 목적으로 조성하는 정원
  - 실습정원: 정원설계, 조성 및 관리 등을 통하여 전문인력 양성을 목적으로 조성하는 정원
  - 모델정원: 정원산업 진흥을 위하여 새롭게 도입되는 정원 관련 기술을 활용하여 조성하는 정원
- 그 밖에 지방자치단체의 조례로 정하는 정원

2 정원의 조성목적 [3)]

2.1 권력과 부의 상징적 표현

예로부터 정원은 가진 자들의 전유물이었다. 멀리 서양의 경우나 동양의 경우나 이러한 현상은 공통적으로 나타난다. 우리나라의 경우에도 궁궐의 정원은 물론이거니와 주택정원이나

3) 홍광표, 2016, 우리시대의 정원문화, 2016 정원디자인아카데미 2기 교재, (사)한국정원디자인학회, pp13~36

별서의 정원을 보면 지난날의 권력을 가진 자들이나 부를 가진 자들이 정원을 얼마나 화려하고 장엄하게 조성하였는지를 알 수 있다. 이것은 정원을 경영했던 이의 취향이기도 했겠지만 궁극적으로는 정원이 권력과 부를 상징하는 하나의 수단이 되기도 했다는 것을 보여주는 것이다.

특히 중국으로부터 가져온 귀한 식물들을 앞 다투어 수집해서 자기의 정원에 심었다는 얘기를 옛 서적에서 어렵지 않게 찾아볼 수 있는 것도 이러한 사실을 입증해주는 것으로 보인다.[4)]

2.2 휴식과 관상의 장소로 이용

정원은 오래 전부터 사람들에게 휴식과 관상을 위한 쉼터이자, 볼거리가 가득한 즐거운 장소였다. 즉, 정원은 인간의 피곤한 삶에 소소한 즐거움을 주는 곳이었으며, 새로운 활력을 불러일으키는 장소였던 것이다. 그렇기 때문에 정원에서는 살아있는 식물재료들을 도입하여 꽃이 피고 열매가 열리고 계절이 바뀌면서 변화되는 경관을 볼 수 있도록 하였으며, 다양한 시설물을 도입하여 휴식하고 관상하기도 하였다. 이러한 기능은 동서양을 막론하고 다르지 않았는데, 이집트분묘에 그려진 벽화를 보면, 선큰가든과 몇 겹으로 열식된 정원수, 그리고 키오스크에서 하녀의 시중을 받고 있는 주인의 모습을 그린 정원의 모습을 볼 수 있다.

2.3 종교적 이념의 현현

정원은 종교적 이념과 신앙적 믿음을 현실세계에서 표현한 결과이다. 구약성서에서 말하는 에덴동산은 곧 기독교나, 유대교 그리고 이슬람교의 파라다이스로 이러한 파라다이스가 정원이라는 이름을 가지고 현현되는 것이다.

불교에서는 정토삼부경에서 언급되는 극락이 현실세계에서 정원으로 표현된다. 절에서 볼 수 있는 연지는 서방극락정토의 보배 못을 의미한다. 정토삼부경 중의 하나인 관무량수경을 그림으로 그린 관경변상도를

그림 1-2 관경16관변상도(일본 지온인 소장)

4) 이종묵역해, 2012, 양화소록-선비, 꽃과 나무를 벗하다, 아카넷

보면 극락왕생한 이들이 구품연지에 피어난 연꽃 위에 앉아 있는 모습을 볼 수 있다.

어떤 종교이든 그 종교의 이념과 신앙적 믿음이 현실세계에서 정원의 생활화를 추구한다. 그렇게 볼 때, 정원은 종교적 믿음이고 신념의 발현인 것이다.[5)]

2.4 미기후 조절을 위한 장치

이집트의 정원이나 서부아시아의 정원들은 고온건조한 사막지대의 인간정주공간에 만들어진다. 이 정원들은 정원에 물을 도입하고 나무를 심고, 담을 높게 쌓아 모래바람을 막고, 그늘을 제공하며, 폰드의 물을 통해서 시원한 바람을 만들어낸다. 이러한 정원들은 관상의 목적도 있지만 궁극적으로는 미기후를 조절하는 하나의 수단이었다. 스페인의 왕궁이나 귀족의 집에서 볼 수 있는 파티오가든 역시 미기후조절을 위해서 정원에 물을 도입한다.

최근에 산림청이 여러 도시에 조성하고 있는 도시숲이나 바람길숲, 생활밀착형 숲 등이야말로 미세먼지나 초미세먼지를 저감하거나 도시열섬현상을 조절하기 위한 목적을 가지고 만들어지는 도시정원이다.

2.5 생산을 위한 공간으로 활용

정원을 조성하는 목적 가운데에서 '가드닝gardening'은 정원의 본질과 연결되는 행위이다. 즉, 정원은 단순히 보고 즐기는 대상이 아니라 가꾸면서 즐기는 대상이라는 것이다. 또한, 정원을 가꿔서 얻어지는 생산물은 정원을 조성하는 또 하나의 즐거움이 될 수 있다. 이렇게 보면 우리나라의 텃밭도 정원의 한 유형이 될 수 있으며, 서양의 허브가든이나 독일의 클라인가르텐(도시소농원)도 정원의 한 유형이 된다.

5) 조세환, 2016, 우리시대 정원문화 진화의 길: 생물학적 진화 대 사회적 진화관점, 2016 정원디자인아카데미 2기 교재, (사)한국정원디자인학회, pp3~10

3 정원문화의 특징

정원문화란 인간이 추구하는 삶의 가치가 드러나는 것이다. 정원은 인간의 지혜가 빚어낸 하나의 창조적 세계이기 때문에 인간 이외의 어떤 존재도 정원문화를 형성할 수 없다.

정원은 그것이 조성되는 지역의 풍토가 바탕이 된다. 따라서 풍토가 다른 곳의 정원은 자연히 다를 수밖에 없다. 서양의 경우 이탈리아와 프랑스 그리고 영국의 정원문화가 다르며, 가까이 위치하고 있지만 풍토가 다른 일본과 한국의 정원문화도 같지 않다. 이어령은 일본의 정원문화는 밧줄문화이고, 한국의 정원문화는 수레바퀴문화라고 표현한 바 있다.[6] 일본인들은 거대한 자연을 집안으로 끌어들이려는 욕심 많은 꾸었던 이들로, 그들은 밧줄로 산을 끌어온다는 시적 상상력을 실제생활에 옮겨놓았으니, 이것이 일본인들의 정원문화이고, 한국인들은 자연을 자신에게 끌어들이려 하기보다는 직접 자연을 찾아가려는 경향을 가진 정원문화가 형성되어 왔다. 고려시대 이규보가 설계한 '사륜정'이 이러한 한국인들의 정원문화를 잘 보여준다.

정원문화 형성의 5대 조건은 금전적 여유, 시간적 여유, 공간적 여유, 좋은 기후, 다양한 소재이다. 이상의 다섯 가지 조건 중 하나라도 부족하거나 결여될 경우 제대로 된 정원문화가 형성되기는 어렵다.

정원은 인간이 환경의 변화에 끊임없이 적응해 나가는 인간 삶의 고유방식인 문화적 행위를 통해서 만들어진다. 또한 인간이 일정 시대, 일정한 장소에서 형성하는 삶의 가치가 다양한 소재를 디자인함으로써 만들어지는 문화적 산물이기도 하다. 정원문화에는 다음과 같은 몇 가지 특징적 측면이 있다.

① 정원이 만들어지는 땅이 가진 환경적 조건이나 인간이 신앙하는 종교적 조건에 따라 다르게 형성된다.
② 정원은 오랜 시간이 지나야 정착되는 유기체적인 환경이다.
③ 물과 돌과 나무와 땅이 결합해서 만들어내는 복합적인 구조체이다.
④ 사람들의 삶의 기저에 있는 이념과 가치관에 의해서 일구어진 결과이다.
⑤ 우리시대 정원문화는 현대인의 삶을 반영한 결과이다.

6) 이어령, 2012, 축소지향의 일본인, 문학사상

4 정원의 새로운 트렌드와 시각

4.1 정원의 새로운 트렌드

최근에 조성되는 정원은 과거와 같은 개인정원Private Garden이 아니라 공공정원Public Garden의 개념으로 변화되는 양상을 보인다. 이러한 공공정원은 다음과 같은 특징을 보인다.

① 공공정원이란 개인정원의 진화된 개념으로 특정인을 위한 정원이 아니라, 불특정 다수를 위한 정원으로 조성장소 역시 개인주택이 아니라 도시의 다양한 공간으로 바뀌고 있다.

② 공공정원은 도시공원과 크게 다르지 않으나 구성요소, 사용재료, 독창성과 예술성의 표현, 디테일의 정도 등에서 차별화될 수 있으며, 만들어진 공간이 아니라 만들어 가는 공간으로서의 특성을 가진다.

③ 공공정원의 법적 근거는 건축법, 도시공원 및 녹지 등에 관한 법률, 수목원 정원의 조성 및 진흥에 관한 법률 등 상황에 따라 다를 수 있다.

④ 공공정원은 점, 선, 면적 정원이 시스템적으로 결합되는 현상을 보인다.

⑤ 공공정원의 형식이 인공지반에 조성되는 옥상정원이나, 수직정원과 같은 입체적 정원으로까지 확장됨으로써 토지이용의 제약으로부터 벗어나고 있다.

⑥ 공공정원의 조성에 있어서 전문분야간 융복합적 접근이 이루어짐으로써 4차 산업의 형태를 가지게 된다.

⑦ 식물(특히 초본류)과 물의 적극적 도입, 분이나 컨테이너 등의 사용으로 개인정원에서 볼 수 있었던 경관성을 보이고 있다.

⑧ 기존에 정원에서 볼 수 없었던 재료의 도입(철, 유리 등)으로 전통의 창조적 계승을 가능케 한다.

⑨ 건축과 정원의 경계를 무너뜨리는 자연친화적 건축, 경계가 불분명한 건축면 등이 나타나고 있다.

4.2 정원에 대한 새로운 시각

우리시대의 정원은 과거와 같이 단순히 엔지니어링적 개념으로 볼 것이 아니라 인문학과 자연학 그리고 예술학적 개념이 결합되어 나타나는 문화적 표현이라는 인식이 필요하다.

특히 조경분야의 디자인적 소양, 원예와 산림분야의 소재에 대한 이해, 산업디자인, 응용디자인분야의 조형물의 창조가 결합되는 통섭의 시각을 통해서 정원이 조성되어야 완성도 높은 정원이 될 수 있다. 따라서 정원이 더 이상 어떤 한 분야의 전문가들에 의해서 혹은 한 분야가 가지고 있는 패러다임에 의해서 만들어져서는 안 되며, 여러 분야가 협업을 통해서 조성되어야 할 것이다.

정원 조성이 분야간 협조시스템을 가지고 통섭의 시각 속에서 만들어져야 하는 것과 동시에 장소적 측면에서는 조경, 도시, 건축이 결합할 때, 비로소 Public Garden으로 발전될 수 있으며, 영역의 범위를 넓힐 수 있다.

또한, 신공법, 신기술의 끊임없는 개발을 통해서 우리나라의 전통적 정원의 유전자인 한국성을 새로운 형식으로 발전시킬 수 있는 가능성을 발견해야만 한국정원의 창조적 계승이 가능할 수 있다.

4.3 정원박람회의 유행

정원박람회는 영국의 Chelsea Flower Show가 효시이다. 첼시플라워쇼는 1827년 치즈윅이라는 도시에서 시작되었고, 1912년 행사장소를 런던의 첼시로 이전한 이후 지금까지 매년 같은 장소에서 개최하고 있다. 주최·주관은 영국 왕립원예협회(RHS)에서 맡고 있으며, 개최목적은 원예진흥에 두고 있어 정원에서 소재가 중요하다는 것을 보여준다. 개최시기 및 기간은 매년 5월 중 5일간 개최하고 있으며, 행사기간 중 가든쇼와 더불어 Great Pavilion에서 열리는 화훼전시가 행사의 중심이다. 첼시플라워쇼는 Show Garden, Artisan Garden 등과 같은 정원을 공모하여 심사를 통해 선정된 작품을 행사기간 내에 박람회장에서 전시하는 형식을 가진다. 시상은 골드메달, 실버길트메달, 실버메달, 브론즈메달로 구분하여 시상하며, 정원분야 최고의 작품에 Best Show Garden의 명예를 안겨준다. 우리나라의 황지해가 베스트 쇼가든 상을 수상한 바 있다.

① 프랑스

프랑스의 경우에는 매년 쇼몽성에서 '쇼몽 인터네셔널 가든페스트벌Domaine de Chaumont-sur-Loire, International Gardens Festival of Chaumont-sur-Loire'이 개최된다. 이 행사의 주최 및 주관은 상트르 지방정부와 쇼몽 루와르 공원, 정원 및 조경보존회CIPJP이며, 기업으로부터 후원을 받아 박람회를 운영하고 있다. 개최 목적은 지방 문화 활성화를 통한 지역의 정체성 확보 및 경제적인 가치창출을 유도하는 것에 두고 있다. 박람회의 시작은 1992년으로 개최시기 및 기간은 매년 4월부터 10월까지 6개월간으로 짧은 기간에 열리는 첼시플라워쇼하고는 비교가 된다. 전시되는 정원은 매년 공모전을 통해 20여개의 작품을 선발하여 전시하고 있다.

② 독일

독일에서는 연방정부가 개최하는 BUGA와 지방정부가 개최하는 LAGA가 있다. 독일의 정원박람회는 초창기에는 국토 재건을 위해서 활용되었고, 통일 이후에는 구동독의 도시개발 및 도시의 리모델링을 위해서 활용하고 있다. 시작년도는 1951년부터이며, 개최시기는 2년에 한 차례씩 4월부터 10월까지 6개월간 열리고 있다. 개최장소는 2년마다 도시별로 지원을 받아 돌아가며 개최한다.

③ 일본

일본에서도 '꽃의 세계대회 및 가드닝월드컵International Flower Contest & Gardening Show'이나 '도시녹화기구 꽃의 박람회' 등과 같은 정원박람회가 열리고 있다. 일본에서 열리는 정원박람회는 정원전시와 시민들을 위한 프로그램을 도입하여 하나의 축제로 진행한다.

④ 우리나라

우리나라에서도 정원문화가 점차 활성화되고 대중화되면서 다양한 정원박람회가 열리고 있다. 우리나라에서 열리는 정원박람회를 보면, 산림청이 주최하는 '코리아가든쇼', 서울시가 주최하는 '서울정원박람회', 경기도가 주최하는 '경기정원문화박람회', 청주시가 주최하는 '청주가드닝페스티벌', 순천시가 주최하는 '대한민국 한평정원박람회', 전주시가 주최하는 '꽃심전주정원문화박람회', LH공사가 주최하는 'LH가든쇼' 등이 있다.

우리나라의 정원박람회는 대부분 '도시재생' 혹은 '노후공원재생'에 목적을 두고 개최되고 있다. 또한 대부분 가을에 열려 정원박람회가 가을철에 편중된 현상을 보이고 있다. 정원박람회에 전시되는 정원은 모두 공모를 통해 작품을 접수하고, 접수된 작품 중에서 전시할 정원을 선정하는 형식을 취하고 있다. 또한 박람회에 전시되었던 작품들은 존치하는 것이 일반적인데, 이것은 정원박람회의 목적이 도시재생 혹은 노후공원재생에 두고 있기 때문에 전시된 정원을 그러한 목적을 위한 하나의 콘텐츠로 활용하기 위한 것으로 보인다.

2021년 첼시플라워쇼 전시작품
©www.countryliving.com/uk/homes

2021년 쇼몽인터네셔널가든쇼 전시작품
©https://domaine-chaumont.fr/

2019년 BUGA 전시작품

2021년 코리아가든쇼 전시작품
©https://gardenshow.co.kr

2021년 서울정원박람회 전시작품

2020년 청주가드닝페스티벌 전시작품

그림 1-3 정원박람회 전시작품들

PART 1 이미지 출처

P10, P18의 3·5·6번째 이미지 ©홍광표

개론편

PART 2

정원의 역사

1 서양의 정원

2 한중일 삼국의 정원

2
PART

정원의 역사

1 서양의 정원

1.1 고대

1) 이집트

① 주택정원

고대 이집트의 주택정원은 아메노피스Amenophis 3세 때의 한 고위관료의 묘와 메릴리Merire 정원그림을 토대로 그 실체를 알 수 있다.

그림 2-1 아메노피스 3세 때 중신의 분묘벽화
(Loxton,Howard, 1991, The Garden, Thames and Hudson)

그림 2-2 메릴리의 분묘에 그려진 정원그림

그림을 보면, 고대 이집트 주택들은 높은 담으로 둘러싸인 정형적 공간구성을 하고 있으며, 건축보다 더 넓은 공간에 조성되었다는 것을 알 수 있다. 정원에는 탑문으로부터 정원중심으로 가는 통로공간에는 4열로 된 포도시렁이 있어 그늘을 제공하며, 사각형이나 'T'자형의 선큰폰드와 폰드 옆에 정자 개념의 키오스크를 건축하여 시원한 바람이 부는 곳에서 휴식하고, 완상할 수 있도록 하였다.

담장부근에는 여러 겹으로 수목을 열식하였는데, 이것은 모래바람을 막기 위한 하나의 방편이었던 것으로 보인다. 정원에서 볼 수 있는 수목은 돌무화과나무Sycamore Fig, 대추야자Date Palm, 이집트 종려Doom Parm, 아카시아, 포도나무, 석류나무 등이었다. 선큰폰드에는 파피루스와 수련을 심었는데, 파피루스는 하下 이집트의 상징식물이었고, 수련(특히 청색수련)은 상上 이집트의 상징이었다. 그밖에도 장미, 아네모네, 양귀비, 자스민 등과 같은 초화류를 심어서 즐겼던 것을 벽화를 통해서 알 수 있다. 고대 이집트의 정원에서 발견되는 이러한 특징으로 볼 때, 이집트의 정원은 미기후조절, 휴식과 관상의 기능이 주가 되었다는 것을 알 수 있다.

② 사자死者의 정원

이집트에서는 현세의 낙원보다 내세의 이상향을 중시했다. 사자의 정원은 레크미라의 무덤에 새겨져 있는 벽화를 통해서 볼 수 있는데, 벽화에는 죽은 이의 영혼을 위로하기 위해서 가족들이 배를 타고 죽은 이와 함께 내세의 정원을 항해하는 장면이 담겨있다. 내세의 정원에는 산자들의 정원과 마찬가지로 장방형의 폰드가 있고, 폰드주변으로 세 겹으로 열식된 수목과 탑문이 새겨져 있으며, 물통을 짊어진 노예와 나무에서 열매를 따는 노예의 모습을 볼 수 있다.

2) 고대 서부아시아

① 바빌론시의 행잉가든Hanging Garden

그림 2-3 행잉가든(Loxton, 1991)

행잉가든은 바빌로니아의 수도 바빌론의 성벽에 부속되어 조성되어있었다고 전해지는데, 이 정원은 네부카드네자르 2세가 산악국 메디아의 왕비 아미티스를 위해서 만든 것이라고 한다.

행잉가든은 볼트와 너트를 사용하고, 아치구조를 통해서 수직하중을 처리한 건축과 조경의 합작품이다. 이 정원은 벽돌로 조성한 여러 층의 테라스로 된 인공지반에 식재를 하여 멀리서 보면 마치 하늘에 떠 있는 정원처럼 보였을 것이라는 의미에서 행잉가든이라고 이름을 붙였던 것으로 보인다. 오늘날의 옥상정원과 수직정원의 시원적 개념이라고 할 수 있다.

② 페르시아의 파라다이스 가든Paradise Garden

페르시아에 조성되었던 파라다이스 가든은 지상에 재현한 낙원이다. 이 정원은 물이 중심이 되는 사분원Bagh 구조를 가진 정원으로 이러한 형식은 후일 이슬람정원으로 계승된다. 정원에 쓰일 물은 카나드라는 발달된 상수체계를 통해서 멀리에서부터 물을 끌어왔는데, 이 물은 정원의 수경관을 조성하고, 식물에 관수를 하는 등 다양한 용도로 쓰였다.

페르시아의 파라다이스 가든은 이 지역에서 만든 카펫에서 그 일단을 살필 수 있는데, 담으로 둘러싸이고, 맑은 물이 흐르며, 신선한 녹음과 풍성한 과수가 있는 곳이었다.

3) 고대 그리이스

① 주택정원

고대 그리이스의 주택은 담장과 건물의 벽이 일체화된 도시주택 구조를 가진다. 이러한 주택의 형식을 메가론타입이라고 하는데, 이것은 중정을 중심으로 방들이 내향적 구조를 가지는 공간배치가 특징이다. 중정은 하늘이 노출된 네모난 공간으로, 주랑으로 둘러싸여 있어 주랑식 중정이라고 한다. 이 중정의 바닥은 대리석으로 포장되어 있으며, 장미, 백합, 바이올렛 등과 같은 방향성 식물을 포트에 심어 장식하였고, 조각상과 분수 등을 도입하여 고대 그리이스인들의 예술적 취향을 볼 수 있다.

② 아도니스 가든Adonis Garden

아도니스 가든은 아프로디테가 사랑한 아도니스의 죽음을 애도하고, 제사 지내기 위해 아테네의 부인들이 만든 일시적 정원이다. 아테네의 부인들은 하지 무렵이 되면 지붕 위에 아도니스 상을 만들어 세우고, 그 옆에 싹이 쉽게 트는 밀, 보리, 상추 등을 포트에 심어서 장식하였다. 아도니스가든은 훗날의 포트가든과 루프가든의 원형으로 작용하였다.

그림 2-4 아도니스 가든 이미지

4) 고대 로마

① 주택정원(폼페이)

그림 2-5 페리스틸리움의 복원된 모습

고대 로마의 주택은 아트리움과 페리스틸리움이라고 하는 두 개의 중정과 그 중정과 연결된 다양한 방 그리고 건물 후면부에 조성된 지스터스로 구성되어 있다.

아트리움은 방들로 둘러싸인 무열주 중정으로, 손님접대를 위한 공적 장소였으며, 천정에 환기와 채광을 위한 천창을 두었는데, 바닥에는 천창을 통해 들어오는 빗물을 받기 위한 임플루비움Impluvium이라고 하는 대리석 수반을 설치하였고, 수반에는 다양한 형태의 조형물을 도입하여 장식적 요소로 삼았다. 아트리움에는 포트에 식물을 심어 장식하였다.

페리스틸리움은 열주중정으로 가족들이 즐기는 정원이 있는 공간으로, 지붕이 없었고, 바닥은 포장하지 않고 나무와 꽃을 심어 정원으로 조성하였다.

지스터스는 후원에 해당하는 곳으로 넓은 수로가 축을 이루고, 작은 신전 등을 두었다. 지스터스에는 배나무, 밤나무, 석류나무, 무화과나무 등과 같은 유실수를 주로 심었다.

고대 로마의 주택에 주로 도입한 식물은 초본류로 바이올렛, 개양귀비, 작약, 메리골드, 아이리스 등과 목본류인 사이프러스, 석류, 플라터너스, 협죽도, 월계수, 회양목, 도금양 등이었다. 식재기법은 방형의 네 귀퉁이와 가운데에 나무를 심는 5점형 식재방식이었다.

② 빌라정원(하드리아누스 황제)

하드리아누스 황제가 121~137년 사이에 티볼리에 건설한 빌라로 전체 면적은 약 16,000㎡로 방대한 규모이다. 하드리아누스황제는 물에 대한 애착이 강해서 빌라에는 수공간이 많이 조성되어 있었는데, 그 중에서도 카노프스라고 하는 장방형 폰드는 미소년 안티누스를 위해서 만든 것으로 119×18m의 긴 장방형으로 풀의 형식을 가진다. 카노프스에서는 이집트 취향을 엿볼 수 있다.

그림 2-6 카노프스 전경

1.2 중세

1) 수도원 정원

① 클로이스터 가든(회랑식중정)

성 갤Saint Gall 수도원의 평면도를 통해서 클로이스터 가든의 원형적 형태를 확인할 수 있으며, 지금도 수도원에는 다양한 형태의 클로이스터 가든이 남아 있다.

클로이스터 가든의 전반적인 구성은 고대 로마의 주택에서 볼 수 있는 페리스틸리움의 형식과 유사하나, 열주가 흉벽 위에 설치되며, 중정을 둘러싸고 있는 복도의 일정한 곳에서만 진출입이 허용되어 형식적 차이가 있다.

클로이스터 가든은 대체로 회랑식 중정은 십자가를 상징하는 '十'자나 'X' 동선에 의해 공간이 4분되었으나, 후대로 가면서 이러한 규범성이 잘 지켜지지 않고, 기능적 측면에서 동선을 처리하는 경향으로 바뀌어간다. 클로이스터 가든의 십자동선의 교차점에는 샘이나 우물을 두거나 나무를 심는데, 이곳을 파라디소Paradiso라고 한다.

그림 2-7 몽생미쉘 수도원의 클로이스트 가든

② 약초원(허브가든)

대부분의 수도원에는 약초를 재배하는 약초원을 두었으며, 수사들이 약초를 재배하고, 이곳에서 생산된 약초를 수도원 내의 약재소에서 약으로 만들었다. 약초원은 약성분이 있는 허브를 주 재료로 활용하여 정원을 조성하였다.

그림 2-8 프랑스 후아요몽 수도원의 허브가든

2) 성관정원

장미이야기에 등장하는 성관정원을 보면, 성벽에는 장미덩굴이 우거지고, 화려한 화초를 심었고 목책으로 구획되어 있다.

성관의 배후나 성관 옆 또는 외호 사이에는 과수원 또는 유원遊園이 있었는데, 이는 중세에 여러 가지 식물을 심었던 식재지였다. 초기의 과수원이나 유원은 단순한 구조를 보였으나, 차츰 장식적이 되어 분수, 벤치, 원정 등이 도입되는 형식으로 발전되었다.

중세에 식물은 정원의 재료 중 가장 중요한 요소였는데, 카알대제의 법전집(812)에는 74종의 채소와 약초 그리고 16종의 과수가 언급되고 있으며, 백합, 장미 정도의 초종에서 점차 바이올렛, 수선화, 작약 등이 등장한다. 한편, 중세의 정원에 도입된 주요시설은 분천, 퍼걸러, 터프시트, 워터펜스 등이며, 미로원과 같은 독특한 형식이 보이기 시작한다.

그림 2-9 독일 아이제나흐성의 정원

3) 모스크 정원

① 세비야의 카테드랄

카테드랄의 중정인 오렌지가든에는 오렌지나무를 종횡으로 열을 맞추어 심고, 관개수로를 설치하여 관수를 하였으며, 분수반을 설치하여 모스크에 들어가는 이들이 손발을 씻을 수 있도록 하였다.

그림 2-10 카테드랄의 오렌지가든

② 코르도바의 대 모스크(메즈퀴타)

대 모스크의 규모는 174×130m 규모인데, 이중 2/3은 건물, 1/3은 오렌지중정으로 구성된다. 오렌지중정에는 관개수로에 맞추어 오렌지나무가 종횡으로 규칙적인 배열을 보인다. 중정에는 분수반이 설치되어 있어서 모스크에 들어가는 이들이 손발을 씻을 수 있도록 하였다.

그림 2-11 메즈퀴타 오렌지가든의 관수로

4) 궁궐정원

① 세비야의 알카자르궁원

이 궁원에서는 여러 공간에 조성된 다양한 파티오를 볼 수 있다. 파티오는 바닥에 분천과 수로를 도입하여 실내의 온도를 낮추고, 물이 흐르는 경관과 물소리를 통해서 정원의 아름다움을 완상하는 구조로 설계되었다.

외부에 조성된 정원은 이슬람양식으로 조성되었지만, 많은 부분에서 이탈리아양식으로 개조된 것을 알 수 있다.

그림 2-12 알카자르궁원의 파티오

② 알함브라궁원/나스리드궁전 영역

알함브라궁원의 나스리드궁전 영역에는 여러 개의 파티오 가든이 조성되어 있으나, 그 중에서도 이슬람정원양식이 뛰어난 정원은 다음과 같은 4개의 파티오 가든이다.

도금양의 중정은 알베르카 중정, 또는 풀의 중정이라고도 하며, 14세기에 만들어졌다. 중정의 크기는 37×24m이며, 못의 크기는 34×7m로 중정의 대부분을 못이 차지한다. 못의 좌우측에는 도금양을 열식하여 잘 다듬어 놓아 잘 정돈된 느낌을 준다.

사자의 중정은 1377년 모하멧 5세가 만든 것으로, 사방에 원형주랑이 세워져 있어서 장식성이 뛰어나다. 정원의 규모는 28×15m이며, 파티오 한가운데에는 대리석으로 만든 열두 마리의 사자를 배치하여 사자의 입에서 가는 물줄기가 수반으로 떨어지도록 하였고 이 물은 다시 수로를 따라 네 방향으로 흐르도록 되어있다.

린다라야의 중정은 '두 자매의 홀'에 부속된 정원으로 부정형 사다리꼴의 형태를 가지며, 16×16m의 규모를 가진다. 중정의 중심에는 분수반을 두었는데, 노트와 같은 양식의 꽃밭과 사이프레스로 둘러싸여 있다.

레야의 중정에는 분수와 네 그루의 나무가 있으며, 바닥에는 둥근 색자갈로 무늬를 그리고, 중정의 네 귀퉁이에는 네 그루의 사이프러스를 심고, 중정의 중앙에는 분수를 두어 수경관을 형성하고 있다.

도금양의 중정

사자의 중정

린다라야의 중정

레야의 중정

그림 2-13 알함브라궁원의 파티오 가든

③ 알함브라궁원/헤네랄리페 별궁영역

아세퀴아 중정은 '수로의 중정'으로 삼면이 건물로 둘러싸이고, 한 쪽은 아케이드가 있는 가늘고 긴 모양의 중정이다. 이 정원은 수로 양쪽으로 아름다운 아치모양을 이루며 솟아올랐다가 떨어지면서 흥겨운 물소리를 내는 소리와 물의 정원이다.

술탄의 중정은 'U'자 형태의 못이 한가운데 위치하고 있고, 중정의 주변으로 사이프레스 나무가 둘러싸고 있다.

물계단은 무어양식으로 만들어진 수경관요소이며, 양쪽 난간으로 물이 흐르도록 만든 것으로 경쾌한 물소리를 들을 수 있다.

1.3 르네상스시대

1) 이탈리아 정원

① 피에졸레의 메디치장 Villa Medici at Fiesole, 1455~1461

미켈로조 미켈로지에 의해서 설계되었으며, 급사면을 두 단의 테라스로 만들어 정원을 조성하였다. 이 정원은 알베르티의 부지선정요건론에 따라 차경효과를 중요한 설계원리로 삼아 입지를 선정하였다.

② 에스테장 Villa d'Este

1549년 추기경 이폴리토 에스테 Ippolto d'Este가 만든 정원형 별장이다. 에스테장의 건축과 조경은 리고리오가 담당했고, 안닌네 Aniene강의 물을 끌어들여 만든 환상적인 수경관 연출은 올리비에리 Olivieri가 담당하였다.

카지노건물 전면에 조성된 정원은 길이 90m, 폭 180m의 공간에 만들어졌으며, 원래의 경사를 여러 단으로 처리한 후 각각의 테라스 공간에 정원을 조성하였다. 건물의 중심축선이 서북쪽으로 연장되는 중심축선 상에는 맨 윗단에서부터 삼발이분수 – 용의 분수 Dragon fountain – 물 계단 water Step – 휘시폰드 Fish Pond – 원형공지 Cypress Rotunda – 정문 Main Gate이 자리를 잡고 있다.

중심축선에 직교하는 남서 – 동북 축선 상에는 최상단에 노트 Knot로 꾸며진 화단, 두 번째 단에 페가수스 파운틴 Pegasus Fountain, 오바토 분천 Ovato Fountain, 리틀 로마 Rometta, 백개의 분천 Hundred Fountain을 두었으며, 두 번째 단과 세 번째 단 사이에는 용의 분천, 맨 아랫단에는 세 개의 피시 폰드 Fish Pond, 넵튠의 분천 Neptune's Fountain, 그 분천의 수직으로 상부공간에는 동굴원이, 다시 그 위의 공간에는 물 풍금 Organ Fountain이 있다.

백개의 분천

오바토 분천

넵튠의 분천

드라곤파운틴

그림 2-14 에스테장의 분천

③ 랑테장Villa Lante

랑테장은 16세기의 대표적 공간설계가인 비뇰라Barozzi Vignola, 1507~1573의 작품으로, 1566년경에 비테르보의 주교였던 지안 프란체스코 감바라Gian Francesco Gambara 추기경의 전원형 별장으로 만들어졌다.

랑테장에 조성된 정원은 75×240m 규모이며, 경사지에 만들어졌는데, 약 5m 정도 되는 지형의 고저차를 단으로 처리하여 4단의 평지와 2단의 경사지로 구성하여 각각의 단에 정원을 조성하였다.

맨 아랫단에는 주출입구와 노트knot에 둘러싸인 몬탈토분수가, 두 번째 단에는 수직벽면을 둥글게 파서 빛의 분천Fountain of Lights이, 세 번째 단에는 중심축선 상에 추기경의 테이블Cardinal's Table이라는 석수조石水槽와 수직벽면에 설치한 거인의 분천Fountain of Giants이 세 번째 단과 네 번째 단을 연결하는 경사면에는 축선 상에 수로인 '워터체인Water Chain'을 두고, 네 번째 단에는 중앙에 돌고래 분천을 두고 축선의 종점에는 동굴원을 설치하였으며, 좌우측에는 가제보Gazebo를 두어 쉴 수 있는 공간을 마련하였다.

그림 2-15 몬탈토분수와 노트

그림 2-16 추기경의 테이블과 거인의 분천

2) 프랑스의 정원

① 보 르 비콩트성의 정원The Castle Garden at Vaux-le-Vicomte

루이 14세의 재상이었던 니콜라 푸케Nicolas Fouquet, 1615~1680가 앙드레 르 노트르Andre le Notre)에게 의뢰하여 조성한 정원으로, 건축은 루이 르보Louis Le Vau, 조각 및 실내 장식은 샤를 르 브렁Charles le Brun이 담당하였다.

보 르 비콩트성의 정원은 프랑스 정원양식인 평면기하학식정원Plane Geometrical Style의 대표적 정원이며, 프랑스 최고의 정원이라고 일컫는 베르사이유궁원의 원형으로 작용하였다는 데에서 그 의미가 크다.

보 르 비콩트는 남북 1,200m, 동서 600m의 규모를 가진다. 남북 주축선의 북쪽에는 성관 건물이 자리를 잡고 있고, 남쪽 전면으로는 정원이 펼쳐져 있다. 정원은 중심축선을 중심으로 조성되었는데, 주축선에는 자수화단, 물의 산책로, 소로, 벽천, 동굴원grotto garden이 연결되며, 축은 총림에 의해서 강조되고 비스타 경관을 형성한다.

그림 2-17 성관에서 바라본 정원의 전경

② 베르사이유궁원 The Garden of Versailles

그림 2-18 대운하 쪽에서 동서 주축선을 따라 궁전쪽을 바라보며 형성되는 경관

베르사이유궁원은 보 르 비콩트성의 정원을 설계한 앙드레 르 노트르와 르 보, 르 브룅이 참여해서 만든 프랑스 르네상스시대의 대표적이며, 상징적인 정원이다. 이 궁원은 보 르 비콩트성에서 실험한 프랑스정원의 규범성을 따랐으나, 주축선에 평행하는 병렬축고 주축선에 직교하는 부축선들이 많아 보다 깊이 있고 디테일이 풍부한 정원으로 조성되었다.

베르사이유궁원의 주축은 베르사이유궁전 거울의 방에서 시작하여 물화단 - 라토나분천 - 왕의 가로 - 아폴로분천 - 대운하로 이어지며, 남북 부축은 중심에서 북쪽으로 물화단 - 북화단 - 물의 원로 - 넵튠의 분천 - 물극장으로, 남쪽으로는 물화단 - 남화단 - 오렌지가든 - 스위스호수로 연결된다.

3) 영국의 정원(튜더, 스튜어트왕조)

① 햄프턴코트의 정원 The Garden of Hampton Court

그림 2-19 더치가든

추기경 울시 Thomas Wolsey의 소유지를 헨리 8세가 인수하여 소규모 노트, 자갈을 깐 원로, 원로 가에 심은 병목 등을 갖춘 정형식 정원으로 확장하였다.

정원에는 네델란드의 영향을 받은 폰드가든, 즉 더치가든 Dutch Garden을 조성하였고, 프랑스에서 초청된 앙드레 몰레와 가브리엘 몰레 형제에 의해서 방사선원로를 만들었다. 영국 정형식 정원의 중요한 양식적 특징이라고 할 수 있는 마운딩을 조성하고, 인공적으로 테라스를 만들어 난간을 만들고, 병, 화분, 조각상 등으로 장식하였다.

이 정원에서는 당시 유행했던 보울링그린, 미로원, 회양목, 로즈마리, 데이지, 라벤더, 석죽류 등으로 만든 노트, 토피아리, 석제 난간, 해시계, 철제 장식물, 분수 등을 볼 수 있다.

1.4 근대: 자연풍경식 정원

1) 영국

① 스토우 가든 Stowe Garden

그림 2-20 팔라디언 브리지가 멀리 보이는 자연풍경식 정원

이 정원은 1714년 브릿지맨이 정원을, 반브로프가 건축설계를 맡아 조성하였는데, 저택으로부터 8각형의 호수에 이르기까지 남쪽으로 연장되는 직선축을 두어 정형적 구조를 바탕으로 하여 자수화단, 분수, 운하 등이 설계되었으나, 하하기법이나 빗나간 축선 같은 영국풍 디자인기법이 선을 보였다.

1769년에 캔트는 스토우원의 개조설계를 하면서 기하학적인 직선(원로, 자수화단, 8각형 호수, 산울타리 등)을 없애고, 자연수형 그대로 수목을 식재하였으며, 울타리 너머의 자연을 차경하는 기법을 써서 브릿지맨의 설계를 자연풍경식으로 바꿨다. 그 후 캐이퍼빌리티 브라운은 캔트의 설계를 다시 수정하여 보다 자연에 가까운 경관으로 변화시켰다.

② 스타워헤드 Stourhead

그림 2-21 다리 너머 호수 건너편에 자리 잡은 판테온

아마추어 조경가인 은행가 헨리호어가 1725년경부터 조성한 자연풍경식 정원의 대표적 작품이다. 이 정원은 버질 Virgil의 아이네이드 Aeneid를 디자인모티프로 하여 설계되었는데, 그 내용은 자연을 배회하는 영웅의 인생항로에 대한 전설적인 이야기이다.

정원의 구성은 둑을 막아서 만든 호수를 중심으로 하여, 호수를 한 바퀴 회유하는 원로를 만들고, 그 원로에 다리, 플로라신전, 동굴, 판테온, 아폴로신전 등을 배치하여 아이네이스의 스토리텔링이 이루어지도록 하였는데, 클로드 로댕의 그림에 기초를 두었다고 한다.

2) 프랑스

① 프티 트리아농Petit Trianon

프랑스의 자연풍경식 정원으로 손꼽을 수 있는 것은 에흐므농빌르Ermenonville, 프티트리아농, 모흐퐁텐느morfontaine, 바가텔Bagatelle, 몽소공원Monceau park, 말메종Malmaison 정도인데, 그 중에서도 프티 트리아농은 가장 대표적인 작품이다.

루이 14세가 1753~1754년간에 건축가 가브리엘을 시켜서 건축한 것이며, 후일 루이 16세의 부인인 마리 앙트와네트가 건축가 리샤르 미크Richard Mique에게 명하여 프티 트리아농 영역에 왕비의 촌락Hameau de la Reine을 만들면서 정원을 자연풍경식으로 개조하였다.

프랑스의 풍경식 정원은 영국에서와 같이 기존의 정형식 정원을 개조해서 만드는 것이 아니라 기존의 정원은 보존한 채 인근에 새롭게 풍경식 정원을 만드는 방식을 택하였다. 그 예로 샹티이Chateau de Chantilly와 프티 트리아농을 들 수 있다. 특히 영국의 정원양식과 더불어 중국의 정원양식을 동시에 받아들여 농가, 창고, 물레방아, 풍차, 착유장 등을 배치하였다.

그림 2-22 프티트리아농(헤뮤)의 목가적 분위기

1.5 근대: 공원의 태동

1) 영국

① 버컨헤드 파크Birkenhead Park

영국은 이미 1830년대에 왕가의 영지를 일반 대중들에게 개방하여 공원의 기능을 가진 성 제임스파크, 그린파크, 하이드파크, 캔싱턴가든 등이 있었으나, 버컨헤드 파크는 시민들의 힘으로 만들어진 최초의 공원이다. 공원의 설계는 1843년 조셉 펙스턴Josep Paxton에 의해서 수행되었는데, 그는 공원의 개발비용을 주택단지 조성을 통해서 충당하는 설계안을 제출하였다.

그림 2-23 호숫가에 지어진 다리와 건물

공원은 크리켓, 궁술 등 경기를 할 수 있는 초원, 완만한 곡선의 마차길, 호수와 연못 또는 나무그늘 아래로 낸 조용한 산책로 등 단순한 듯 하지만, 이오니아식의 아치웨이, 고딕 혹은 이탈리아풍이나 노르만스타일의 구조물, 여기에 중국스타일까지 가미된 절충식 디자인은 당시로서는 파격적인 것이었다.

이 공원은 후일 미국 맨하탄에 만든 센트럴 파크의 원형으로 작용하여 더욱 의미있는 공원으로 기억되고 있다.

2) 미국

① 센트럴파크

조경가 프레드릭 로 옴스테드 Frederick Law Olmsted와 건축가 칼버트 보우 Calvert Vaux가 설계공모전에서 1등으로 당선된 그린스워드플랜 Greensward plan를 토대로 조성된 미국 최초의 도시공원이다.

그림 2-24 도시 한가운데에 조성된 자연

센트럴파크는 입체적 동선체계, 차음차폐를 위한 외주부 식재, 자연풍경적 개념의 경관조성, 건강, 위락, 운동을 위한 드라이브 코스, 몰과 에비뉴, 마차길, 산책로, 퍼레이드 로드, 경기장, 넓은 호수, 교육적 효과를 위한 화단과 수목원 등을 갖춘 당시로서는 혁신적 개념의 공원이다.

2 한중일 삼국의 정원

2.1 한국

1) 개관

한국정원의 역사는 삼국시대로 거슬러 올라간다. 삼국사기에 기록된 백제시대의 궁남지와 통일신라시대의 월지가 기록으로 남겨진 가장 오래된 한국의 정원이기 때문이다. 삼국시대에 조성된 정원들은 하나같이 물을 정원의 중심으로 하여 조성된다. 특이한 것은 백제의 정원에서는 방지가 통일신라의 정원에서는 곡지가 조성되었다는 것이다.

고려시대의 정원은 원형이 남아 전해지는 것이 없기 때문에 그 실체를 확연히 들여다 볼 수는 없지만 청평사 문수원 정원을 보면 호안이 직선으로 조성된 원지가 조성되었던 것으로 보인다.

조선시대의 정원은 원형을 볼 수 있는 정원들이 다수 남아있다. 조선시대에 조성된 정원의 유형을 살펴보면 궁궐정원, 민가정원, 별서정원, 사찰이나 서원에 조성된 정원으로 구분된다. 이 중에서도 궁궐정원은 조선시대 정원의 정체성을 가장 잘 보여주는 정원으로 주로 원도방지형 못을 중심으로 조성된다. 별서정원 역시 조선이라는 시대성을 잘 보여주는 정원으로 경관이 수려한 임천에 조성된 경우가 많았다. 우리나라 별서정원의 대표적 사례는 역시 담양의 소쇄원과 해남 보길도의 윤선도원림이다. 민가정원은 권련이나 재력을 갖춘 사대부의 집에 조성된 정원인데, 대체로 후원에 조성된 화계를 중심으로 하는 양식이나, 별채의 못을 중심으로 하는 정원이나 사랑채의 화오를 중심으로 하는 정원양식을 보인다. 사찰이나 서원의 정원은 궁궐이나 별서와 같이 본격적인 정원의 양식을 갖추었다기보다는 자연을 기반으로 필요한 정원시설을 최소한으로 도입한 경우가 대부분이다.

일제강점기의 정원에서는 시대전환기적 특징들을 살필 수 있다. 군산이나 목포, 외암리의 정원에서 볼 수 있는 것과 같이 당시 지식인들의 경우에는 조선시대의 정원과는 다른 일본의 정원문화를 자신의 집에 도입하는 것을 하나의 문화적 우월성이라고 해석했던 것으로 보인다. 그러한 정원에서는 일본의 지천양식이나 야리미즈(견수)가 중심이 되는 정원들이 조성되었는데, 현재 남아있는 유구들을 중심으로 살펴볼 때, 정원의 완성도가 높은 편은 아니었던 것으로 보인다.

해방이 되고 현대로 이행하는 과정에서 한국의 전통정원은 제대로 계승되지 못한 채 어떤 경우에는 서양정원양식이 어떤 경우에는 일본정원양식이 혼재되는 현상들이 나타난다. 이러한 현상들은 한국전통정원의 창조적 계승을 제대로 이루어내지 못하게 만든 요인으로 작용하였다.

최근에 들어 한국정원양식의 창조적 계승을 위한 다양한 노력들이 나타나고 있다. 특히 한국전통정원양식을 바탕으로 재료와 정원조성기술은 현대화하려는 'K-Garden'의 조성이 눈에 띄는데, 이것은 한국의 정원문화를 창조적으로 되살리는 데 있어서 매우 중요한 시도이다.

2) 대표적 정원

① 월지月池

그림 2-25 경주 월지

『삼국사기』 권 제7신라본기 제7문무왕 14년(674) 2월조에 "궁내에 못을 파고 산을 만들어 화초를 심었으며, 진귀한 새와 짐승을 길렀다"고 기록되어있고 『동국여지승람』 경주조와 『동사강목』을 보면, "안압지는 천주사의 북쪽에 있다. 문무왕이 궁내에 못을 만들고 돌을 쌓아 산을 만들어 무산십이봉을 상징하였으며, 화초를 심고 진귀한 짐승을 길렀다. 그 서쪽에 임해전이 있었으나 지금은 주춧돌과 섬돌만이 밭이랑 사이에 남아있다"라고 기록되어있다.

월지의 중심인 못의 전체적인 형태는 'ㄱ'자형을 취하고 있으며, 자연지형을 이용하여 직선과 곡선이 다양한 변화를 가지며 조화를 이룰 수 있도록 호안을 조성하였다. 월지의 반도와 섬에는 다양한 종류의 진귀한 화초와 동물들이 있었다고 한다. 『삼국사기』 문무왕 14년 기사를 보면 월지의 섬에 심은 것은 관목류나 초화류였다. 이것은 큰 나무를 심으면 조산의 형태와 괴석을 볼 수 없었기 때문에 취한 조치였던 것으로 보인다.

② 경복궁 아미산 화계

경복궁 교태전 후원의 가산을 아미산이라고 하는데, 경회루 방지를 축조할 때 파낸 흙으로 조성된 인공적으로 만든 산이다. 아미산이라는 이름은 중국의 선산을 상징하는 이름에서 따왔으며, 그 위치로 보아 왕가의 가족이 상주하는 침전 뒤 북쪽에 조성함으로써 중국으로부터 서울로 남하하여 궁중으로 들어오는 천연두를 다스리는 귀신을 퇴치하고자 하는 의도를 가지고 만들어졌다.

아미산에는 장대석으로 된 4단의 화계가 있으며 화계의 단에는 괴석, 물확들이 배치되어 있고 앙부일귀대가 남아 있다. 괴석은 팔각 또는 사각의 석분에 심어져 있으며 석분에는 꽃무늬가 조각되어 있다. 물확에는 거북 좌대 위에 두 마리의 용이 서린 형상의 것이 있고, 연화형 물확에는 월궁을 상징하는 두꺼비가 새겨진 것도 있다.

더불어 아미산에는 6각형의 벽돌로 아름답게 축조한 굴뚝(보물 제 810호) 4개를 설치하여 장식적 조형물로 활용하였다. 이 굴뚝은 고종 2년(1865) 경복궁을 중건할 때 만든 것으로 높이는 2.6m이며 당초문, 소나무, 대나무, 매화, 모란, 국화, 용, 호랑이, 박쥐, 해태, 구름 등과 같은 다양하고 정교한 문양을 색깔 있는 조형전으로 구워서 굴뚝의 몸체에 박아 장식하였다. 이러한 문양은 왕과 신하 그리고 행복과 장수, 사군자의 선비적 고고함 등을 상징하는 것이다.

아미산의 화계에는 옥매, 황매, 홍매, 매화, 모란, 작약, 산철쭉, 앵두 등 화목류가 심어져 있고 단 위의 동산에는 소나무, 참배나무, 느티나무, 살구나무, 산수유 등 다양한 수목이 식재되어 있다.

그림 2-26 아미산 화계

③ 부용지·부용정

부용지는 정조 원년(1777) 숙종이 우물자리에 조성했던 열무지를 개칭한 원지로, 정조 16년(1792) 택수재를 다시 지어 부용정이라 하였다.

부용지 영역의 배치를 살펴보면, 부용지를 중심으로 남쪽에 부용정, 동쪽에 영화당, 북쪽 언덕 위에는 웅장한 자태의 주합루가 자리를 잡고 있다. 한편, 부용지 서쪽 호안에는 마니, 파려, 유리, 옥정의 네 샘에 대한 기록을 새긴 사정기비각이 건립되어 있다.

부용지는 장방형의 형태를 취하고 있는 방지로, 못 속에는 원형의 섬이 배치되어 있다. 이는 하늘은 둥글고 땅은 모났다는 천원지방의 음양오행사상을 바탕으로 하여 만들어진 것이다.

부용정 맞은편의 주합루와 주합루 들어가는 어수문 사이의 경사지에는 잘 다듬은 장대석으로 단을 만들어 본격적인 화계를 조성하였다. 한편, '동궐도'를 보면 어수문 작은 협문 옆으로 넝쿨을 말아 올리는 시설을 하여 여기에 푸른 식물들이 덮여있어 마치 푸른 병풍을 둘러놓은 듯하다. 이러한 시설을 취병이라고 하는데, 어수문 양쪽으로 둘러쳐진 긴 취병은 어수문 위쪽 주합루의 공간과 부용정을 중심으로 하는 공간을 연계시키는 기능과 두 공간을 구분하여 공간감을 분명히 하는 담과도 같은 역할을 동시에 담당하고 있다.

그림 2-27 주합루에서 내려다 본 부용지와 부용정

④ 소쇄원

소쇄원은 소쇄옹 양산보가 낙향하여 경영한 별서이다. 소쇄원 조영의 사상적 배경은 도가에서 말하는 은둔과 은일사상이며, 작정의 모티브는 성리학자들의 이상이었던 무이구곡에서 그 원류를 찾을 수 있다.

그림 2-28 소쇄원의 중심인 광풍각과 그 주변경관

소쇄원의 내원은 몇 개의 특화된 공간으로 구분된다. 먼저 대나무 숲은 소쇄원에 들어가기 위한 진입공간이며, 의도적으로 애양단이 있는 다음 공간과의 명암의 대비를 위해 터널을 지나듯 어둡게 처리하였다. 진입공간을 지나면 대봉대와 애양단이 있는 공간이 나타나는데, 이 공간에는 초정인 대봉대와 'ㄱ'자로 꺾어 쌓은 담장인 애양단愛陽壇(길이 약 10m, 너비 약 0.7m), 그리고 상지와 하지로 구성된다.

계류와 광풍각이 있는 공간은 위치적으로나 내용적으로 볼 때, 소쇄원의 내원에서 중심이 되는 곳이다. 광풍각에서 바라다 보이는 곳에는 자연암반에서 떨어지는 십장폭포가 있어 시각적인 것은 물론 청각적 측면에서의 경관성 또한 매우 뛰어나다. 이 공간에서는 계류와 광풍각을 중심으로 하여 주인과 방문객들에 의한 온갖 풍류생활이 벌어지게 된다.

제월당은 주인이 기거하면서 생활하는 공간이고, 이 옆에는 화계가 조성되어 있다. '소쇄원도'를 보면 매대라고 쓰여 있고 매화나무가 심어져 있음을 볼 수 있다. 화계가 끝나는 지점에는 오곡문이 있다. 이 오곡문에는 원래 문이 있었다고 하나 분명치는 않다. 오곡문 동남쪽의 담장은 산에서 흘러 들어오는 계류를 단절시키지 않고 흐르게 하기 위하여 담장을 들어올려 놓아 물이 담장 밑으로 흐르는 특이한 형식이 나타난다. '소쇄원도'에서는 이것을 이름하여 '원규투류'라고 하였다.

'소쇄원 48영' 등의 시를 통해서 살펴보면, 소쇄원에는 목본 16종, 초본 5종이 있었음을 알 수 있다. 소쇄원에 주로 식재된 식물로는 대나무와 소나무, 측백나무, 동백나무, 치자나무 등의 상록성 수목과 팽나무, 느티나무, 벽오동나무, 오동나무, 배롱나무, 은행나무, 살구나무, 복숭아나무, 매화, 단풍나무, 버드나무, 감나무, 철쭉 등의 다양한 활엽수 그리고 창포, 난, 순채, 국화, 파초, 연, 상사화 등의 초본류가 있었다.

⑤ 보길도 윤선도원림

윤선도가 조성한 정원으로 윤선도는 이곳에서 13년 동안 머물면서 세연지와 세연정, 낙서재, 곡수당, 동천석실을 조성해 놓았는데, 현재 대부분의 유적들이 복원되어 있다. 더불어 소은병, 오운대, 독등대, 상춘대, 언선대 등 윤선도가 섬 안의 바위와 산봉우리에 붙인 자연 경물들도 대부분 남아 있다.

그림 2-29 세연정과 계담

곡수당은 낙서재 건너 개울가에 지은 집이다. 윤선도의 아들이 조성한 초당·석정·석가산·연못·화계·다리 등의 다채로운 정원이 조성된 곳으로 옛 모습이 복원되어 있다.

낙서재는 고산의 거처이며, 생활의 중심이 되던 곳이었다. 낙서재 뒤로는 소은병이 있고, 주위는 수림이 우거져 있으며, 앞은 훤히 트여 부용동 일대를 한눈에 볼 수 있다. 『고산연보』에는 보길도에 도착한 고산이 격자봉 밑에 축실을 하고 낙서재로 명명하였다고 한다.

그림 2-30 동대와 서대

동대와 서대는 못의 동쪽 편 못가에 축조된 방형의 단이다. 문헌을 통해서 살펴보면 동대와 서대는 그 기능이 춤을 추던 무대의 역할을 하던 곳이다. 윤고산은 세연정에서 기녀들이 동대와 서대에 올라가 춤추는 광경을 보고 즐겼다 한다.

동천석실은 낙서재로부터 북쪽으로 약 1km 떨어진 산중턱에 지은 1칸짜리 집이다. 고산 윤선도는 이곳에서 독서하며 사색을 즐기고 주변의 풍경을 완상하였을 것이다.

세연정은 보길도 윤선도 원림의 초입에 조성된 계담과 방지방도 사이에 위치한 정방형의 정자이다. 『고산연보』에는 고산이 1637년 보길도에 처음 들어와 부용동을 발견했을 때 건축된 것이라고 기록되어 있다. 『보길도지』에 따르면 세연정은 중앙에 세연정, 남쪽에 낙기란, 서쪽에 동하각, 동쪽에 호광루 그리고 칠암이 널려있는 동쪽에 또 다른 편액인 칠암헌이라는 편액을 달았다고 한다. 세연지는 윤선도 원림의 세연정 정원영역에 인공적으로 조성한 못이다. 윤선도는 멀리 산으로부터 흘러내려온 물이 모여 계류의 폭이 넓어지는 곳에 보를 막아 계담을 만들고, 그 물을 끌어들여 네모난 못과 네모난 섬을 만들었다.

⑥ 서석지 지원

서석지는 정영방이 1610년~1636년 사이에 조성한 정원으로 정원의 면적은 약 1,500㎡ 정도이다. 서석지원은 동서 약 26m, 남북 약 21m의 크기를 갖는 네모난 평지부에 조성되었으며, 남북 12m, 동서 13m의 크기를 갖는 방형의 못을 중심으로 하여 북쪽에는 정면 3칸, 측면 1칸의 주일재가 서쪽에는 정면 4칸, 측면 2칸의 경정이 자리를 잡고 있다.

주일재는 주인이 거처하는 곳으로 남서향하고 있으며, 경정은 강론과 휴식을 위한 정자 건물로 남동향하고 있다. 못 밑바닥에는 수많은 조각으로 분리된 석영맥이 발달해 있어 굴절되어 물위에 떠오를 때는 마치 아름다운 보석을 보는 것 같다. '서석지'라는 이름은 이러한 연유 때문에 지어진 것인데, 정영방은 이들 석영석에 대하여 하늘, 땅, 동물, 꽃, 신선 등과 같은 고운 이름을 돌의 형상에 맞게 붙여 놓았다. 주일재 앞쪽에는 동서 4.5m, 남북 3m의 넓이를 갖는 네모난 단을 못 안쪽으로 돌출되게 축조하고 소나무, 매화나무, 대나무, 국화를 심어 '사우단'이라는 이름을 붙였다.

그림 2-31 서석과 연꽃

⑦ 선교장의 정원

선교장은 조선시대 강릉지방의 대표적인 상류 민가주택으로 강릉일대에서는 가장 규모가 컸다고 한다. 집의 구성은 행랑채, 사랑채, 안채, 동별당, 서별당, 사당으로 이루어지며, 전통적인 사대부주택에서 나타나는 배치형식상의 규범성을 보인다. 안채와 사랑채인 열화당 후정에는 사괴석으로 축조된 화계를 두어 배롱나무, 단풍나무, 감나무, 대추나무, 벚나무, 엄나무, 앵두나무, 살구나무, 매화, 산철쭉, 박태기 등과 같이 전통적으로 주택의 후원에 도입하던 식물을 심어 놓았는데, 사괴석 석단은 일제강점기에 수리된 것으로 보인다. 특히 자연지형과의 경계부에는 죽림이 형성되어 있어 주위의 송림과 더불어 좋은 배경이 되고 있다.

사랑채 뒤편의 화계는 3단으로 축조되어 있다. 제일 위의 단에는 과거에 팔각정이 있었으나 유실되었다고 전해지는데, 이와 같은 형식은 창덕궁 내의 연경당에 농수정이 있는 것과 유사한 형식이다. 아랫단에는 수령 300년 정도 되는 목백일홍이 석단 가운데에 식재되어 있으며, 왼쪽에는 가이즈까 향나무와 박태기나무가 식재되어 있다. 가운데 단에는 직경 40cm 정도 되는 계수나무가 있고, 그 옆에는 수령이 오래된 떡갈나무가 식재되어 있다.

한편, 대문 밖 남동쪽에는 외별당인 활래정이 있다. 활래정이란 명칭은 주희의 '관서유감'이라는 시 가운데 나타나는 "활수래活水來"에서 유래된 것으로, 수원이 마르지 않고 물이 끊임없이 흘러 들어온다는 의미를 지니고 있다. 활래정은 방지 속에 석주를 세워 만든 방과 마루가 있는 'ㄱ'자형 정자이며, 주위에는 난간을 돌렸다. 이 정자는 문과 창이 모두 개폐식으로 되어 있어 활래정에 앉아 문을 모두 들어 올리면 주변의 경관을 한눈에 바라볼 수가 있다. 이러한 정자의 형식은 창덕궁 내의 부용지에 건축된 부용정의 형식과 유사한 것이다. 정자에 연결된 지당은 방지방도로 한 변의 길이가 32m인 정방형 못 안에 한 변의 길이가 7m 가량 되는 섬이 있는 연지이다. 방지 주변에는 배롱나무와 무궁화가 식재되어 있고 방도에는 소나무 한 그루와 괴석, 석상을 배치하였다. 못 속에는 연꽃을 심어 놓아 군자의 도를 생각하며 수경관을 완상하도록 되어 있다.

그림 2-32 활래정과 멀리 보이는 선교장 본채

⑧ 구례 운조루의 정원

운조루는 전라남도 구례군 토지면 오미리에 자리한 사대부가이다. 가옥의 전체적인 구성은 1922년에 제작된 『전라구례오미동가도全羅求禮五美洞家圖』를 통해서 구체적인 모습을 살필 수 있다. 이 그림을 보면 운조루는 가사규제에 따라 지어진 99칸 '품品'자형 주택이었으며, 전라도 지방에서 보기 드문 'ㅁ'자형을 기본으로 하고 있고, 행랑채, 사랑채(운조루), 안채, 곳간채, 사당채 등으로 구성되어있음을 알 수 있다. 외부공간은 바깥마당, 행랑마당, 사랑마당, 큰 사랑채 뒷마당, 안사랑마당(현재 안 사랑채는 소실되었음), 안마당, 안채 부엌마당, 안채 뒷마당, 사랑채 뒷마당, 사당마당 등으로 구성되며, 정원은 사랑채를 중심으로 그 주변에 조성되어 있다.

안사랑마당에는 동쪽 담장에 면하여 석류, 모과나무, 감나무를 식재하였으며, 사랑채 전면에는 길이 11.5m, 높이 1.2m의 기단 가운데에 계단을 두고 좌우측에 너비 1.4m의 화계를 조성하여 석류, 무궁화, 회양목, 박태기나무 등을 식재하고 괴석을 배치하였다. 가도에는 화분에 심은 화목과 경석 그리고 사랑방 앞쪽에 도입한 정심수 기능을 하는 소나무가 그려져 있다. 이 가옥의 바깥마당에는 삼태봉에서 발원하는 계류를 끌어들여 수구와 지당을 만들었다. 이 지당은 중도(원형으로 축석하여 소나무를 식재하였음)가 있는 장방형 지당(동서 45m, 남북 15m)이며, 못에는 수련을 심고 못 가에는 수양버들과 대나무를 심었으며, 행랑 쪽으로는 수양버들, 적송, 목련, 배롱나무 등을 도입하였다. 이렇게 집 앞에 방지원도를 조영한 것은 음양오행적 기법이며, 동시에 풍수사상에 의한 비보적 개념인 것으로 해석된다.

그림 2-33 안채와 사랑채

⑨ 건재고택建齋古宅의 정원

건재고택의 정원은 사랑마당을 중심으로 구성되는데, 사랑채 전면공간은 수목과 괴석이 중심이 되는 공간이고, 오른쪽은 계류와 지당이 조영된 물의 공간이다.

그림 3-34 건재고택의 못

사랑마당 한편에 조성된 물의 공간은 이 집의 정원이 일본양식을 흉내 낸 것임을 증거한다. 곡지로 물을 인수하는 수로는 원래 이곳으로 흐르던 농수로를 야리미즈형식으로 개조한 것이며, 곡지형식으로 조성된 못은 수로에서 폭포를 통해 물이 인수된다. 물이 들어오는 입수로 쪽과 물이 나가는 출수로 쪽에 각각 다리를 하나씩 놓아 곡지를 한 바퀴 돌면서 수경관을 완상할 수 있도록 하였는데, 이러한 형식은 일본정원에서 볼 수 있는 지천회유식 정원에서 볼 수 있는 것이다. 정원에는 다양한 경물들이 배치되어 있다. 이들 경물들은 보는 방향과 각도에 따라 여러 가지 형상으로 나타나도록 배치하였는데, 이것도 일본정원에서 흔히 볼 수 있는 기법이다.

한편, 정원에는 여러 개의 경석을 석함에 심어 놓았고, 마당에는 구도와 학도를 조성하였던 흔적이 있으나, 원형이 교란되어 확실한 모습을 확인할 수 없다. 정원에는 소나무를 비롯해 향나무, 회양목, 단풍나무 등 일본정원에서 흔히 볼 수 있는 식물들이 많은데, 이것 역시 건재고택의 정원이 일본양식의 영향을 받은 것임을 일러주는 증거가 된다.

2.2 중국

1) 개관

한대 이전은 정원 조성의 맹아기와 형성기로 원림조성은 황실의 원유苑囿로 제한되어 있었다. 이 시기의 정원으로는 상림원, 아방궁, 건장궁에 있는 원유가 대표적이다.

위·진·남북조시대는 전원시와 산수화가 출현하여 원림예술에 큰 영향을 주었으며, 원림예술의 발전기로 볼 수 있다. 이 시기부터 중국의 원림조성은 자연을 재현하는 길로 들어서게 되는데, 이 시기에 조성된 주요 원림으로는 금곡원, 화림원, 동작원, 난정 등을 들 수 있다.

수·당시대는 사회가 안정되고, 경제가 번영하여 문화예술이 크게 번창한 시기로, 산수시와 산수화가 성행하여 원림조성의 구성과 기교에 많은 영향을 주었다. 이 시기의 원림예술은 규모가 크고 수량이 많으며, 수법 또한 성숙하여 원림예술의 전성기였다.

송대는 회화의 영향을 크게 받았던 시기로 산수화가 기교면에서 최고 수준에 도달했을 뿐만 아니라 회화이론에 관한 저작이 많았다. 회화계에서 유행하였던 "밖으로는 자연의 모습을 본뜨고, 안으로는 마음의 원천을 펼친다.", 즉 "외사조화外師造化, 내발심원內發心源"은 원림조성에 필수적으로 준수해야 하는 원칙이었다. 이 시기에 들어와 중국의 원림예술은 최고조에 달했던 것으로 보인다.

명·청시대는 경제가 비교적 크게 발전했던 시기로, 특히 청의 건륭연간에는 토목공사를 크게 벌여 원림건축이 규모와 수에 있어서 미증유의 업적을 남겼다. 그리고 강남일대의 사가원림도 극성했다. 계성의 『원야園冶』는 원림예술의 경험을 체계적으로 정리한 저술이었다. 이 시기는 송·원대에 이어 원림예술을 다시 한 번 최고조로 끌어올린 시기였다.

2) 대표적 정원

① 위안밍위안원명원·圓明園

베이징 서쪽 교외의 이허위안이화원·颐和园 동쪽에 자리잡고 있으며 위안밍위안·창춘위안장충원, 長春園·씨추위안(기춘원, 綺春園: 나중에 만춘원으로 바뀜) 3원을 통틀어 일컫는다. 면적은 320ha이며 호수가 많은 땅에 지어져 수면이 35%를 차지한다. 가장 큰 호수인 푸하이복해·福海는 너비가 600m 정도이며, 그 밖에 전호前湖와 후호後湖를 비롯한 크고 작은 연못과 호수들이 서로 연결되어 하나의 수계를 이룬다.

푸하이 한가운데에는 신선이 산다는 봉래, 영주, 방장을 상징하는 작은 섬 3개를 조성하고 아름답게 꾸몄는데, 가장 큰 중앙의 섬 위에는 신선의 누각을 상징하는 봉도요대가 있다.

건륭제乾隆帝는 강남의 풍광을 좋아하여 원명원 곳곳에 강남의 명원과 수려한 자연을 모방한 경관을 조성하였다. 위안밍위안 조성 후 동쪽과 남쪽에 두 곳의 부속정원인 장춘원과 기춘원을 건설하여 원명3원을 구성하였다. 위안밍위안은 여러 개의 하천과 소택지를 이용해 수경을 연출하였고, 돌을 쌓아 산을 만들어 산과 물이 서로 조화를 이루는 경관을 조성하였다. 옹정제는 위안밍위안의 이십팔경二十八景을 직접 명명하였으며, 건륭제에 이르러 원명원사십경圓明园四十景이 조성되었다.

위안밍위안은 궁궐일 뿐만 아니라 강남의 유명한 정원과 풍경을 모으고 서양의 바로크양식까지 더해 원림의 형식과 내용면에서 최고였기 때문에 '원림 중의 원림'이라고 불렸다.

② 이허위안이화원·颐和园

이허위안은 베이징 북서쪽 하이뎬구에 위치하며, 물과 산이 어우러진 황가원림이다. 강희 41년(1702)에 행궁을 건설하면서 원림조성이 시작되었다. 건륭제는 건륭 14년(1749)에 황태후의 60세 생일을 축하하기 위해 원림을 보완하기 시작하였는데, 이때 옹산일대에 다양한 용도의 건물을 지었으며, 호수와 산의 이름을 쿤밍호(곤명호)와 완서우산(만수산)으로 바꾸어 지난날과는 다른 면모를 보이도록 하였다. 건륭제의 원림보완공사는 건륭 29년(1764)에 완료되었으며, 이름을 치이위안청의원,清漪園이라고 하였다.

그림 3-35 만수산 원경

이허위안은 크게 완서우산 공간과 쿤밍호를 중심으로 하는 공간으로 구분된다. 완서우산 공간은 다시 완서우산 동쪽의 궁궐공간과 쿤밍호를 마주하는 완서우산 남사면 지역, 완서우산 북사면지역으로 구성된다. 쿤밍호는 중간에 있는 제방을 기준으로 3개의 호수로 구분되는데, 각각의 호수에는 용왕묘, 치경각, 조감당 등 건물을 하나씩 지어 봉래, 영주, 방장산을 상징적으로 보여주었다. 서쪽 제방에는 항저우 소제蘇堤 6교를 모방한 6개의 다리가 조성되었다. 쿤밍호는 완서우산에서 내려다보면 광활한 호수면이 한눈에 부감되어 마치 바다를 바라보는 것과 같은 착시현상이 나타난다.

1860년 칭이위안이 파괴되었고 그 후 광서 14년(1888)에 완서우산 남쪽 지역을 중심으로 칭이위안의 주요 부분을 개수하고 이름을 이허위안으로 개명하였다. 그러나 1900년 의화단 사건으로 진주한 8개국 연합군에 의해 다시 파괴되었고 자희황후가 광서 29년(1903)에 개수하였으나, 완서우산 북쪽의 건물들은 원상을 회복하지 못한 채 지금에 이루고 있다.

③ 줘정위안졸정원·拙政園

쑤저우의 줘정위안은 명나라 정덕 4년(1509) 어사 왕헌신이 조성한 52,000㎡ 규모의 원림으로, 줘정위안이라는 이름은 진나라 때 반악潘岳이 지은 『한거부閑居賦』에 나오는 "못난 사람이 다스리는 일拙者之爲政"이라는 구절에서 따온 말이다.

그림 2-36 원향당을 중심으로 조성된 졸정원

그림 2-37 원림 전체를 연결하는 회랑

줘정위안은 남쪽에 주거공간이 있고, 그 북쪽에 원림이 위치하는 구성을 보인다. 원림은 동원, 중원, 서원으로 이루어지는데, 그 가운데에서도 중원은 줘정위안의 중심이 되는 원림이다. 중원의 중심은 원림의 가운데 위치한 못으로, 못 속에는 곡선호안의 섬 두 개가 다리로 연결되어 있다. 중원에서 가장 중심이 되는 건물은 원향당遠香堂으로 못 속의 섬과 마주해 사방의 경관을 볼 수 있도록 배치했다. 원향당 앞에는 넓은 평대가 있으며, 호안은 직선으로 처리되어 있으며, 동쪽에는 석가산이 있고, 그 위에 수기정이라는 이름의 정자가 자리를 잡고 있다. 이 정자의 남쪽에는 비파원이 있는데, 담으로 둘러져 있다.

서원은 '별유동천'이라는 둥근 문의 서쪽에 있다. 서원 역시 못이 중심이 되는 원림이며, 삼십육원앙관이 중심이다. 건너편 가산에는 세 개의 정자가 놓여 있다. 이곳을 중심으로 물길은 남북으로 긴 수로를 이루도록 되어 있는데, 물을 따라가며 건물과 건물을 이어주는 회랑은 줘정위안의 특징이다.

동원은 해당춘오의 동쪽에 조성되어 있으며, 못가에 난설당이라고 부르는 건물이 있다.

④ 류위안유원·留園

류위안은 줘정위안, 상랑팅창랑정·滄浪亭, 쉬즈린사자림·狮子林과 더불어 중국의 4대 명원에 속하는 정원으로 쑤저우에 위치한다. 명나라 만력연간(1573~1619)에 태복 벼슬을 지낸 서시태徐時泰가 1522년에서 1566년 사이에 최초로 조영했으며, 현재의 류위안은 이때 이루어진 동원이 바탕이 된다.

류위안은 중원, 동원, 서원, 북원의 4부분으로 구성된다. 중원은 못을 중심으로 하는 정원으로, 동쪽에는 건물들이 북쪽에는 전원의 풍경이 서쪽에는 자연스런 산림경관으로 조성되어 있다.

류위안은 다양한 양식의 건축과 다양한 경관이 조화를 이루는 원림이다. 길게 이어지는 회랑과 공간을 분절하는 담장은 원림을 구조적으로 중첩하고 분절하는 구성요소가 되는데, 이러한 작법은 중국의 원림에서 공통적으로 적용되는 것이다.

그림 2-38 연못을 중심으로 하는 중심공간

그림 2-39 중국식 의장의 정자와 태호석

⑤ 쉬즈린사자림·獅子林

그림 2-40 쉬즈린의 못과 주변의 건물 및 태호석

쉬즈린은 쑤저우에 있는 원림으로, 원나라 제15대 순제 때인 1342년에 천여법사의 제자들이 건립한 선원이 기원이 된다. 선원의 정원은 원대의 유명한 화가이자, 정원사인 예찬倪瓚이 설계를 하였는데, 이 정원이 쉬즈린의 중심이다. 쉬즈린이라는 이름은 천여법사가 천자산天目山 사자암獅子岩에서 득도한 스승을 기리기 위해 지은 이름이라고 하는데, 정원에 조성한 가산의 대나무가 사자를 닮았다거나, 원림에 도입한 태호석의 형태가 사자를 닮았다고 해서 붙여졌다고도 한다.

건축물로는 입설당立雪堂, 와운실臥雲室, 지백헌指柏軒, 문매각問梅閣, 영호진冰壺進, 옥감지玉鑒池, 소비홍小飛虹 등이 있으며, 가산에는 사자봉, 함휘含暉, 토월吐月이 있다. 이곳에서 지어진 유명한 시화집에는 사자림기승집獅子林紀胜集이 있고, 그림으로는 주덕윤朱得潤의 사자림도獅子林圖가 유명하다.

청나라 강희제 때 사원은 분리되고, 형주지부의 황흥조가 부친을 위해 구입을 해서, 섭원涉園이라고 이름을 바꾸었다. 청나라 건륭제 36년(1771)에는 오송원五松園이라 불리었고, 청나라 말기에는 황씨 집안이 쇠락하여 또 이곳이 황폐해졌다. 1917년에 상하이의 거부 패윤생貝潤生이 이곳을 구매하여, 많은 비용을 들여 개축을 하고, 다시 사자림이라고 이름을 고쳤다.

2.3 일본

1) 개관

일본정원이 본격적으로 조성되기 시작한 것은 나라시대로 본다. 원시시대~552에도 정원과 같이 물을 이용한 공간이 있었으나, 이것은 정원이 아니라 제사유적이었다. 대표적인 사례는 고훈시대 전기에 만들어진 죠노코시城之月유적이다.

아스카시대飛鳥: 552~710에는 백제인 노자공路子工에 대한 기록이 『일본서기』에 전해지는데, 일본에서는 이것을 일본정원에 대한 가장 오래된 기록으로 생각한다. 노자공은 아스카무라明

日香村의 정원유적에서 발굴된 수미산석과 정원에 물을 입수하는 데 사용했던 것으로 보이는 배모양 돌주선석, 舟船石 그리고 물을 인수하기 위한 제반 관계시설 등을 만들었다고 하는데, 이것들은 제사시설과 정원시설의 중간적 역할을 하는 것으로 보인다.

나라奈良시대710~794에 들어서게 되면 일본에서도 본격적인 정원이 조성된다. 그 대표적 사례가 바로 헤이조큐平城宮의 동원東院정원과 헤이조큐 외부에 만들어진 좌경삼조이방궁적정원左京三條二坊宮跡庭園이다. 여기에서 동원정원은 곡지를 중심으로 하는 정원이고, 좌경삼조이방궁적정원은 남북으로 좁고 길게 사행하는 도수로 같이 생긴 곡지형의 정원으로 유상곡수연을 위한 시설이었던 것으로 생각된다.

① 헤이안平安시대794~1192

광대한 저택의 내부에 정원을 조성하는 것이 유행하였는데, 정원은 주인의 거처인 침전의 남쪽에 조성하는 것이 일반적이었다. 이것이 바로 침전조정원으로, 못을 중심으로 하는 정원에는 못 가운데에는 2~3개의 인공섬을 조성하였으며, 섬으로 건너가기 위한 다리도 놓았다. 못의 물은 야리미즈遣水라고 하는 수로를 통해서 끌어들였다. 헤이안시대 초기의 대표적인 정원으로는 신센엔神泉苑, 사가인嵯峨院의 정원을 들 수가 있다. 헤이안시대 말기에는 침전조정원에 정토정원이 더해지는 모습을 보이게 되는데, 이때에 조성된 작품으로는 우지宇治의 뵤도인平等院과 교토의 죠루리지淨琉璃寺 그리고 히라이즈미平泉의 모쓰지毛越寺에 조성된 정원이 대표적이다.

② 가마쿠라鎌倉시대1192~1338

가마쿠라에 막부가 설치된 때를 말하며, 무인들의 집에 정원이 많이 조성되었다. 무가의 정원은 소규모의 가옥에 대응하여 정원의 면적도 소규모였으며, 내정內庭을 두고 관상하는 관상식 정원의 형태를 가지게 된다.

③ 무로마치시대室町時代, 1338~1573

12세기말에 선종이 일본에 전해지면서 선종사찰이 지어지게 되고, 선종사찰에 맞는 정원이 조성된다. 이러한 선종사찰의 정원선원, 禪園을 일본에 정착시키는데 공헌을 한 이가 바로 무소오 소세키夢窓疎石: 1275~1351인데, 그는 교토 여러 곳에 정원을 만들었다. 무소오 소세키가 만든 정원으로는 사이호지西芳寺, 텐류지天龍寺, 즈이센지瑞泉寺, 에이호지永保寺이 대표적인데, 그 중에서도 선종의 세계관을 잘 표현한 것은 교토에 있는 사이호지이다.

무로마치시대 전기에 선종사찰에 만든 정원인 선원이 있었다면, 후기로 가면서 서원조 정원이라는 또 다른 양식의 정원이 만들어지게 된다. 서원조 정원은 서원조 건축양식을 갖춘 서원에 조성되었는데, 교토의 로크온 킨카쿠지鹿苑 金閣寺와 지쇼 긴카쿠지慈照 銀閣寺등이 있다. 무로마치시대에는 가레산스이枯山水정원이라는 정원양식이 만들어진다. 고산수양식은 일본에서 만들어낸 새로운 정원양식으로 무로마치시대 초기에는 추상적인 경관형식을 보이다가 중기이후에는 회화적이고 구상적인 형식을 보이게 된다. 고산수양식의 정원으로서 대표적 작품은 료안지龍安寺 방장정원과 다이토쿠지 다이센인大德寺 大仙院 방장정원 료우겐인龍源院 방장정원를 꼽을 수 있겠다.

④ 모모야마桃山시대1573～1615

모모야마시대의 문화는 소위 모모야마桃山문화로 설명된다. 모모야마문화는 자유롭고 활달한 인간중심의 문화를 중심으로 전개되며, 건축에서는 웅대한 성곽과 사찰의 조영이 성행한다. 정원은 화려한 건축에 대응하는 화려한 지천정원과 고산수정원이 작정되며, 서원조 정원이 완성되고 다도가 유행하여 다정이 성립된다전통조경학회, 2009:502. 이 시대에 만들어진 서원조 정원으로는 산호인三寶院의 정원을 시작으로 하여, 니시혼간지西本願寺 서원書院의 고케이노니와虎溪の庭, 니조조二條城 니노마루二の丸의 정원들이 대표적이다. 이 정원들은 아름다운 형태의 경석들을 많이 사용하여 특이하게 조성되었으며, 여러 가지 수목들과 이국적인 식물들을 식재하고, 연못, 폭포, 돌다리 등을 정원에 도입하였다윤장섭, 2000:370.

이 시대의 특징적 문화현상으로 다도의 성립과 유행을 빼놓을 수 없다. 이러한 다도의 유행은 노지정원露地庭園을 성립시키게 되는데, 이 정원은 다도를 즐기기 위해서 다실주위에 조성하는 간소하고 운치 있는 작은 정원이다. 노지정원은 16세기 말 센노리큐千利休가 고안한 정원양식이며, 정원에 만들어진 원로에는 징검돌인 토비이시飛石를 배치하고 석등과 울타리를 세웠다. 다실로 들어가는 길의 한적한 분위기와 다실의 청정한 분위기를 연출한 것이다. 로지양식의 정원으로는 오모테센케表千家와 우라센케裏千家 그리고 武者小路千家의 다실에 딸린 노지가 대표적이며, 오늘날까지 거의 원형 그대로 남아있다구태훈, 2012:312～313.

⑤ 에도江戸시대1615～1866

에도시대 초기에는 지천회유식池泉廻遊式 정원양식이 완성된다. 이 양식은 정원의 중심에 큰 못을 파고 그 옆에 축산을 하며, 못 주변으로 몇 개의 다정을 배치하는 것이 특징이다. 못 주변으로는 원로를 만들고 길옆으로는 다양한 경관을 조성하여 정원을 걸으면서 변화무쌍한 풍경을 감상할 수 있도록 하였다. 지천회유식 정원으로서 대표적인 것은 교토의 가쓰라리큐桂離宮와 슈가쿠인리큐修學院離宮의 정원과 3대 명원으로 지칭되는 가나자와金澤의 겐로쿠엔兼六園, 오카야마岡山의 고라쿠엔後樂園, 미토水戸의 가이라쿠엔偕楽園을 꼽을 수 있다.

⑥ 메이지明治시대1868~1912

서구적인 양식의 건축물과 정원양식이 도입되기 시작한다. 도시공원에 정형식과 영국 자연풍경식의 영향을 받은 정원들이 만들어지는 일본정원의 변혁기라 하겠다. 그러나 전통성을 기조로 사실적 자연풍경을 묘사한 정원인 교토의 무린암無隣庵과 같은 정원이 만들어지기도 하여 일본정원의 전통성이 끊임없이 계승되고 있음을 보여준다.

2) 대표적 정원

① 사이호지정원西芳寺정원

사이호지의 정원은 평지부의 치센정원과 산록부의 가레산스이정원으로 구분되는 2단 구성을 한다.

황금지를 중심으로 구성되는 치센정원은 곡지를 중심으로 구성된 지천회유양식의 정원이며, 가레산스이정원은 사역 북쪽 편 고인잔 산록에 조성된 정원으로 고산수정원의 창안자인 무소 소세키에 의해서 조성되었다. 고산수정원에는 고산수석조와 수미산석조 그리고 좌선석과 용연수龍淵水가 남아있다. 고산수석조의 중심에 조성된 가레다키枯瀧석조는 3단으로 구성되어 있다.

그림 2-41 황금지 내의 이끼가 덮인 섬

② 로쿠온鹿苑 킨카쿠지金閣寺정원

킨카쿠지 정원은 키느가사야마衣笠山 산록의 넓은 평지에 조성되었다. 정원은 회유식과 주유식을 겸한 것으로 면적은 93,076㎡이다.

정원의 중심인 못의 명칭을 경호지라고 이름붙인 것은 못에 누각인 금각의 그림자가 비쳐졌기 때문이다. 경호지에는 봉래도, 구도, 학도가 있고, 출구出龜와 입구入龜로 명명된 거북석조도 있다. 위원도葦原島라는 이름의 봉래도 중앙호안에는 삼존석조가 놓여 있다.

금각의 북쪽, 산기슭에는 용문폭 형식의 다키석조가 있다. 이 용문폭은 삼단으로 된 폭포구조를 하나의 폭포로 상징화한 삼급암三級岩식으로, 물은 삼급암을 통해서 전면의 이어석鯉魚石으로 떨어지도록 설계되어 있다.

그림 2-42 삼층보주형식의 금각과 경호지의 경관

③ 료안지龍安寺 방장方丈정원

료안지 방장 남정南庭인 석정石庭은 호소카와 마사모토가 방장을 건립하면서 더불어 조성되었다. 이 정원은 남쪽과 서쪽이 높은 담장으로 둘러싸여 있으며, 동서 23m, 남북 9m 약 300㎡의 면적을 가진 장방형의 공간에 조성되어 있다. 정원에는 온통 흰모래가 깔려있으며, 이곳에서는 한그루의 나무도 한 포기의 풀도 찾아볼 수 없다. 흰모래 위에는 15개의 돌을 동쪽에서부터 서쪽으로 5개, 2개, 3개, 2개, 3개로 나누어 5개의 그룹으로 배치하였다.

그림 2-43 료안지 방장정원 전경

④ 다이센인大仙院 서원書院정원

다이센인의 서원정원은 개산조인 고가쿠 소코古岳宗亘, 1465~1548에 의해서 작정되었다. 이 정원은 방장의 북쪽에서 동쪽으로 연결되는 30평 가까운 협소한 공간에 조성된 고류식枯流式 가레산스이양식을 보인다. 북송산수화의 화풍을 재현한 것으로 보이는 이 정원은 료안지 방장정원과 더불어 일본의 대표적인 가레산스이 정원으로 평가되고 있다.

그림 2-44 다이센인 서원정원의 석조

다이센인 서원정원의 중심은 방장의 북동부에 세운 2개의 돌, 관음석과 부동석 그리고 그 안쪽에 만든 2단의 마른폭포가레다키·枯瀧석조이다. 가레다키석조로부터 떨어진 상상의 물은 흰모래로 상징되는 계류가 되어 돌다리 아래를 통과해서 중류로 흘러내려가고 투도전透渡殿 아래 둑을 넘어 이윽고 넓은 강으로 흘러들어간다. 넓은 강에는 배모양의 돌이 있고, 강 언덕에는 예산석叡山石이 놓여 있다.

⑤ 가쓰라리큐桂離宮 정원

가쓰라리큐는 고요제이천황1571~1617의 아우인 하치조노미야八条宮 가家 초대 도시히토친왕智仁親王, 1579~1629이 시모가쓰라下桂에 창건한 별장으로 2대 토시타다 친왕智忠親王, 1619~1662에 의해 증축·개수되어 오늘에 이르고 있다.

그림 2-45 송금정과 천교립을 모티브로 만든 주변의 경관

가쓰라리큐는 동서 약 230m, 남북 약 218m의 경역을 가지며, 부속지를 포함한 총면적은 약 67,000㎡에 달한다. 이 정원에는 서원과 다정을 이곳저곳에 배치하고, 이것들을 연결하기 위해 원로를 두었으며, 계류에는 석교, 토교, 널다리들을 놓았다.

부지의 거의 중앙에는 복잡한 수제선에 둘러싸인 대소 여러 개의 섬을 가진 규모가 큰 원지를 두었다. 원지의 동안에 건축된 다실 송금정松琴亭 주변에는 축경기법을 도입하여 조성한 천교립天橋立을 두었는데, 이것은 가쓰라리큐정원에서 볼 수 있는 최대의 볼거리로 손꼽힌다.

못 남쪽의 커다란 중도는 축산을 한 것으로 그 정상부근에 건립한 상화정賞花亭에서는 원내외의 조망을 하기가 좋다. 또한, 못 남서안 소의헌笑意軒 앞의 선착장은 절석을 이용한 직선호안으로 처리되어 있어서 실용성은 물론 에도시대 초기의 취향을 엿볼 수 있다. 그밖에도 길옆에 월파루月波樓, 외요괘外腰掛, 만정卍亭, 원림당園林堂 등의 다정과 사당이 배치되어 있다.

⑥ 고이시카와 고라쿠엔小石川後樂園

미토가水戶家 초대 번주인 도쿠가와 요리후사德川頼房, 1603~1661가 조성한 정원이다.

정원은 큰 못을 가운데 두고, 동쪽에 내정內庭의 지천, 서쪽에 남북으로 가늘고 긴 지천, 북쪽에는 논을 배치하였으며, 이것들을 계류로 연결하여 에도시대의 전형적인 지천회유식 정원의 풍경을 보이도록 작정되었다. 이 정원은 봉래도를 중심으로 하는 전통적인 지천정원에 축산의 풍경, 대언천大堰川의 흐름, 청수淸水부근의 축경, 논의 풍경 등과 같은 명소의 풍경을 모티브로 삼아 경관을 조성하였으며, 거기에 덧붙여 돌을 풍부하게 사용하여 중국취미가 강하게 풍기도록 함으로써 총합적 정원의 성격을 가진다. 정원에 도입한 이러한 여러 가지 요소와 작정기법으로 인하여 이 정원은 에도시대의 다이묘정원의 특징을 잘 보여주는 대표적인 정원으로 손꼽힌다.

그림 2-46 봉래도와 德大寺石이 있는 암도

⑦ 오카야마 고라쿠엔岡山 後樂園

오카야마 고라쿠엔은 오카야마번의 2대 번주藩主였던 비젠備前의 다이묘 이케다 쓰나마사池田綱政, 1638~1714가 만든 별저이다. 고라쿠엔이라는 이름은 '근심을 먼저하고 나중에 즐거움을 누린다先憂後樂'라는 뜻을 가진다.

고라쿠엔의 전체면적은 약 13만㎡이며, 못을 중심으로 축산, 잔디밭, 영산홍, 창포밭, 매원, 소철원, 등나무 원, 차밭, 정전井田, 뱀처럼 굽이굽이 흐르는 곡수로, 정원주변에 조성한 숲 등이 조화롭게 배치되어 있으며, 계절에 따라 경관의 변화가 무쌍하다. 더구나 정원의 배경으로 오카야마성의 천수각天守閣이 우뚝 솟아 있어 정원을 한층 더 격조있고 상징적으로 만들고 있다.

그림 2-47 오카야마성을 배경으로 작정된 고라쿠엔

⑧ 겐로쿠엔兼六園

겐로쿠엔兼六園이라는 이름은 송대의 시인 이격비李格非의 『낙양명원기洛陽名園記』에서 유래한 것으로 광대廣大, 유수幽邃, 인력人力, 창고蒼古, 수천水泉, 조망眺望이라는 6가지 정원의 조건을 겸하여 두루 갖추었다는 뜻을 지니고 있다.

겐로쿠엔은 가나자와 성 바로 옆 해발 50m의 야트막한 언덕에 약 99,174m²의 규모로 조성된 다이묘정원으로 못을 돌면서 경관을 완상하는 지천회유양식이다.

겐로쿠엔의 명물로는 휘진등롱徽軫燈籠이 단연 돋보인다. 이 등롱은 하지의 북쪽 호안에 자리를 잡고 있는데, 여섯 '六'자 모양으로 두 개의 다리를 벌리고 서있는 설견등롱雪見燈籠이다. 겐로쿠엔에는 이밖에도 석안정夕顔亭 앞의 쵸즈바치手水鉢, 표지瓢池의 해석탑海石塔, 곡수에 설치한 설견교雪見橋, 안행교雁行橋, 홍교虹橋, 황문교黄門橋 등이 있는데, 모두 장인의 뛰어난 기술과 지극히 우수한 디자인을 통해서 나타난 작품들이다.

겐로쿠엔은 가나자와의 오카야마 고라쿠엔, 이바라키 현茨城縣의 가이라쿠엔偕樂園과 더불어 일본의 3대 정원 중 하나로 손꼽히는 명원이다.

그림 2-48 가스미가이케 북쪽 호안에 설치한 고토지토로

그림 2-49 유키즈리

PART 2 이미지 출처

P22~58 ©홍광표

조성편

PART 3

정원디자인

3 PART 정원디자인

1 정원디자인에 대한 이해

초보 정원사든, 조경 디자이너로 커리어를 시작하든, 정원을 설치하든, 정원 설치를 계획하고 설계하고 실행하는 세부적인 과정을 이해하는 것은 매우 소중한 도구다. 자연경관을 디자인한다는 것은 엄청난 지식들의 조합이다. 개념의 시각화부터 디자인 원리 사용, 배치에 이르기까지 시각화 기술을 반복적으로 테스트하게 된다. 따라서, 전체 과정을 잘 이해할수록 더 좋은 결과가 나올 것이다.

1.1 디자인의 이해

1) 정원의 가치와 역할

> It was the Roman Cicero who once said:
>
> ***'If you have a garden and a library, you have everything you need.'***
>
> 만약 여러분이 정원과 도서관을 갖는다면 당신의 삶속에 필요한 모든 것을 가진 것입니다.
>
> *- 로만 키케로*

정원사는 사회에서 해야 할 중요한 역할이 있다. 호흡에 필요한 산소를 공급하고 이산화탄소를 흡수하며 지구온난화에 대응한다. 야생동물을 위한 서식지가 되며, 생물 다양성 향상에 기여하고, 사회에게 과일과 채소, 의약품과 예방접종 재료를 제공한다.

정원사는 행복을 창조한다. 이들은 사회가 즐길 수 있는 아름다움과 평온의 안식처를 세상에 만들고 가꾼다. 현대 생활의 스트레스에서 벗어나 신선한 공기 속에서 식물들과 함께 야외에서 일하며 보낸 경력과 결합하면 정원사들이 다른 노동자들에 비해 기대 수명이 길다는 것을 많은 연구들이 증명하고 있다.

2) 디자인의 중요성: 왜 정원을 설계할까?

일상에서 하는 일들에 대해 생각해 보자. 예로 가구를 배치하고, 집을 짓고, 여행을 떠나는 행위들, 이런 활동들은 보통 여러분이 경험하기 전에 하는 계획 때문에 성공한다. 계획과 설계는 의도이자 목적이다. 계획과 설계는 프로젝트의 중요성을 부여한다.

디자인은 무형의 것이다. 그런 이유로 사람들은 디자인이라는 단어를 별 생각 없이 자연스럽게 사용하기 때문이다. 또한 열린 마음과 단조로운 것을 넘어서려는 의도에 의해 시도되는 창조적인 노력이 요구된다.

디자인이라는 용어는 모호하지만 계획이라는 단어는 이해한다. 그 두 단어는 보통 동의어처럼 사용되기도 하지만 계획이 디자인 즉, 설계에 우선한다. 계획은 설계 중에 결정을 내릴 수 있는 기초를 제공하며, 계획 없이 디자인은 모자에서 토끼를 꺼내는 마술과도 같다. 이 과정은 정보를 수집하고 면밀히 조사하고 다시 검토하는 단계를 통해 정원조성의 방향을 잡기 시작하고 결정할 시점에 이르기까지를 말하기 때문이다.

어떤 사람들은 디자인이 부담스럽거나 너무 난해하다고 생각한다. 또한 표현에 대한 두려움도 있을 것이다. 그러나 디자인을 생각함으로써 나만의 정원을 이루어갈 수 있다. 왜냐하면 세심하게 계획된 디자인은 만족 - 원하는 실체, 신체 건강, 감정적인 행복, 그리고 심지어 만드는 이의 주머니 사정까지 포함한 삶의 많은 측면에 도움이 될 것이기 때문이다.

3) 디자인 과정의 필요성: 왜 디자인 과정을 거쳐야 하나?

디자인된 정원은 밤과 낮이 다른 것과 같이 무계획적인 정원과 다를 것이다.

정원을 어떻게 배치하고 설계해야 집과 실내의 건축과 통합되는가. 설계과정을 거치지 않은 정원들을 보면 기본이 되는 식물들과 잔디, 엉성하게 잘못 배치된 콘크리스벽과 경계석, 실수나 오류를 감추기 위한 펜스, 산만한 식재와 적절치 못한 휴게시설의 위치로 이루어질 것이다. 반대로, 디자인된 정원은 둘러싸고 있는 건축물과 잘 연결되어 자연스런 조화를 이룬다. 디자인 과정을 통해 구상된 정원은 그 부분의 합보다 더 큰 결실로 완성된다.

디자인과정을 거친 정원은 이리저리 옮겨 다니며 공간을 활용하는 효과뿐만 아니라 정원에 있는 것이 주는 시각적·정서적 영향에도 차이가 있다. 미적 개선 외에도, 정원디자인은 심리적·생리학적·사회학적·재정적 이점을 가져다 준다.

특히 아무런 검토와 설계의 리뷰 없이 정원을 설치하는 것은 미리 계획하고 설계하는 데 시간을 들이는 것보다 조성 후 예상외의 수정과 유지보수비용이 계속 들어갈 가능성이 크다. 식물의 일반적인 관리나 배치에 필요한 것이 무엇인지 이해하는 데 시간을 투자하지 않는다면 건강한 식물들의 성장과 정원에의 정착을 이루지 못한다. 시간을 할애하여 조경 재료와 한 장소에서 다른 장소로 이동하는 방법, 예산을 최대한 활용할 방법을 평가해 보자. 기대치가 높고 지식이 적고 예산이 한정되어 있다면 지식을 넓히는 기회와 시가는 넉넉히 갖고, 사용가능한 예산을 확정함으로써 성공 정도를 높일 수 있을 것이다.

4) 디자인 과정

디자인 과정design process이란 '어떤 것을 만들거나 원하는 결과를 얻기 위해 사용되는 일련의 단계, 행동 또는 작업'이다. 디자인 과정은 주어진 고객과 대상지를 해석하기 위한 적절한 솔루션을 개발하기 위해 디자이너가 사용하는 일련의 문제 해결 및 창의적 단계이다.

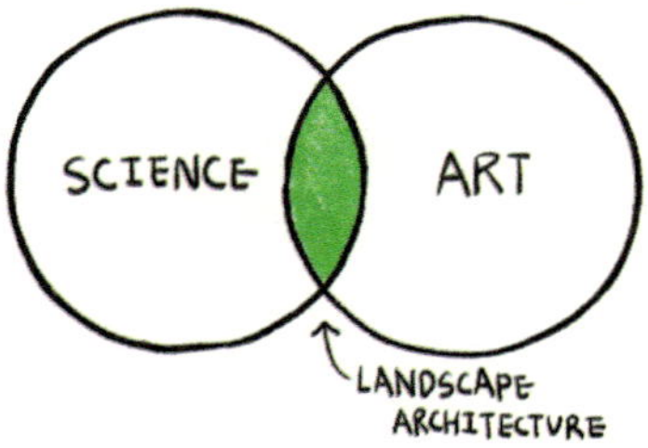

- 설계 프로세스
- 클라이언트 미팅
- 현장 측정 및 Base Map(현황 포함한 지적도) 준비
- 현장 분석 및 설계 프로그램

그림 3-1 과학과 예술적 지식이 결합된 설계과정

설계 프로세스는 다음과 같은 경우에 매우 중요하다.

- 정보 및 생각을 정리하여 의사결정에 활용하기
- 적절한 시기에 문제를 해결하는 질서 있는 접근 방식을 제공하기
- 고객에게 설계 솔루션의 이유를 설명하기

5) 디자이너의 자세와 준비

① 실외공간: 실내공간과 비슷하다고 생각해야 한다. 실내 바닥, 벽 및 천장과 같은 세 개의 공간 즉, 위요된 평면이 삼차원으로 모여 실외공간의 가장자리 또는 한계를 정하게 된다.

② 정원의 이해: 넓은 관점이나 정원 환경의 큰 그림을 보면서 목표 목록을 시작한다. 우리 정원의 맥락은 무엇이며, 왜 그것이 중요한가?

③ 습득할 지식: 미적 판단력과 과학, 수공업 노동력을 결합해야 한다. 계획과 설계, 식물학, 합리적인 범위의 도구와 기술, 환경과 날씨에 대한 이해, 식물 지식을 통해 자연환경과 동식물의 생활방식을 반영하는 살아있는 작품을 만들어낸다.

그림 3-2 3차원으로의 실내와 실외공간 인식

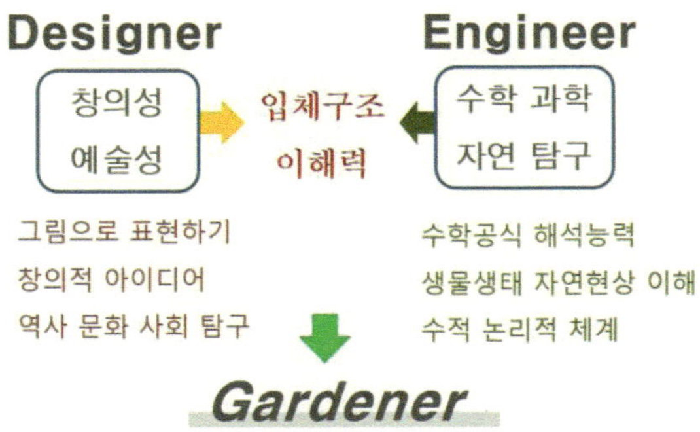

그림 3-3 정원가가 습득해야 할 지식의 범위

④ 정원의 맥락: 집이 도시, 교외 또는 시골 환경에 있는지 여부는 정원의 설계에 영향을 미친다. 이웃이 가까울수록 정원에 미치는 영향이 커진다. 사생활과 조망권의 문제는 가장 가까운 이웃이 100m 떨어져 있는 경우보다 바로 외벽이나 경계가 붙어있는 주택인 건물에서 더 중요한 경향이 있다. 또한 숲 인근의 정원은 방화의 성격을 고려해야 한다.

⑤ 위치와 관계: 주변을 살펴보자. 이웃, 공원, 또는 숲으로부터 경치를 빌릴 수 있는가? 정원이 주변 환경과 어떻게 조화를 이룰 수 있을지 상상해 보자. 좋아하는 정원 스타일이나

종류가 있는가? 정원의 분위기가 조용하고 명상하는 것이 좋은가, 아니면 활기차고 즐거운 것이 좋은가? 새로 단장할 정원이나 진흙이 수북이 쌓인 빈 슬레이트가 있는가?
집을 사거나 팔 때 '위치'가 가장 중요하다고 누구나 말할 것이다. 대상지가 그 지역, 특히 이웃에 어떻게 어울리는지를 고려하지 않고 정원에 대해 결정을 내리는 것을 너무 자주 본다.

6) 디자인 과정

- 디자인은 설계자가 넓은 의도에서 특정 설계 제안으로 발전하는 데 도움이 되는 방법론이다.
- 디자인 프로세스는 고객의 요청을 충족하고, 사이트의 조건을 해결하며, 디자이너의 상상력을 충족시키기 위한 수단으로서 신중하고 창의적으로 진행되어야 하는 일련의 단계이다.
- 설계 과정에는 합리적이고 직관적인 판단과 기술을 포함한다.
- 설계 과정의 일부 단계(예 사이트 조사, 사이트 분석, 프로그램 개발 및 기능 다이어그램)에는 합리적이고 논리적인 사고가 필요하다.
- 형태 구성, 공간 구성, 재료 구성, 디자인 원칙을 설계에 통합하는 단계는 보다 직관적인 기술과 미적 감상을 필요로 한다.
- 디자이너는 이러한 단계를 수행할 때 공간과 공간감에 대한 느낌 외에도 모양과 형태에 대한 민감성이 필요하다.

그림 3-4 설계단계에 따른 디자이너의 사고과정

정원에 대한 전체적인 기본 과정을 이해하도록 한다.

조사와 준비 → 디자인 → 조성 단계 → 유지관리 → 모니터링과 평가를 전개과정의 모식도로 나타내면 아래와 같다. 중간중간 점검을 통해 부족하거나 오류가 있을 경우는 주저하지 말고 앞 단계로 되돌아가야 한다.

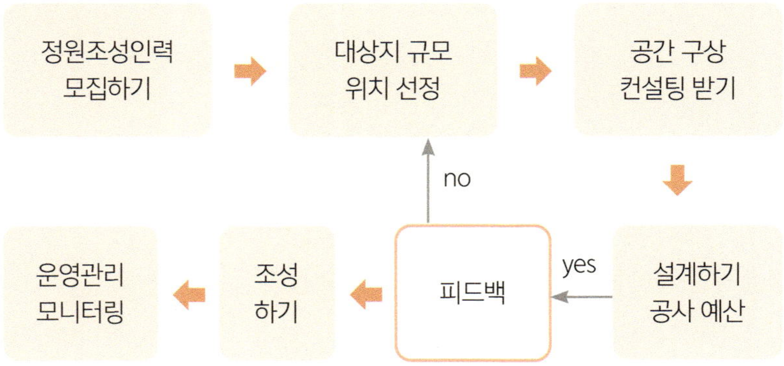

그림 3-4 정원조성의 기본과정과 피드백

1.2 유형별 특징

오늘날 정원사들은 과거처럼 필요에 의해 정원을 가꾸는 것이 아니라 여러 가지 한 차원 높은 이유로 정원을 가꾸고 있다.

심미적 쾌락, 더 나은 건강, 새로운 자극, 그리고 '왜 필요한가? 왜 만들어야 하나'라는 질문에 대한 대답으로 주어지는 것이다. 비록 정원이 더 이상 가정에서나 지역에서 필수품을 제공하지 않더라도 현대 사회에서 여전히 필요한 요소이다.

1) 취미·기르기

오늘날 우리의 다양하고 다문화 사회에서는 개인의 생활습관에 따라 정원의 용도와 이유가 무수히 많다. 휴식과 즐거움을 위한 것, 야외에서 즐길 수 있는 공간이고 정원에는 최소한 몇 개의 식물, 울타리, 데크, 좌석, 테이블, 바비큐만 있고 나뭇잎이나 꽃은 보이지 않는 사교적인 공간인 정원이 있다.

대부분의 사람들은 식물을 가꾸는 시간을 낼 수 있고, 발코니나 작은 뜰에 매달아 놓는 바구니나 컨테이너 두어 개 등 칙칙한 야외 공간에 따뜻한 녹색식물이나 꽃으로 장식을 할 수 있는 시간이 적지만 조금이라도 있다. 식물이 한 구역을 더 좋게 하고 눈에 띄게 깨끗해진다는 사실을 부인할 수 있는 사람은 거의 없다.

정원을 가꾸는 데에 있어서 가장 큰 이익은 직접 식물을 기르는 것에서 온다.

사람들은 자기 자신과 가족, 친구를 먹여 살릴 수 있는 식용 작물 재배를 위해 집 안의 자기 공간에 줄거리를 만들거나 키친가든을 만든다. '정원에 대한 생각의 성장'에는 여러 가지 이유가 있다. 어떤 정원사들은 이 작물들이 슈퍼마켓의 곡물들보다 더 풍미가 있다고 생각한다. 더 건강하다고 생각하거나 식료품 구입 비용을 절약한다. 음식이 전 세계를 날아다니지 않고 집에서 재배되기 때문에 환경에도 더 좋다. 슈퍼마켓의 진열대보다 종자 카탈로그에서 나온 음식이 더 많다. 하지만, 대부분의 사람들은 단순히 씨앗에서 무언가를 생산하고, 자연을 보고, 그들의 정원에서 수확하는 즐거움을 위해 그들만의 식량을 기른다.

식물원과 같은 식물 채집을 돌보거나 야생동물을 장려하는 것이 있다. 어떤 사람들은 정원을 순전히 과시용으로 만든다거나 집이 예뻐 보이기 때문에 만들거나, 계절이 바뀌면서 야외 공간을 디자인하고 매력적으로 유지하는 창의적 도전을 즐긴다.

그림 3-6 개인정원 전정

그림 3-7 개인정원 중정

2) 건강·치유

만약 치유정원이 환자나 조금이라도 정신적-신체적으로 아픈 이들을 더 빨리 치유되도록 돕는다면, 정원은 건강한 사람들에게 어떻게 영향을 미칠까? 캘리포니아 그린브라에 있는 마린 암 연구소의 방사선 종양학자인 프랜신 할버그는 그곳의 치유 정원에 대해 "그것은 시각적 위안, 자연과의 연결, 그리고 평화감을 제공한다. 정원의 정신은 성장과 쇄신이며, 고립이 아닌 유대감을 느낄 수 있다."라고 하였고, 캘리포니아 샌디에이고 어린이병원건강센터 치유환경위원회 자원봉사자인 데보라 버트는 "자연은 심장과 영혼을 치유하고 의사들이 치료할 수 없는 어떠한 부분들이다. 바로 이 정원이 의사들이 할 수 없는 여러분 자신의 일부를 치유하는 것이다."라고 하였다. 아마도 우리가 보는 것이 우리의 정신에 긍정적인 영향을 미친다면, 이는 우리 몸의 일부이자 세포로 인식될 수 있다. 잘 디자인된 정원공간은 사람들에게 긍정적인 영향을 미치며, 삶의 활력소가 될 것이다.

그림 3-8 내손으로 정원 가꾸기

그림 3-9 마을텃밭 치유정원

3) 공익·공공

정원은 또한 아이디어를 공유하고 공동체의 참여를 위한 공간으로 사용될 수 있다. 전국에는 수백 개의 커뮤니티 정원이 있어, 생각을 같이하는 사람들이 그 지역의 다른 사람들과 공유할 수 있는 야외 공간을 만들어 유지하고 있다.

그림 3-10 커뮤니티 가든, 호주

그림 3-11 문암생태공원 공공정원, 청주

공공의 정원과 공동체정원은 사람들을 만나고, 건강해지고, 야외 활동을 즐길 수 있는 좋은 기회이다. 자신만의 정원이 없는 사람들에게도 이상적이지만, 정원 가꾸기에 대해 더 많이 배우고 지역 사회에 참여하고 싶어하는 사람들에게도 이상적이다. 정원마다 이야기들은 비슷하지만, 땅을 가꾸고 식물을 기르고 다른 사람들을 만날 수 있는 이상적인 기회의 장이 된다.

- 공동체정원은 개인적 취미를 넘어, 도시의 경관을 개선하는 공공성을 가진 활동공간이다.
- 기존 공공의 녹화계획(가로수, 공원 등)은 많은 예산이 소요되고 관리에 분명한 한계를 안고 있

다. 반면 시민참여를 통한 공동체정원은 이러한 공공 주도의 한계를 극복할 수 있는 소중한 활동이다. 공동체정원의 참여자는 아름다운 도시경관을 형성하는 주체이며 주인이다.

- 더 나아가 마을과 공동체의 자존감, 정체성 그리고 범죄예방에 도움을 준다.

4) 복지·교육

제3의 자연인 정원은 그 속에서 흙, 식물 등을 만지며, 멀어진 자연과 일체화될 수 기회를 제공한다. 정원을 중심으로, 식물, 곤충, 서식지, 땅과 물 등의 생태적 지식을 학습하는 배움의 장을 제공한다. 또한 고령화 시대에 갈 곳이 부족한 노인들의 새로운 안식처이며 가족들 사이의 화합의 장을 제공해 준다.

기여와 봉사를 통해 사회적 가치의 균형 분배와 삶의 질 향상을 목표로 하는 정원이다. 주로 학생, 어린이, 노약자, 장애인 등의 참여를 유도하며, 학교, 유치원, 병원 등의 장소를 중심으로 조성한다. 참여주체의 역량을 보완토록 전문가의 나눔과 참여가 필요하다.

구분		장소 예시	주요 기능 및 효과
마을 & 골목길		마을 골목길, 담장 및 현관 앞, 담장허물기 후 정원조성, 마을 어귀, 마을 공동 유휴지, 상점 앞 공개공지, 옥상, 벽면	마을경관개선, 범죄예방, 유휴지 활용, 쓰레기투기예방, 주민참여, 먹거리, 생물서식처, 여가활동, 휴식·문화공간 제공
공동주택	아파트	단지 내 녹지 및 유휴지, 옥상, 놀이터 등	단지경관개선, 휴식·문화공간, 생물서식처, 교육, 여가활동, 주민참여 등
	다세대	빌라 입구, 주차공간 주변, 건물 사이공간, 경사지 및 옹벽, 유휴지 등	단지 공동체, 경관 개선, 휴식·문화공간 제공, 가족활동, 먹거리, 여가활동
교육 (유치원, 학교 등)		교내 녹지 및 유휴지, 담장 주변, 입구, 옥상, 주변 유휴지	자연학습 및 정원교육, 경관개선, 학생참여, 생물서식처 등
병원 및 복지시설		건물 옥상, 벽면, 유휴공간 등	치유, 건강, 공동체, 여가활동 등
공원 녹지		공원 내 유휴지, 경계 녹지, 마을과 산의 경계, 경사지 옹벽, 폐 선로 등	유휴지 활용, 경관 개선, 다문화 공유, 힐링, 건강, 범죄예방 등
기타(이벤트)		정원박람회 시민참여 공모, 게릴라가드닝 등	시민참여, 교육, 정원문화확산, 경관개선 등

표 3-1 커뮤니티 가든의 유형과 효과

그림 3-12 문성초등학교 학교정원, 서울

그림 3-13 행정초등학교, 청주

1.3 디자인 원리

디자인을 위해서는 다음의 디자인 요소와 원리, 형태 구성으로 이루어진 체계를 이해하자.

디자인 요소 (Elements of Design)	디자인 원리 (Design principles)	형태 구성 (Form composition)
선(line), 형태(form), 질감(texture), 색채(color), 시감(visual weight)	비례(proportion), 반복(repetition), 통일(unity), 질서(order)	· 디자인 요소와 원리 융합하여 생산 · 원형, 삼각형, 사각형, 혼합 확장, 중첩

표 3-2 디자인의 체계

그림 3-14 시싱허스트캐슬가든(Sissinghurst Castle Garden), 영국 런던 근교

시싱허스트캐슬가든은 중정과 외부의 농장, 목초지, 숲으로 연속공간의 정원으로 이를 통해 디자인의 요소와 원리, 형태구성을 살펴볼 수 있다.

디자인 요소인 직선과 곡선, 원형과 사각, 초록 기반의 화이트가든과 대비되는 적색 벽돌건축과 담의 질감을 찾는다. 디자인 요소가 각 공간에서 비례와 반복을 하며 하나의 정원으로 수렴되는 통일과 그 안의 형태와 자연의 순리로서의 질서를 위해 형태구성들이 다양하게 펼쳐진다. 공간은 각각 단독의 형태이기도 하며, 상호 형태간 중첩과 교차(가로지르기), 크기의 확장과 축소를 통해 조화를 이룬다. 또한 계절의 시간성을 담아 다채로운 주제 정원은 매 시간, 매 계절의 흐름에 변화를 연출한다.

1) 장소감

시각적으로 다함이 없는 '자연 정신의 경계'

공간의 크고 작음이나 건물의 많고 적음이 중요한 것이 아니라
어떤 환경을 창출해 내는 가가 중요하다.

장소란 가장 간단하고 공통적인 정의로 '의미 있는 곳'John Agnew, 1987이다.

모든 장소는 위치location, 현장locale, 장소감sense of place이라는 세 가지의 기본적 특징을 갖는다. 장소가 가진 주위환경의 구체적 상황들을 근거로 무엇을 어떻게 차용할 것인가를 고민하여야 한다. 그만큼 장소는 총체적 계획과 경관의 구체적 구상에 영향을 미친다. '어디'라는 특정한 종류의 위치와 현장을 담고 그 안에 관계와 의미를 갖는다. '장소감'은 사람들이 장소에 대해 가지는 주관적이고 감정적인 애착을 의미한다. 단순한 공간에 다양한 의미와 이야기, 프로그램 등을 넣음으로써 장소가 만들어지고 이용자나 주인은 비로소 장소감을 갖는다.

2) 스타일

정원은 다양한 '스타일Style'을 표현하고, 표현되고, 유형화되기도 한다. 전통정원과 현대정원, 힐링정원과 숲정원, 비오톱정원과 키친가든 등의 가든 자체에 대한 유형화도 있으며, 주변이나 건물, 구조물들의 스타일과 정원의 무엇인가가 '관계'를 맺을 때 서로간의 어울림을 추구하도록 한다.

자연스런 연못에는 잔잔한 초록 식물들이 주변을 감싸고 물에 떠다니는 수련, 물고기들, 작은 분수들이 연출되게 마련이다. 적벽돌의 따뜻함이 연출된 코티지정원에는 적정한 실물들이 알록달록 작은 몸짓으로 그늘목 아래 사계절을 변화시킨다. 반면 모던한 현대 정원은 수직과 수평의 간결함과 반복, 정연한 재료들의 무채색 컬러와 질감이 초록의 식물들을 감싸 안거나 나란히 하고 있다.

스타일마다 정원디자인의 요소들은 통일 속에 조화와 변화, 강조를 연출하기도 하고, 자연스러움 속에 인공물의 형과 색으로 대칭과 반복이 얽혀 있기도 하다.

나의 정원은 어떤 스타일을 추구할까? 스타일을 표현하기 위한 공간들의 관계, 식물들의 연출, 시설들의 선택 등등이 결정된다.

그림 3-15 국립 백두대간수목원, 봉화

그림 3-16 교육용 실습정원, 청주대학교

3) 스케일

사람과 사물들은 '크기scale'라고 표현하는 규모를 가지고 있다. 정원을 구성할 때는 정원이라는 기본적 대상지의 크기를 충분히 이해하고, 이용자의 활동 유형과 영역에 따라 사용가능한 공간의 크기를 결정하여야 한다.

또한 공간과 공간, 공간과 시설의 상호 조화와 균형을 위한 상대적 크기를 느끼는 '스케일 감각'과 '모듈'을 공부하여야 한다. 인간 신체를 기준으로 필요시설의 크기를 연구한 '모듈'을 통해 공간의 크기가 결정되기도 한다.

최적의 크기를 결정하기 위해서는 주변 환경과 정원, 정원과 세부공간, 공간과 시설, 이용자와 정원 등의 관계를 고려하여 계획하여야 한다. 종이나 컴퓨터 프로그램을 이용한 스케치를 통해 조성 전에 디자인을 해봄으로써 다양한 대안을 생각할 수 있고, 현장에서의 시행착오를 줄임으로써 최적의 정원조성과 공사기간, 경비의 절감이 뒤따라온다.

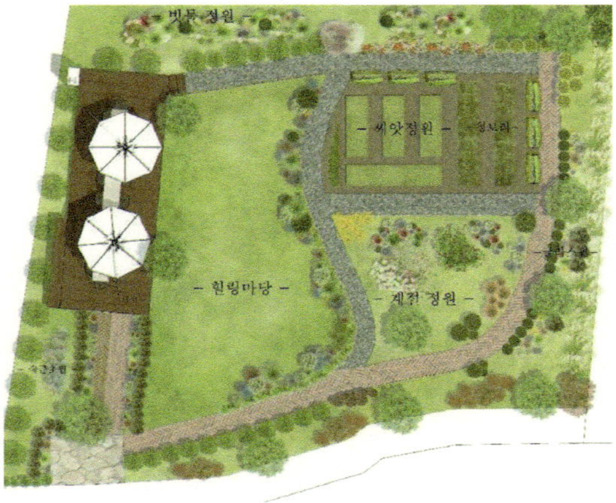

주어진 공간 안에서 사람과 시설의 상대적 조화는 안정감에 매우 중요한 역할을 한다.
디자인 시 의자(약 60cm), 벤치(약 1.5m)나 파라솔(약 2m) 등 절대적 크기의 사물을 그려본 후 나누어진 공간들에 상대적으로 타 시설이 어떻게 담겼으면 좋겠는지 그려보면 대략 적정한 수량과 규모를 알 수 있다.

그림 3-17 교육용 실습정원 마스터플랜, 청주대학교

4) 정원설계 원리

디자인의 3대 원리는 질서와 통일, 운율이며, 이는 세부적인 원리들을 통해 표현됨으로써 발전되어 완성된다.

- **질서**: 대칭과 비대칭, 군집
- **통일**: 우세, 반복, 연결, 세 가지의 통일
- **운율**: 반복, 교차, 전도, 전이

서양의 정원의 축을 통한 비례와 질서, 통일감을 강조한다.
자연 속에서 건축물은 작은 요소들이다.
자연의 숲과 물을 끌어들이거나 바탕으로 활용하며, 넓은 녹색 수평선과 녹색 열린 공간은 인간 사회의 힘과 지위를 강조하고 노출시켜 표현하려 한다.

그림 3-18 소-파크, 프랑스 파리

5) 정원설계를 위한 설계요소

크기, 위치, 비례, 배열, 내부세분화, 모서리, 경계, 순환, 조망, 초점, 높이, 변화

조망, 높이, 위치

정원의 대지 높낮이를 활용하여 정원공간을 계획한다. 내 눈앞의 근경과 중간 거리의 핵심공간인 중경, 내 정원 밖의 멀리 있는 원경까지 내 눈과 심경 안에 담을 수 있다. 정원 각 공간의 위치와 방향에 따라 경관을 보는 방향으로 전망의 휴식공간을 배치해 보도록 한다.

그림 3-19 트리하우스, 괴산

그림 3-20 정원내부의 근경과 숲산책의 중경을 가로지르는 길

2 조사와 분석

2.1. 정원의 여건과 목적

'1. 정원디자인에 대한 이해' 단원에서의 정원계획과 설계에 대한 기초지식을 바탕으로 여기에서는 정원을 조성할 목적과 대상지에 대해 충분하게 현황을 조사하고 분석해보자.

1) 정원의 목적

다음의 다양한 목적과 구체적 사례와 예산을 접목시켜 본다.

- 개인적 · 공적 이용
- 취미와 생산의 구체화
- 건강과 힐링
- 활용 유형의 사례
- 예산과 운영관리

2) 정원의 여건(잠재력)

대상지의 현황을 상세하게 살펴보도록 한다.

- 규모(크기와 형태) 파악하기
- 정원을 만들 공간의 현황 둘러보기
- 정원에 담고자 하는 것들
- 어떻게 접근하고 순환할지의 동선
- 미래의 정원 상태 예측

2.2 물리환경 특성

1) 자연요소 특성

① 빛과 그림자

어떤 식물들은 햇빛을 쬐며 시간을 보내는 것을 좋아하는 반면, 어떤 식물들은 정원의 시원하고 그늘진 오목한 곳에서 사는 것을 선호한다. 빛의 변형에 적합한 식물이 있다는 것은 좋지만, 적절한 장소에 배치할 수 있는 식물을 고르는 것이 정원사의 기술이다.

그림 3-21 빛의 방향과 고도, 그림자의 상관관계

② 온습도

- 식물이 성공적으로 자라기 위해 필요한 두 가지 핵심 성분은 수분과 적절한 온도이다.
- 어디에 사느냐에 따라 기를 수 있는 식물의 종류가 결정된다.

③ 미기후와 지역의 기후 Microclimate – Mesoclimate – Macroclimate

사는 지역의 기후대와 대상지의 미세한 기후요소에 따라 정원에서의 식물은 엄청난 영향을 받는다. 거시기후는 지역의 온도와 강수량뿐 아니라 풍토, 계절성에 따라서도 식물 생존에 영향을 미친다. 또한 지역의 중기후와 장소의 미세기후는 인공건축물이나 녹색자연, 수계 등을 고려하여 한다.

④ 바람과 방풍

강한 바람은 정원의 식물들에게 파괴적인 영향을 미칠 수 있다.

산허리를 보면 정상 쪽으로 나무가 자라지 않는 것을 알 수 있는데 이는 식물이 강한 바람을 극복할 수 없는 것과 관련이 있다. 때때로 당신은 노출된 절벽 꼭대기나 언덕의 측면에 있는 나무들을 볼 수 있을 것이고 종종 팔다리가 펴지고 노출되어 마치 마지막 매달리듯 바람의 흐름에 따라 형상화된 것을 볼 수 있다. 이 나무들은 꽤 건축적으로 보이고 풍경에 인상적인 특징을 만들 수 있지만, 우리는 종종 정원의 나무와 관목이 건강하게 똑바로 자라 매력적으로 보이기를 원한다. 이들은 강한 바람이 불 경우 몸통, 잎, 꽃, 열매를 때려서 스트레스를 받고 병에 걸린 것처럼 보이고, 성장도 둔화된다.

Wall & edges
Trellises
Grow Plants
Wood fence

그림 3-22 정원의 방풍 및 경계 시설

⑤ 토양 테스트

정원의 핵심 기반은 흙에 있다. 만약 토양 조건이 맞지 않는다면 생장이 안 되며 최악의 경우에는 고사할 수 있다. 따라서 토양을 테스트하는 것은 계획 프로세스를 시작하기 전에 플롯을 평가하고 정원을 위해 구입하거나 번식할 식물 목록을 작성하는 데 있어 핵심적인 측면이다.

토양의 내용물은 식물성 물질과 죽은 동물, 그리고 토양 박테리아와 곰팡이와 같은 생물 물질의 분해로, 체질 또는 유기물이라고 불린다. 물과 공기도 포함된다.

- 수분 함수량, 공극률
- 토성silt, clay, sand, 산성도(알칼리성/산성), 구조(토층)

2.3 인문환경 특성

1) 이용자의 기본 사항

정원의 이용자와 미팅을 할 때는,

- 서로를 이해하도록 한다.
- 부지 설계안을 마련하는 방안을 논의한다.
- 고객들은 일반적으로 그들의 필요, 욕구, 문제, 예산에 대한 정보를 제공한다.

기본 사항	생활스타일과 관심	정원 정보
직업 구성원 야외활동 유형 반려동물 등	· 누구를 얼마나 자주 만나는가? · 행사는 어느 정도 하는가? · 야외 식사 정도와 횟수? · 주요 취미? · 정원을 좋아하는가? · 어떤 취미활동을 정원에서 할 것인가?	· 정원관리는 어떻게 하고, 누구를 고용해 어떤 일을 시키고 싶은지? · 집에 심고 싶거나 필요한 꽃, 허브 또는 채소가 있는가? · 선호하는 색상, 물건들의 색 톤은? · 물 기능을 원하는가? 그들이 염두에 두고 있는 특별한 것이 있는가? · 좋아하는 식물이나 싫어하는 식물 종류를 가지고 있는가?

표 3-3 이용자 정보 리스트의 예

2) 대상지 분석 준비사항

① 배치도(기준 도면) 준비 Preparing a base map

- 기준 지도는 모든 기존 물리적 대지 요소의 위치를 문서화하는 축척 평면도이다.
- 진입로, 통로, 파티오, 데크, 테라스, 벽, 울타리, 계단, 유틸리티, 식물 자재 및 기타 눈에 보이는 요소를 기록한다.
- 기존 공간의 조건을 기록하여 제거, 교체, 이식, 재배치해야 하는 특정 요소를 파악한다.

② 대상지 조사와 분석 Site inventory and analysis

- 먼저 카탈로그(목록)를 작성한 후 설계에 영향을 미칠 수 있는 중요한 기존 현장 조건을 평가(추적)한다.
- 조사방법과 준비물: 필드 관찰을 기록할 베이스 맵의 복사본
  - 주의 깊게 메모할 수 있는 클립보드와 종이, 그리고 카메라
  - 사이트 전체에 걸쳐 서로 다른 유리한 위치에서 사진 촬영
  - 기본사항 / 행태분석 / 설문분석 (설문지 & 인터뷰)
  - 정리 방법의 예: 지도에 동선, 머무름, 횟수 등 / 문장 형태로 수기 기록

③ 분석 목록 Site inventory and analysis list

- 부지 위치: 주변 토지 용도 및 그 조건(주거, 상업, 레크리에이션, 교육)
- 이웃의 성격: 굳건하고, 개방적이고, 숲이 우거지고, 친근하다.
- 차량 순환의 특성: 주차장, 진출입
- 지형: 경사, 침식 또는 배수 불량 지역
- 배수, 토양, 초목, 미기후
- 살펴보기: 계절, 내부/외부 관계와 연결
- 공간 및 감각: 성격, 소리, 향기 및 냄새
- 기존 사이트 기능 및 문제: 공간 사용 및 활동, 사이트 유지 관리 문제

3) 대상지 분석

아래와 같이 7개의 항목으로 장소 현황과 주변과의 관계 등을 상세히 분석해보자.

① 부지 위치

- 주위 토지 이용과 상황을 확인
  - 주거, 상업, 레크리에이션, 교육 지역인가?
  - 인접 특성과 조화로울 수 있는가?
- 근린주구의 특성을 확인
  - 주택의 양식, 연수, 상태가 어떤가?
  - 식생의 규모, 유형과 생장이 어떤가?
  - 근린주구 특성은? 공지, 수림, 관리가 열악한, 친근한, 사유지와 같은가? 등등
- 근린주구 교통 순환 체계의 특성을 확인
  - 부지가 위치한 도로의 유형은? 도로가 일방 통행, 2차선, 막다른길인가? 등등
  - 도로의 교통량, 소음과 헤드라이트 섬광이 어느 정도 일어나는가?
  - 부지에 주접근 방향은? 접근로가 하나 이상인가? 가장 빈번히 시용하는 접근로는?
- 근린주구의 신건축물에 대한 법적인 규제의 확인
  - 부가할 수 있는 구조나 건물 유형은, 특히 차고, 창고, 퍼걸러 pergola 등과 같은 부속 건물
  - 새로운 구조물의 높이와 건물 면적의 규제는?
  - 구조물의 건축 후퇴선은?

② 지형

- 전체 부지에서 경사도가 다른 지역의 확인(경사도 목록)
- 침식과 배수가 불량한 예상 지역의 확인
- 부지 안(완결된 층 높이)과 주택 기초, 특히 현관을 둘러싼 밖의 경사 변화의 확인
- 부지 여러 지역 보행의 용이를 결정(이것은 또한 상대적으로 가파른 경사가 될 것이다)
- 현 계단, 벽, 울타리 등의 상부와 하부간의 높이 변화를 확인

③ 수문

- 표면 배수의 방향 확인
  - 물이 주택에서 모든 방향으로 흐르는가?
  - 홈통에서 물이 흐르는 곳은?
- 습지나 고여 있는 물이 있나
  - 위치와 고여있는 기간
- 부지 안과 밖의 수문을 확인
  - 표면수가 부지 밖으로 어떻게 흐르는가? 유량, 시기, 장소는?
  - 부지를 벗어날 때 물이 흐르는 장소는?

④ 토양 상태

- 토양 특성 확인 (산성토양, 알칼리토양, 사토, 점토, 자갈층, 비옥토 등)
- 표층의 깊이 확인과 암반까지 토양의 깊이 확인

⑤ 현 주택

- 주택 유형과 건축 양식 확인: 건물 외관 재료의 색깔과 질감
- 창문과 문의 위치 확인: 문에 대해 사용 빈도와 개폐 방향, 하부와 바닥에서 높이
- 실내공간 유형과 위치 확인
- 홈통, 물 코크, 전기 콘센트, 전기나 가스계량기, 세탁물 건조대 등과 같은 외부요소
- 일상적 주택 출입, 외부 레크리에이션, 정원 가꾸기, 작업장과 같은 행위의 위치를 결정
- 부지 유지 관리 문제 결정(관리되고 있지 않은 잔디), 보행에 의한 잔디 훼손 지역, 이용이 빈번한 잔디 훼손 지역, 제초의 부족, 깨진 포장 등)
- 겨울에 눈이 쌓이는 위치 확인

⑥ 다른 현 구조물

위치와 현 보행로, 테라스, 계단, 벽, 울타리, 수영장 등의 재료와 상태를 확인

- 시설물: 수로, 가스관, 전기선, 전화선, 케이블선, 하수구, 정화조와 여과 지역의 위치
- 공기 정화 장치나 보일러의 높이와 위치: 공기 흡입과 배출 방향은?
- 공유시설의 위치와 관련된 시설 연결과 위치 확인

⑦ 조망과 공간 지각

- 부지의 모든 면에서 보이는 조망의 기록: 계절별 나타나는 다양한 조망은?
- 주택 내부에서 외부로의 조망 관찰
- 부지 내외부에서의 경험적 조망(도로에서의 조망, 부지의 다른 측면에서의 조망)
- 부지의 최상, 최악의 조망은?
  - 옥외실에 대한 느낌과 특성(개방, 폐쇄, 밝은, 통풍이 잘되는, 어두운, 침침한, 활기찬)
  - 즐겁거나 듣기 싫은 소리 결정(새소리, 교통 소음, 어린이 놀이, 잎새 스치는 소리 등)
  - 좋은 냄새와 나쁜 냄새 확인

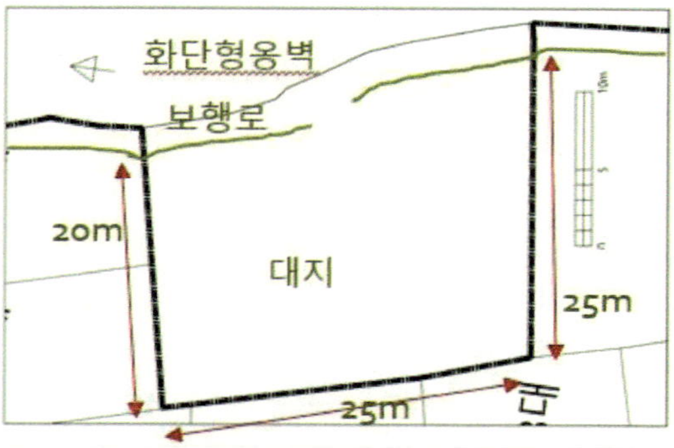

그림 3-23 지적도를 활용한 대상지도면

그림 3-23 대상지 내 수목의 현황도면

그림 3-25 대상지와 주변환경 조사: 진출입도로, 주변건축물, 옹벽, 전기설비, 배수로 등

그림 3-26 사진 활용 현황 조사: 내부 정지작업 전후 상황, 기존수목과 지작물 표시

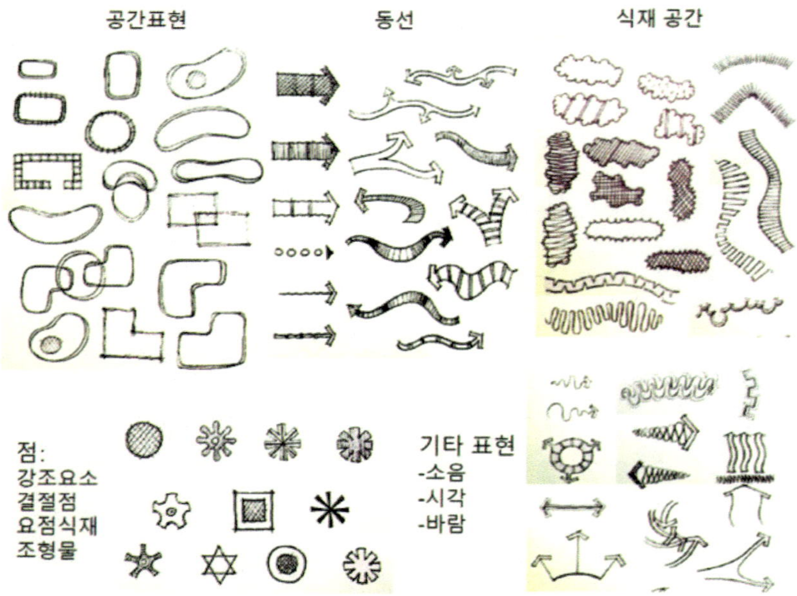

그림 3-27 분석 표현별 기호 예시

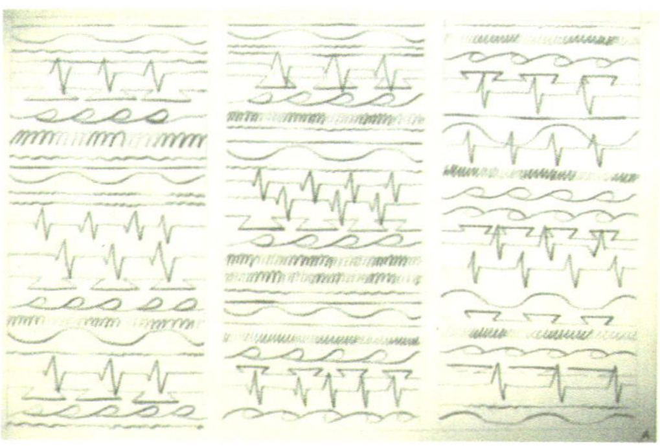

그림 3-28 다양한 선 그리기 연습

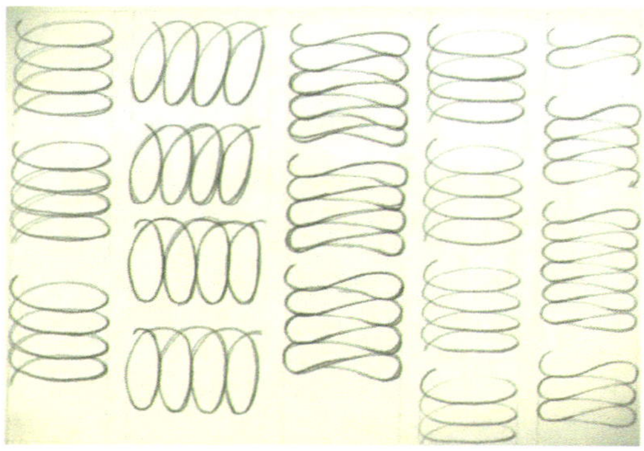

그림 3-29 곡선 그리기 연습

그림 3-30 수목 표현하기: 상록성과 낙엽성 수목, 하부의 지피초화를 표현하기

2.4 분석결과와 활용성 연결하기

1) 분석 단계

조사와 분석, 최종 제안의 3단계를 거쳐 각각의 차이를 이해하고 조사한 내용에 대한 판단을 통해 제안을 정리해본다.

- 조사한 정보가 중요한가?
- 중요하다면 문제를 창출하거나 잠재력을 제공할 것인가?
- 문제가 창출되면 어떻게 해결해야 하는가?
- 잠재력이 제공되면 어떻게 이들 이점을 살릴 것인가?

1단계: 부지 조사 → 2단계: 부지분석 → 3단계: 최종 제안

부지조사	부지분석
현관까지 가는 1m 폭의 콘크리트 포장	너무 좁다. 1.5m폭의 따뜻한 재질로 변경
정원 위쪽의 개방대 숲이 있다.	어느 방향에서든 숲이 조망되도록 유지
10평 테라스와 상태 좋은 벚나무	테라스를 20평 정도로 넓히고 벚나무는 보존
주택과 정원이 여름 태양에 노출되어 있다.	그늘을 만드는 천막이나 수목을 식재한다.

표 3-4 부지조사와 부지분석의 차이점

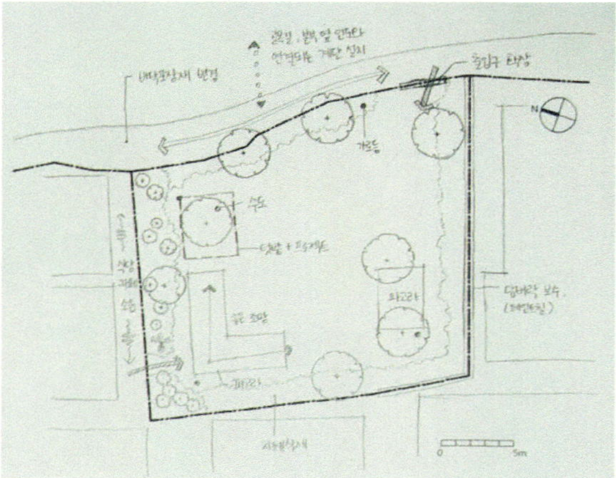

예 부지분석과 활용 프로그램

- 손상된 바닥포장재를 안전하고 걷기 편한 재료로 변경한다.
- 좁은 출입구를 확장시킨다.
- 망가진 수도관을 수리한다.
- 퍼걸러와 벤치를 설치하여 휴게 공간을 만들고 조명을 설치한다.
- 건물들도 가리고 소음도 차단할 수 있도록 차폐수목을 식재한다.
- 계절감을 느낄 수 있도록 수목과 작은 텃밭, 초화 공간을 만든다.

그림 3-31 부지분석도

2) 개인정원의 분석을 통한 디자인과 프로그램 제안

① 전면 정원

- 기존 수목은 관리되고 설계에 통합되어야 한다.
- 더 반가운 분위기의 현관 출입구는 차도와 현관간의 기존 보도를 확장함으로써 이루어진다. 인접 대지 성토는 제거되거나 필요에 따라 변경되어야 한다.
- 현관 출입 공간(외부 홀)에서의 조망은 강조되어야 하고 복도와 거실에서의 조망과 연결되어야 한다.
- 음지는 남동쪽에 필요하고 주택의 서쪽 지역은 여름의 뜨거운 태양으로부터 보호되어야 하고 겨울에는 따뜻한 햇볕이 내리쬐어야 한다.
- 포장은 차도에서 동쪽 차고까지 필요하다.

② 후면 정원

- 차폐나 장벽은 서쪽 지역에 이웃으로부터 프라이버시를 보호할 필요가 있고 북쪽에 이웃의 유희 공간을 막아야 한다. 이들과 동일한 차폐는 겨울에 북서쪽의 찬바람을 막기 위해 제공된다.
- 옥외 거실공간은 내부로의 더 좋은 접근을 갖게 개발될 필요가 있다.
- 잔디 지역은 레크리에이션을 위해 가능한 개방되어야 한다.
- 현재의 단풍나무는 정자 근처에 그늘을 제공한다.
- 그네는 눈에 거슬리지 않게 후정에 설치되어야 한다.
- 통신 안테나는 가릴 수 있는 크기로 축소되어 차폐되어야 한다.

tip.

이러한 관찰과 제안은 이후 작업인 설계 프로그램이 기록될 때와 설계 과정이 계속되는 단계에서 연결되고 적용된다. 설계가는 결과와 제안을 늘 크로스 체크!!

2.5 디자인 프로그램

1) 사전 고려사항

- 설계 과정의 다른 모든 단계와 마찬가지로 설계 프로그램은 설계자나 의뢰인 모두에 의해 전적으로 완벽하다고 생각하지 말아야 한다.
- 프로그램 변경은 설계자와 의뢰인이 부지의 독특한 상황에 설계 결론을 내리는 데 열린 마음을 갖고 있고 부지에 대한 선입관을 갖지 않는 바람직한 작업이다.

2) 기능

- 요소 목록 리스트: 설계에 포함되어야 하고 수행해야 하는 것
- 설계자 체크리스트: 프로그램의 모든 요소가 충족되고 있는지 확인
- 설계자와 클라이언트 간의 커뮤니케이션 도구: 설계자는 클라이언트와 이를 검토하여 승인을 충족하는지 확인해야 한다.

3) 개인정원의 설계프로그램 적용 사례

아래의 프로그램 방향을 정리하여 각 공간과 시설의 크기, 재료, 주의사항을 체크한다.

① 프로그램의 방향

- 가족을 위한 생활공간 제공
- 가족을 위한 개인정보 보호 필요
- 상쾌하고 건전한 환경 제공
- 시각적이고 미적인 가치
- 학습 및 정서 정화를 위한 장소

② 입구부: 온화하고 반기는 진입구

- 크기: 최소한 1.2~1.5m 폭
- 재료: 급히 결정하지 말고, 벽돌이나 석재가 될 것이나 주택재료와 연결시킬 수도 있다.
- 주의: 진입구에 따른 현 성토는 새로운 진입 보도에 가변성을 주기 위해 변경되거나 제거되어야 할 것이다.

③ 휴식공간: 외부 현관 입구와 앉을 수 있는 공간

- 크기: 두 개의 의자와 작은 탁자를 놓기에 충분해야 함
- 재료: 진입 보도와 동일하거나 특정 장소를 나타내는 다른 패턴
- 주의: 전정의 다른 지역에서 외부 조망을 하는데 있어 약간의 위요감을 주어야 한다.

④ 진입동선: 진입 차도에서 차고의 동쪽문까지의 포장 접근로

- 크기: 최소한 90cm 폭
- 재료: 미결정
- 주의: 매혹적이기보다 실용성 고려

⑤ 테라스: 외부 유희공간

- 크기: 50~100㎡로 사교와 자유로운 저녁 식사를 위한 8~10명을 수용해야 한다.
- 재료: 점심을 위한 지표면에서 높이 변화를 준 목재 데크
- 주의: 두 개로 분리되어서 설계되어야 하나 다른 재료, 패턴이나 높이 변화를 준 부공간

⑥ 레크리에이션 잔디 지역

배드민턴, 원반던지기 등에 이용되도록 최대한 면적을 확보하여 잔디 식재를 한다.

⑦ 그네와 부대 장비를 위한 놀이 지역

- 크기: 20~30㎡
- 재료: 지표면은 모래나 톱밥이 되어야 한다.
- 주의: 부지와 통합되어야 하나 부모가 관리할 수 있게 주택의 안쪽에서 보여야 한다.

⑧ 창고

- 크기: 1.2×2.4m
- 재료: 자갈이나 콘크리트 기초
- 주의: 차고에서 쉽게 접근할 수 있는 주택의 동쪽면에 따라 위치해야 한다.

⑨ 이웃과의 시선 차폐

- 크기와 재료: 식물 재료, 구조물이나 양자의 결합으로 이루어질 수 있다.
- 주의: 서쪽 이웃의 2층 데크에서의 조망을 충분히 차폐해야 한다.

⑩ 부지 북쪽의 나쁜 조망 차폐와 공기정화

- 크기와 재료: 가능한 식물 재료와 높이
  - 약 60~90cm, 연중 변하지 않는 색깔이나 작은 울타리 구조의 상록 식물 재료 사용
- 주의: 설계의 나머지 부분과 조화되어야 한다.
  - 유지 관리용 공기 정화기에 접근할 수 있어야 하고 적절한 공기 흡입 배출 필수

⑪ 기존 수목과 시설의 활용여부

기존 수목이 신규 정원과 조화를 살리도록 최대한 사용되어야 한다.

⑫ 예산

가족은 기본 계획의 실행은 원래 예상했던 비용보다 초과되었는지 점검해본다.

예로, 1억 원의 비용이 든다면 15%나 20%인 천만 원이나 2천만 원의 5년 예산 계획을 수립하거나 기본 정원조성 기간과 확장 기간을 생각하여 예산을 마련한다.

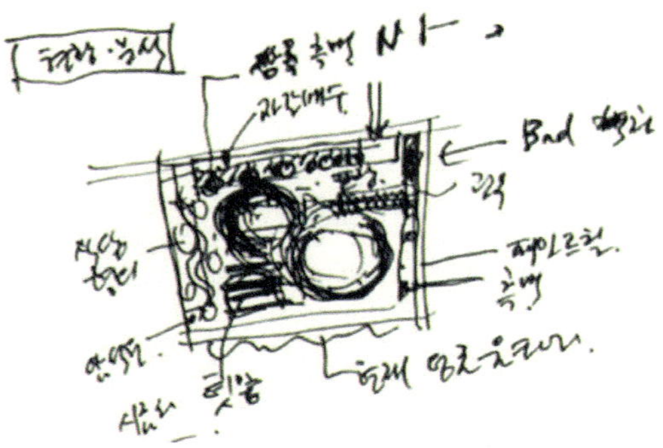

그림 3-32 분석도면에 기록하기

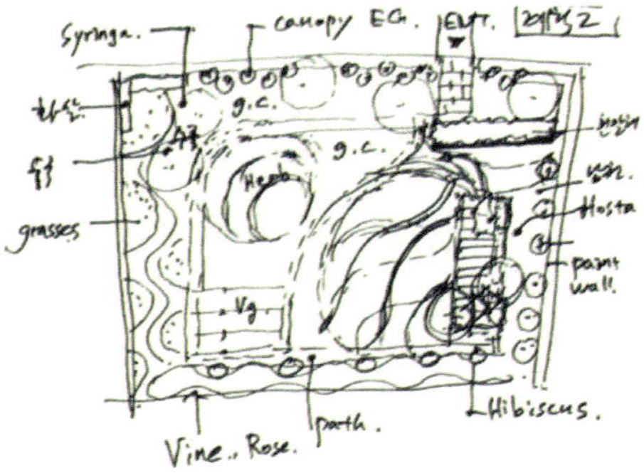

그림 3-33 디자인 프로그램 넣어보기

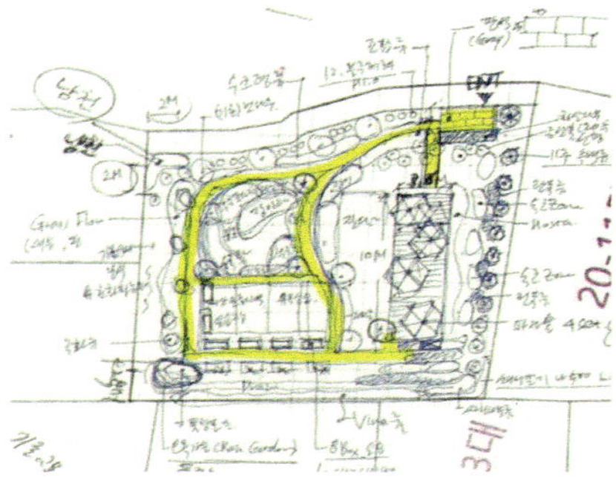

그림 3-34 공간프로그램 발전시키기

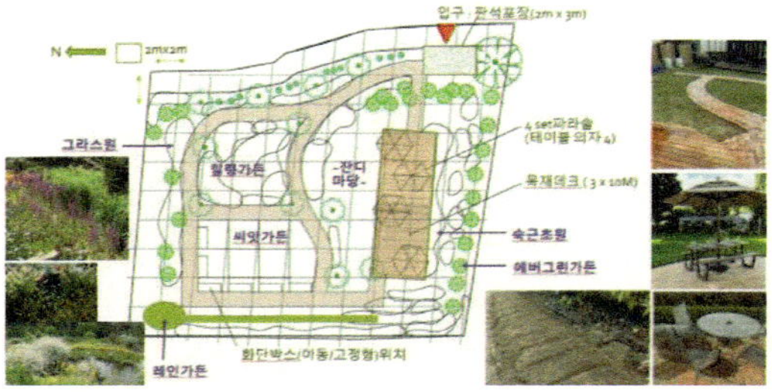

그림 3-35 유사한 사례 적용해보기

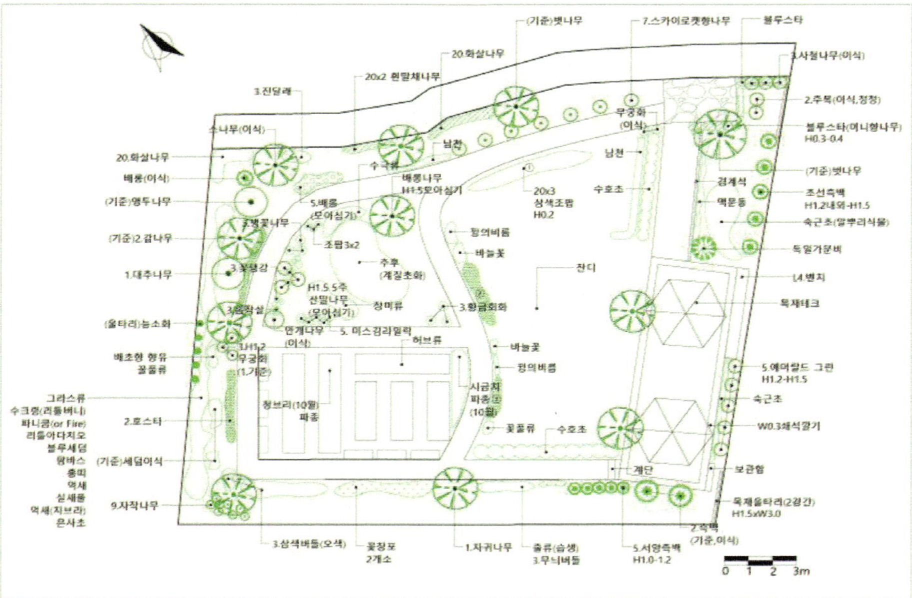

그림 3-36 조성을 위한 1차 식재계획도 작성해보기

3 기본 구상

정원을 만들기 위한 기본 단계인 아이디어 구상을 위해 제일 중요한 첫 번째로 필요한 작업은 정원을 만들고 싶어서 하는 자신 또는 의뢰인이 정원 내에서 무엇을 원하는지 어떤 이용을 위함인지 또 주 이용객은 누구인지를 설정하고 접근을 시작해야 한다. 해결책을 찾는 일이 정원설계라고 볼 수 있다. 정원설계 과정은 매우 복잡한 과정일 수 있지만, 현실적이며 명확한 아이디어 그리고 아이디어에 대한 자신감을 가지고 접근을 한다면 쉽게 진행할 수 있다. 잡지 스크랩, 사례 조사, 답사, 스케치 등 다양한 방법을 이용한다면 정원에 대한 아이디어를 도출하고 구상하는데 큰 도움을 주며 이에 대한 표현 방식도 명확하게 나타낼 수 있다. 이 방법은 아이디어만을 위함이 아니라 추후 식재 디자인, 시설물, 경관 디자인 등에 대한 영감을 줄 수 있다. 아이디어를 의뢰인 또는 타인에게 명확하게 전달하기 위해서는 드로잉, 다이어그램, 모형을 통해 보여주고 설명하는 것이 보다 더 설득력이 높다.

모든 대상지는 특별한 목적을 대상지 안에 숨겨 놓는다. 정원 디자이너는 이 목적을 발굴하는 게 첫 번째 임무이고 이를 해결하는 것이 정원에 대한 숙명이다. 예를 들면 각 대상지의 형태와 경사도, 지형, 자생종 등 모두 다른 구성원들이 있어 디자이너는 이에 대한 대상지의 특별성과 장단점을 도출해 부각하거나 단점을 해결해주는 방법을 통해 최고의 결과물로써 정원 디자인을 만들어야 한다. 다시 말해 아이디어 구상에 대한 모든 정답은 대상지에 있고 대상지가 말해주고 있어 대상지 조사, 분석이 매우 중요하다고 볼 수 있다. 하지만 해결방법과 창의적인 아이디어가 있어도 디자인으로 이끌어내어 표현할 수 있어야 한다. 도면, 콜라주, 투시도 등과 같은 기술적인 표현 방법을 통해 전달할 수 있어야 한다. 이러한 방식으로 정원 공간의 형태를 구축하였을 때 분위기, 패턴, 질감, 색상을 이용하여 정원을 매우 효과적인 영향을 줄 수 있다. 정원설계에는 정답은 없으니 도전 정신과 실험정신을 가지고 창의적인 아이디어를 끌어내는 꾸준한 연습이 필요하다.

3.1 아이디어 도출

정원설계를 시작할 때 대상지에 대한 아이디어를 어디서 영감을 얻고 대상지의 문제를 어떻게 풀어야 하는지 막막할 수 있다. 설계가들은 새롭게 창조할 수 있는 능력을 지니고 있지 않다. '모방은 창조의 어머니'라는 이 말은 설계진행의 기초단계에 적용하기에 적합하다. 이에 우리는 설계할 대상지와 유사한 조건의 정원들을 답사하고 조사하여 설계할 대상지에 적합한 요소들을 비교·대조하며, 새로운 정원디자인을 구상할 수 있다. 또 잡지, 책, 신문, 인터넷 등 문헌조사를 통해서도 아이디어를 도출할 수 있다. 이와 같은 방법이 설계가들이 흔히 사용하는 방법이며, 디자인을 확정시키고 발전시키는 데 가장 효과적인 방법이다. 또 현실적이며 창의적인 계획안을 작성하는데, 기초적인 방법이다.

1) 영감 얻기

정원은 보고 듣고 느끼고 만져보았던 경험을 통해서 영감을 얻고, 형태적으로 표현함으로써 계획안이 될 수 있다. 예를 들면 어릴 적 부모님과 손잡고 거닐던 오솔길, 노을진 풍경, 휴가 기간 놀러 갔던 바닷가, 출퇴근하면서 좋아했던 골목길, 건축물, 물건, 인터넷에서 보았던 사진, 영화, 인테리어 등을 통해서도 정원디자인의 영감을 얻을 수 있다. 이렇게 영감을 주는 장소, 물건, 대상 등을 설계자의 눈으로 머릿속에 저장하는 것이 바람직하다. 정원가는 눈으로 보고 귀로 듣고, 손으로 만지고, 코로 향취를 맡은 기억을 저장해두면서 추후 정원디자인을 할 때 저장되어 있던 경험들을 취합해 영감을 만들어 내면서 창의적인 설계안이 나올 수 있다.

2) 사례 조사

사례 조사를 하기 전 내 대상지의 형태, 지형, 환경 디자이너의 초기 영감과 디자인과 유사한 사례를 선정하는 것이 바람직하다. 사례 조사 항목으로는 현장조사, 식물상 조사, 시설물 조사, 동선체계, 공간구성, 공간이용 형태, 색상 등 설계에 필요한 디자인 요소들은 목록화하는 것이 필수적이다. 여기서 가장 중요한 점은 단순히 사례지의 디자인 요소를 그대로 가져오는 것이 아닌 디자이너의 아이디어와 사례지를 융합하여 새로운 아이디어를 만들어 내는 것이다.

3) 주변 요소 활용

한 가지 테마Theme 또는 콘셉트를 잡고 그 분위기를 나타내고 싶을 때 쓰는 방법으로 정원 소품 또는 그 환경에서 찾아볼 수 있는 자연, 인공 아이템을 이용해 연출할 수 있다. 예를 들어, 제주도 분위기를 연출하고 싶다면 제주도에서 찾아볼 수 있는 자연적 아이템으로는 현무암, 팽나무, 관중, 유채꽃 등을 이용할 수 있으며, 인공적인 요소로는 돌담 쌓기, 돌하르방 등을 이용해 제주도의 분위기를 연출할 수 있다. 다양한 아이템을 사용할 시 정원디자인의 개념 표현이 모호해질 수 있다는 점을 염두해 두어야 한다. 아이템을 통해 정원의 분위기가 묻힐 가능성이 있으며, 진부하고 혼잡한 경관을 만들 수 있으니 적절한 종류의 아이템 선정과 응용이 중요하다.

4) 브레인스토밍(Brainstorming)

브레인스토밍은 폭풍같이 솟아나는 수많은 아이디어를 기록하여 가능한 한 다양하고 많은 아이디어를 도출해보는 목적으로 수행하는 것이다. 브레인스토밍에서 가장 중요한 것은 도출된 아이디어에 대한 정답이나 오답이 없다는 점이다. 이 단계에서는 최종적인 결론을 내리지 않아야 하며 자유롭게 아이디어를 제시하고 종합하여 합리적인 해결책을 모색하는 것이 중요하다.

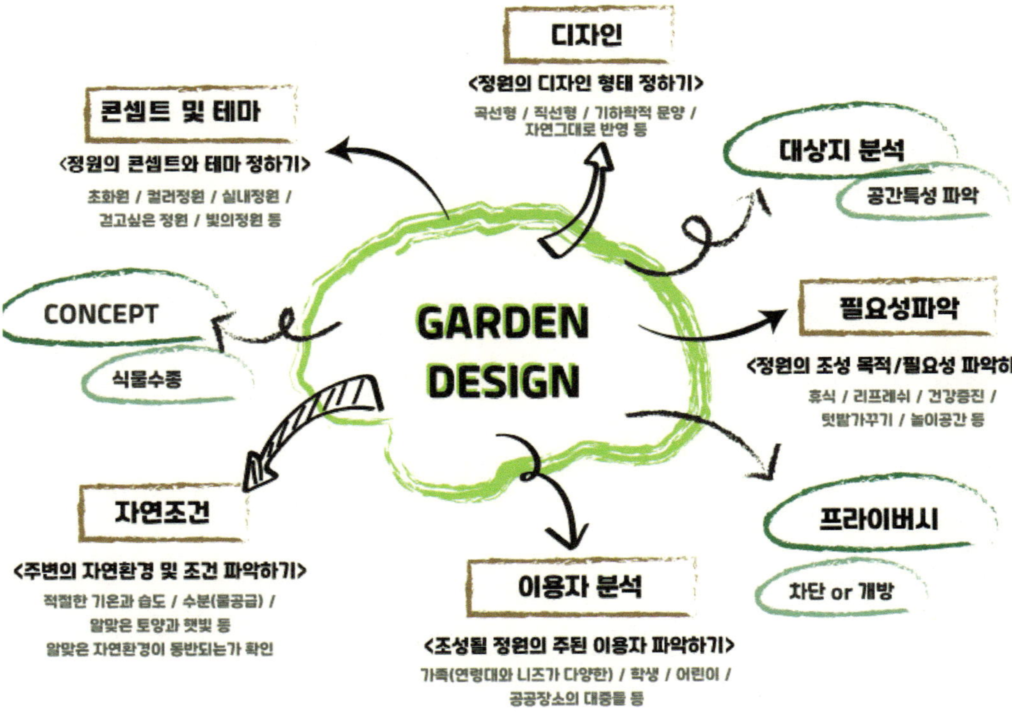

그림 3-37 브레인스토밍

5) 콘셉트 계획

아이디어 계획, 브레인스토밍, 버블 다이어그램으로 정원의 공간과 각 공간별 설계 개념이 구축이 되었다. 현재 디자이너 입장에서는 많은 아이디어와 계획 속에서 내 정원속 많은 프로그램과 요소들을 하나로 묶을 수 있는 정원디자인에 대한 정의를 구축하여야 한다. 본 정원에 디자이너가 구축한 정의를 적용하기 위한 과정으로는 예비 단계로서의 개념 계획이 필요하다. 디자인 개념을 구축하기 위해서는 아이디어들을 비교하고 차이점, 장단점을 검토한 뒤 최선의 아이디어를 찾아내야 한다.

디자인 개념 도출단계까지 이르렀다면, 대상과의 위치, 배치, 공간구조, 이용자 등 조사, 분석이 완료되었을 것이다. 앞에서 언급했듯이 잠재적으로 디자이너의 여러 가지 구상계획을 버블다이어그램으로 표현을 했을 것이다. 이 과정을 진행함과 동시에 디자인 선형을 중점적으로 검토하여야 한다. 선형이 직선인지, 복잡한 선들을 최소화하였는지 동선은 적당한지에 대해서 검토해야 한다.

위 내용을 바탕으로 대상지에 필요한 점에 대해 제안을 하고 정원 내 공간 형태를 여러 가지 방향으로 변형해보며 공간에 대해 분석을 해야 한다. 정원을 길쭉한 형태로 이용할 것인지, 원형으로 이용할 것인지, 얇은 형태로 계획할 것인지에 대한 끝없는 의문을 가지고 콘셉트 계획 준비를 하여야 한다. 만약 정원 형태를 변형시키지 못하는 구조라면, 전 공간을 구획하여 공간을 재창조하는 것도 하나의 방법이다. 이후 각 섹션별 공간에 대해 어떤 디자인과 아이디어를 적용할 것인지에 대해 명확히 구축하는 게 개념 계획이다. 예를 들어 디자인할 정원 대지 내 잉여 및 새롭게 구성한 비워진 공간이 있는지 조사를 통해 나타난 정원 경계의 벽, 집과 같은 건축물에 비워진 벽을 이용해 수직적인 공간을 활용할 것인지, 기존 대상지에 있는 질감에서 더 추가하여 새롭게 변형을 할 것인지, 색감을 더 튀게 하여 색감을 더 화려하게 또는 단조롭게 할 것인지 등에 대한 세밀한 아이디어를 개발, 계획하는 것이 중요하다. 기존 대지의 색감과 잉여공간 등을 그대로 두고 보존하여 부각시킬지 여부를 결정하고 판단하는 작업 또한 개념 계획단계에서 이루어져야 한다.

개념 계획은 기존 디자인 원칙을 이용하여 각 섹터[Secton]별 공간에 적용한 후 하나의 통합되는 디자인 개념을 도출하여야 한다. 이 방법은 디자이너가 정원디자인의 개념을 수립하여 최종 결과물인 정원계획을 세우기 위한 출발점이다.

3.2 아이디어 표현

정원설계안 확정에 앞서 의뢰인에게 확인을 받고 확정 짓기 위해 도출한 아이디어를 도면으로 작성하여야 한다. 도면 즉 평면도는 말 그대로 2D로 도면을 작성하며, 2D 도면에 대해서는 조경 또는 정원 분야 전공 또는 관심이 있는 사람 외에 이해하기 다소 힘든 점이 있다. 이에 3D로 작업되는 투시도 또는 조감도를 통해 작업하게 된다면 2D 도면보다는 높은 이해력을 전달할 수 있다. 2D, 3D를 작업하는 데 있어 다양한 방식이 있는데 스케치, 잡지 스크랩 콜라주, 컴퓨터 프로그램을 이용한 그래픽작업 등이 있다. 손 스케치 결과물은 정원에 대한 분위기와 부드러운 이미지를 전달할 수 있는데, 반면 추후 디자인 수정 또는 개선에 있어 손으로 다시 그려야 한다는 점에 있어 어려운 부분이 있다. 3D 작업은 대부분 컴퓨터 프로그램을 이용해서 작업해 이해력을 매우 높일 수 있지만, 작업과정이 길어 완성까지 다소 시간이 걸린다는 점이 있다. 정원설계에 있어 기본적인 작업 순서는 아래와 같은 과정으로 정리할 수 있다.

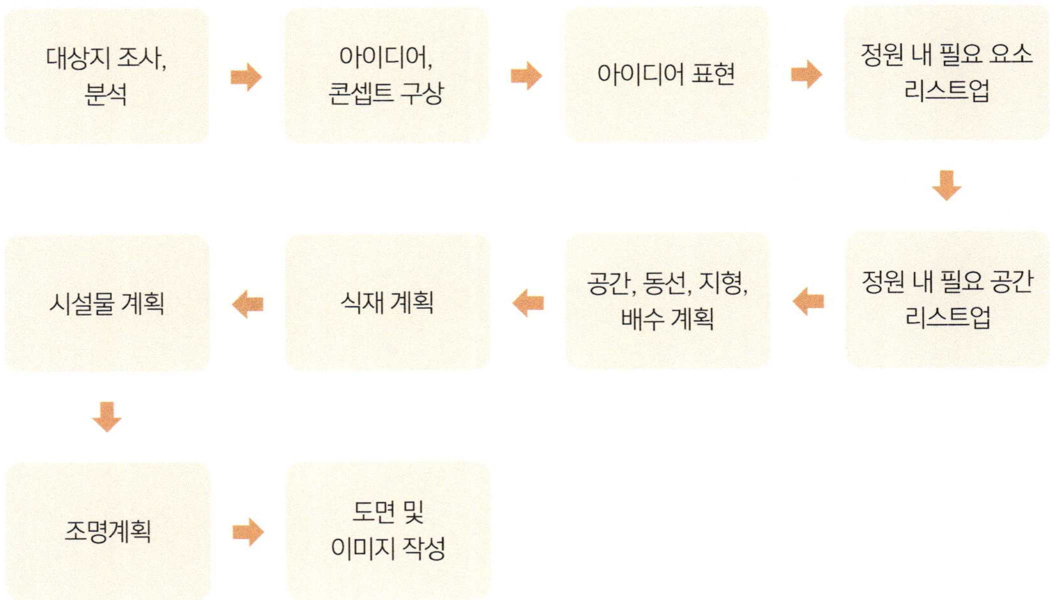

1) 다이어그램

① 버블 다이어그램Bubble Diagram

- 버블 다이어그램은 디자이너의 아이디어와 공간 그리고 정원 이렇게 3가지에 대한 관계를 이어준다.
- 본 단계는 디테일 도면을 작성하기 전에 내 아이디어를 시각적으로 표현하여 검토하는 방법으로 정원설계의 가장 중요하며, 기본적인 단계이다.
- 버블 다이어그램을 작성할 때에는 대상지 도면 위에 필요로 하는 공간의 크기만큼 스케일 없이 지정하여 대상지 내 적당한 면적인지 다른 공간과의 관계는 어떠한지 미리 체크를 하면서 정원 공간에 대한 개략적인 조성하는 방법이다.

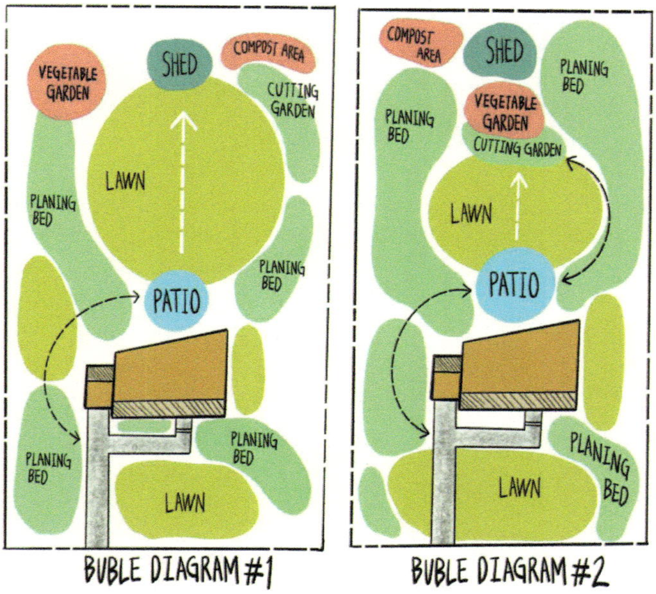

그림 3-38 버블 다이어그램

② 사진 중첩

- 사진을 이용한 정원디자인 구상 방법과 정확한 형태적 디자인 방향성을 잡는 방법이다.
- 버블 다이어그램을 이용한 공간 계획 이후 각 주요 공간을 촬영한다.
- 이후 촬영한 사진을 적당한 사이즈로 인쇄를 한 뒤 그 위에 트레이싱지를 덮고 내가 생각하고 원하는 방향의 정원의 모습을 개략적으로 손으로 그려보는 작업이다.

• 사진 중첩 드로잉은 크게 4개 단계로 진행할 수 있다.

그림 3-39 사진 중첩 드로잉 준비

- Rough Drawing: 첫 번째 단계에서의 드로잉은 크기, 위치, 수목의 모양을 설정하여 주변 환경과 식재 계획 조화로운지 체크해보는 작업이다.

그림 3-40 첫 번째 Rough Drawing

사진 중첩 첫 번째 단계인 Rough Drawing에서 가장 뚜렷하게 나타낼 수 있는 것은 정원에 사용될 수목들에 대해서 어떤 크기, 수형, 위치에 대해서 사용을 할 것인지에 대해 시각적으로 나타내고 표현을 하여 정원에 대한 전반적인 형태를 잡아보는 단계로 볼 수 있다.

수목의 형태는 세모형, 사각형, 둥근형, 자유형 이렇게 크게 4가지 형태로 볼 수 있다.

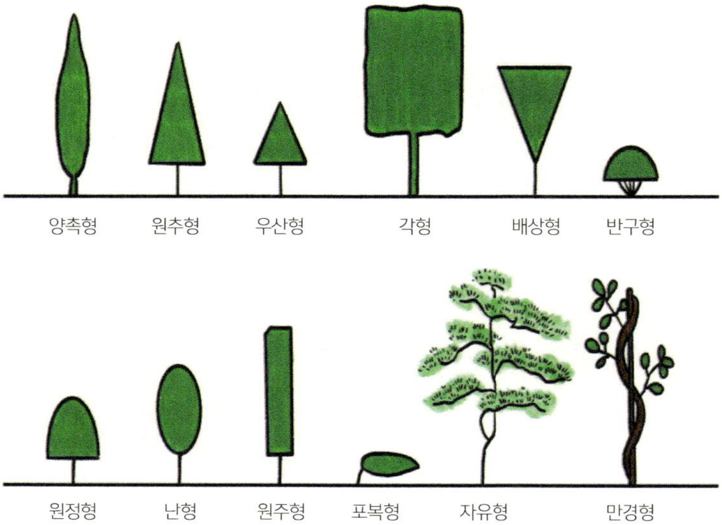

그림 3-41 수목 형태 그리기

- Addition: 두 번째 단계는 앞서 계획한 식재 드로잉에 대한 정비 단계로 투박하게 스케치 했던 첫 번째 단계의 그림을 정비하는 것을 우선시한다. 이후 조경 소품의 배치와 형태 등 정원을 구성하는 요소들을 배치하고 크기를 가늠해보는 작업이라고 볼 수 있다.

그림 3-42 두 번째 Addition 드로잉

- Detail Drawing: 사진중첩 세 번째 단계는 추가 단계로 식재, 소품 등 크기와 배치를 완성한 뒤 더 필요한 요소가 있는지에 대한 검토의 단계이다. 또한 디자인 드로잉에 대한 디테일을 추가하는 단계이기도 하다.

그림 3-43 세 번째 디테일 드로잉

- Colour Drawing: 네 번째 단계는 3번째 단계까지 작성된 드로잉을 이용한 정원 색감 적용하는 단계이다. 본 단계에서는 정원에 적합한 색상 콘셉트를 정하기 위한 작업으로 정원에 식재되는 수종들에 대한 색상을 적용해보고 디자인하는 정원에 적합한 색감을 찾는 작업이라고 볼 수 있다.

그림 3-44 네 번째 색 입히기

4 정원디자인

앞서 개념 계획을 통해 공간 분할, 구성, 동선체계와 같은 기본적인 계획이 준비가 어떻게 이루어지는지에 대한 과정을 설명하였다. 본 단원에서는 실제 정원계획을 위한 과정을 설명하고 마무리까지 이어지는 단계로 설명할 것이다. 개념 계획 단계에서는 개략적으로 아이디어를 그림으로 표현한 거라고 볼 수 있지만, 본 단계에서는 최대한 현실감 있게 평면으로 표현하고 투시도를 통해 정원의 전반적인 느낌을 뚜렷하게 볼 수 있도록 만드는 과정이다. 이러한 과정은 개념 계획 단계에서 구성된 프로그램과 같은 소프트 스케이프Soft Scape 계획과 정원시설, 구조 등 하드 스케이프Hard Scape 설계 과정이라고 볼 수 있다.

4.1 디자인 과정

1) 스케치도면 작성

정원디자인을 하기 위한 첫 번째 단계는 평면에 대한 스케치 라인 잡기이다. 스케치 라인 작업은 앞서 진행되어 온 분석내용과 콘셉트 다이어그램 등을 통해서 실질적인 모양과 각 공간의 구성 체계를 개략적으로 그려가며 정원에 맞는 형태를 찾아 나가는 것이다.

이후 스케치 평면 위에 사용할 식재목록화, 화단의 형태, 동선, 시설물 등에 대한 배치를 해 나가며 실질적인 디자인 작업을 진행한다. 평면도 작성 전 스케치 도면 작업은 실재적으로 디자인을 하면서 디자인에 대한 확신 또는 잘못된 점을 검토할 수 있는 단계이다. 이 작업은 디자인을 진행하는 데 있어 가장 중요한 과정으로 정원디자인에 대한 완성도를 높일 수 있는 시간이다.

정원디자인에서 가장 중요한 점은 정원을 구성해야 할 공간, 요소, 식물, 동선, 시설물들에 대한 배치와 구성이 최대한 간단하게 정리해야 한다는 것이다. 공간, 정원의 흐름, 대상지에 대한 특성 등에 대한 이해도에 따라 정원디자인의 성공 여부를 판단할 수 있다.

스케치도면 작성 후 대상지에서 머릿속으로 그린 스케치와 대조를 시켜야 한다. 이 작업은 디자인에 있어 최종 단계인 마스터플랜을 작업하기 위해 그린 스케치를 대입했을 때 현장에 적용했을 시에 약점, 강점 그리고 불가능에 대한 여부를 확인해야 한다.

2) 디자인 평면 작성

두 번째 단계는 본격적인 디자인 평면도 작업이다. 스케치 평면도 작성 후 스케치 아웃라인을 깔끔하게 다듬어야 한다. 이후 식재 배치와 동선 디자인, 공간 디자인 등을 하기 전 디자이너 자신만의 규칙을 설정을 하는 것이 중요하다. 예를 들면 정원을 조성할 때 주변 나무 또는 종묘 시장에서 쉽게 구할 수 있는 식물위주로 사용한다는 규칙을 정했다. 이는 조성단계, 추후 발생할 하자, 보식 등을 고려하여 주변에서 쉽게 구해 바로바로 수정을 할 수 있도록 계획 평상시 쉽게 구할 수 있는 식물을 이용하는 것이다. 또 정원을 이용하는 사람들의 이동이 편하도록 동선 디자인에서 사용되는 바닥 포장재의 규격은 폭 45cm 이상의 석재로만 사용한다. 또 동선의 폭은 80cm 이상으로 계획한다. 이러한 기본적인 계획을 세워 설계를 진행해야 정원디자인의 일관성과 통일성이 부여될 수 있다.

3) 디테일 도면 작성

세 번째 단계는 디테일 작업이다. 프라이빗한 공간을 설정할 때 가장 쉬운 방법은 주변의 건물 또는 대상지 내 있는 건물의 문과 창문으로부터 직선으로 도면에 그려보는 것이다. 모든 선을 그었을 때 나타는 교차점들은 프라이빗 공간은 사용하지 못하는 지점이라고 보고 선이 지나지 않는 공간을 가능한 공간으로서 가능 지역으로 보고 계획 설계를 진행하면 된다. 이러한 방법과 같이 공간을 구성할 때 각 공간의 특성을 고려해 근거 있는 공간 배치를 해야 한다. 앞서 나온 도면에 대한 아웃라인을 이용해 식물, 시설물 등을 이용해 각 공간을 경관성을 살려 정원 조성계획도를 만들어준다. 본 단계에서는 평상시 눈여겨보았던 정원, 신문, SNS, 인터넷, TV, 잡지 등을 활용하여 영감을 얻어 정원을 계획하는 것이 좋다.

4) 시설물, 조형물 도면 작성

아름다운 정원을 만드는 데 있어 핵심은 철저한 계획에 의해 만들어지는 정원이다. 정원의 규모와는 별개로 바닥 포장이 들어갈 곳, 식물들이 심겨질 곳을 도면에 표시를 한 뒤 시설물 위치를 계획해야 한다.

인공적인 시설물 및 조형물에 대한 배치와 선정은 정원디자인 개념, 주요 방향성 등을 기반으로 균형적이면서, 통일성, 스케일이 맞아야 하며 명료해야 한다. 조경석, 자갈, 고목과 같은 천연 재료로 만들거나 형성된 조형물은 자연적인 정원을 구성하기에 적합하다. 반면에 천연 재료를 이용하여 새롭게 만들어낸 도자기, 타일 등을 이용할 땐 모던스타일, 건축적인 요소가 많은 정원과 같은 현대정원에 잘 어울린다.

정원을 구성하고 만드는 데 있어 정해진 방법이나 규칙은 없다. 디자이너가 적절한 규칙을 대상지에 적용하여 조화로우면서 심플한 배치를 만들어 낼 수 있어야 한다.

5) 식재도면 작성

① 기본식재계획 설정

기본식재계획이란 어떤 식물을 어디에 심을지 제안하는 형식으로 기본적인 식물 레이아웃을 작성하는 것이다. 기본식재계획은 정확하지 않은 형태로 식물 재료의 위치와 크기를 나타내기 위해 단순한 원과 자유형 선을 이용하고 색상만을 이용하여 어떤 식물을 어디에 위치시킬 것인지 결정하는 것이다. 빠른 스케치는 식물의 크기 제한과 최적의 위치에 대한 대략적인 아이디어를 얻기 위해 다양한 레이아웃과 배열을 탐색하는 데 도움이 된다.

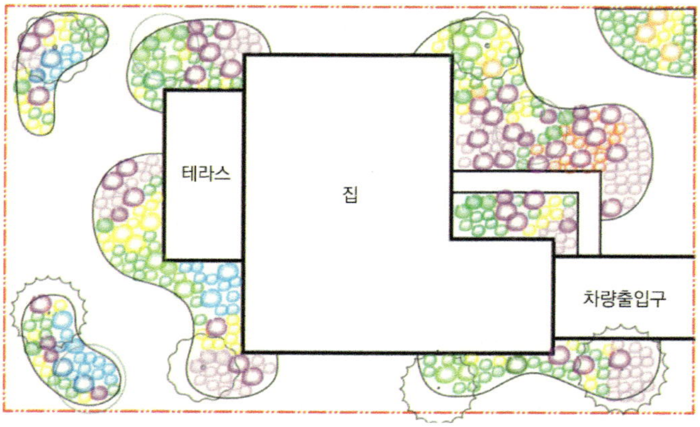

그림 3-45 식재도면 첫 번째

② 식재지 형태의 설정

기본식재계획도를 이용하여 식재지 형태를 설정한다. 식재지는 기본적이며, 보편적으로 곡선의 형태로 이루어져 있으며 식재지와 식재지 사이는 보통 이용자들이 다닐 수 있는 동선을 설정한다. 식재지 형태 계획의 기본적인 방법은 다음과 같다.

- 곡선을 이용하여 식재지의 형태를 만들어야 한다.
- 종이에다 식재지 형태를 그릴 땐 소심한 곡선이 아닌 대범하게 그려야 한다. 소심한 식재지 형태는 실재로 보기엔 직선의 형태로 착각할 수 있기 때문이다.

· 건물 또는 시설물의 코너 부분은 크고 넓은 호를 이용하여 식재지를 설정해야 한다. 각 코너 부분엔 선정된 식물 중에서 키가 크고 수폭이 큰 식물로 식재를 하여 코너에 대한 이동 동선, 경관적으로 안정적으로 느낄 수 있다.
· 교목 식재는 사람들의 동선에 피해를 주지 않기 위해 교목의 수폭 끝이 식재지 안으로 들어오게 계획 잡는 것이 좋다.
· 건물, 시설물, 동선에 간섭되지 않는 공간의 식재지에는 포인트 식재로서 조형미 또는 큰 대형목을 독립수로 심어줘 웅장하고 조형미 넘치는 공간으로써 활용할 수 있다.
· 정원 대 일부 공간은 열린 공간을 설정하여 가득 차고 이용하는 공간이 아닌 장소를 비워두어 다양한 형태로서 이용자들이 비워진 공간에서 스스로 목적에 맞게 이용하는 공간을 만들어 줘야 한다.

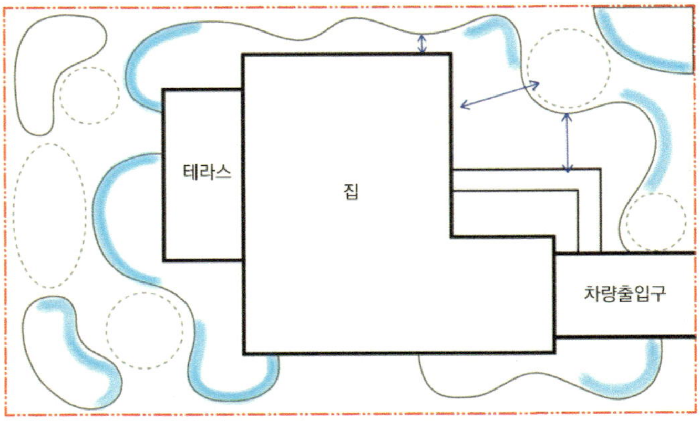

그림 3-46 식재도면 두 번째

③ 주요 교목, 관목의 위치 설정

정원 구조를 만들어주는 주요 교목, 관목 위치를 정하는 단계이다.

교목을 그릴 때 제일 중요한 사항은 내가 식재할 교목의 사이즈가 건물과 정원의 스케일에 너무 크지 않게 적당한 사이즈로 비례한지, 균형이 맞는지 검토해야 한다. 교목과 관목이 충분하게 성장할 수 있도록 동선과 식재지 엣지에 가까이 식재하지 않게 해야 한다.

떨어지는 낙엽, 과일 그리고 잔가지에 의해 피해를 볼 수 있는 식물의 위치를 파악하여 그 지역은 피해야 한다. 교목을 이용하여 시각적으로 보기 안 좋은 경관은 차폐해야 한다. 색상, 질감 및 형태가 건물 색상 및 재료로 어떻게 보일지 고려해야 한다.

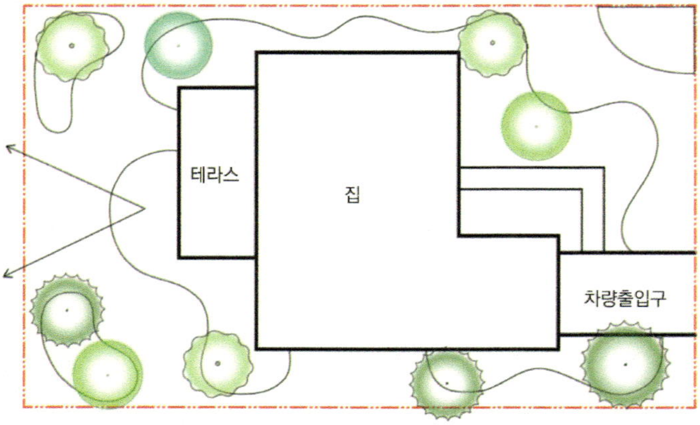

그림 3-47 식재도면 세 번째

④ 정원식재 계획 및 디자인 구성

중·소관목 군식을 이용한 정원식재 계획, 정원식재 디자인의 대부분을 구성하며 이용객들의 흥미를 끌 만한 다양한 질감, 색상 및 모양을 가질 수 있는 계획을 한다. 군식 식물을 그리는 방법은 특정 식물 군집의 위치와 범위를 표시하기 위해 식물 침대 내에서 버블 다이어그램 형식으로 식재지를 설정하는 것이다.

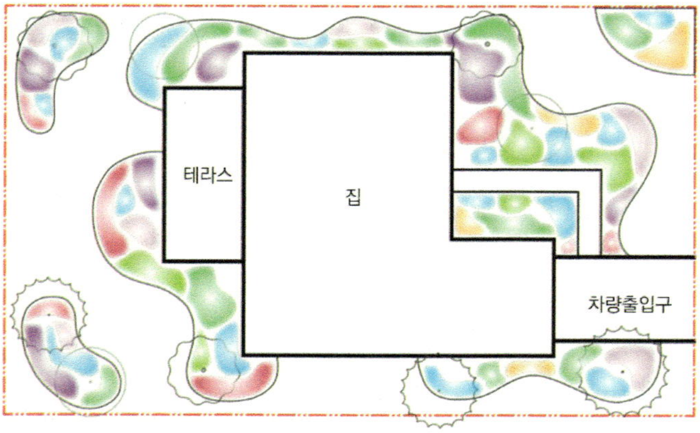

그림 3-48 식재도면 네 번째

⑤ 지피, 초본류 계획

식재지, 교목, 관목의 위치에 대한 계획 이후 식물의 색상을 이용한 정원의 특성을 살려줄 수 있는 지피, 초본류 계획을 한다.

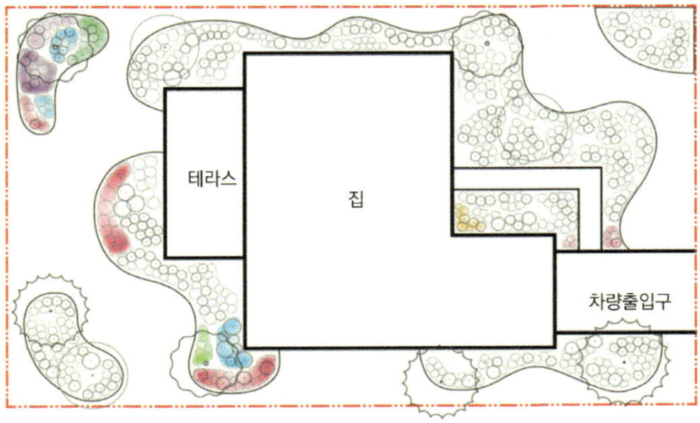

그림 3-49 식재도면 다섯 번째

버블 다이어그램 형식으로 교목, 관목을 기준으로 겹치지 않도록 지피, 초본류의 위치를 그려준다. 이후 그려진 버블 내 내가 선정한 식물 리스트에서 나타나는 색상들을 이용해서 정원의 색을 설정해주면 된다.

⑥ 정원식재도면 완성

식재도면 그리기, 즉 앞서 설명한 첫 번째부터 다섯 번째 단계까지의 식재도면 그리기 과정을 모두 합친 도면으로 정원 내 색감, 식재 종류, 수량, 위치 등을 모두 표기하여 정원식재도면을 완성하여야 한다.

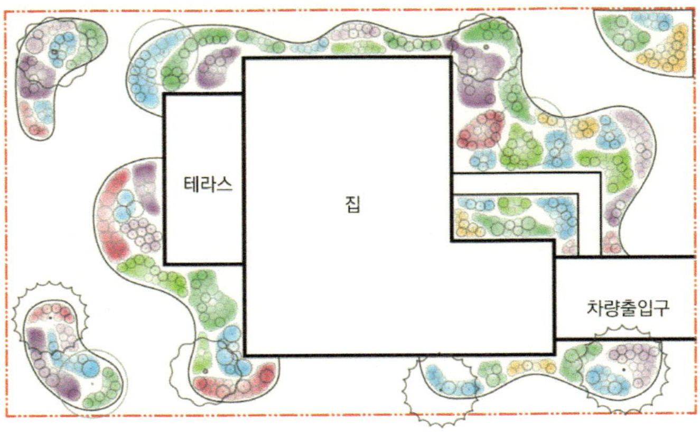

그림 3-50 식재도면 여섯 번째

4.2 공간별 디자인

1) 공간별 디자인

① 초입정원

- 프라이빗한 개인적인 공간의 정원보다는 타인에게 보여주는 정원의 개념으로 자랑하는 공간이다.
- 방문자로 하여금 감탄을 이끌어내야 한다. 주택의 입구부분은 주차장, 보행로 등의 재료인 콘크리트, 아스팔트 등으로 인해 딱딱하고 거친 느낌을 형성한다.
  이런 느낌을 완화하기 위해 초입정원은 화려한 색상, 부드러운 질감 등을 부여하여 삭막한 분위기와 대비되고 흥미롭고 화려한 경관을 형성해야 한다.

그림 3-51 초입정원 구성도

- 새로운 주택이 지어질 때 건축가들 시선에서 가장 중요한 메인 구성요소는 건축물인 주택이기 때문에 정원 또는 식재지를 건축물의 크기 및 비율과는 상관없이 매우 작게 계획을 한다.

- 또 건축물과의 조화로운 배치보다는 한쪽 구석 또는 보이지 않는 공간에 계획을 하는 경향이 있다.
- 초입정원은 이와 반대로 건축물 입구에 화려하고 자랑하는 공간으로서 조성을 하여 건축물을 더욱 돋보이고 아름답게 형성해주는 정원의 공간 유형이다.
- 빈 담 또는 벽을 채워줘야 한다. 벽과 같은 좁은 공간을 방치하면 주택의 공간이 매우 허전한 느낌이 난다. 이런 협소한 공간에 조성되는 정원은 정원 디자이너 또는 정원 소유자의 취향을 뚜렷하게 보여지는 공간이다.
- 정원을 구성하는 식물들의 키를 획일적인 크기보다는 높낮이, 폭이 다른 크기로 식재해야한다. 실내에 배치되는 화분은 때론 다른 분위기를 연출하는 효과를 준다.

  이런 효과는 정원에서 화단 관리와 식재되는 식물의 형태적 특성에 따라 나타나는 효과가 더 크게 나타날 수 있기 때문에 식물의 잎 크기, 수고 높이, 폭, 잎의 형태 등을 고려해 균형 있는 화단 계획이 필요하다.
- 초입정원은 사람들에게 이목을 끌 수 있는 정원으로서 꾸며줘야 한다.
- 장미와 같은 목대가 있는 관목류는 초입정원과 같은 환경의 화단에서 매우 중요한 역할로서 다른 식물들의 배경이 되어 줄 수 있다.
- 장미는 늦은 봄까지 꽃을 피우다 떨어뜨리기 때문에 시각적으로도 매우 좋다. 올바른 식물을 선택하고 색상을 선정하고 그것들에 대한 질감을 적절하고 균형 있게 계획하고 사용하게 된다면 이웃 또는 정원을 보는 사람들의 시선을 집중시킬 수 있다.

② 뒷마당 정원

- 화단의 처음과 끝은 화려하고 색상이 진한 꽃으로 식재하는 계획이 보편적인 뒷마당 정원의 화단 식재 기법이다.
- 처음 경계 정원 화단 설계를 할 당시 무엇을 어떻게 어디부터 시작을 해야 할지 막막할 때가 있다.
- 아래 이미지를 보면 옹벽 앞으로 선형적인 화단, 연못, 휴게 공간, 동선 이렇게 크게 4가지 구역을 기준으로 계획을 했다.
- 뒷마당과 같은 공간의 정원은 적당한 화려함이 내포되어 있으며 가족 및 나만의 공간으로서 편안한 느낌의 휴식처로서의 기능이 있어야 한다.

• 뒷마당 정원에서 사용될 식물들은 꽃이 오랫동안 지속되는 종류의 식물 위주로 계획해야 한다.
• 아래의 예시 이미지에서 볼 수 있듯이 뒷마당 정원의 화단에 심겨지는 식물들은 같은 공간 내에서도 다른 위치에 또 사용을 하기 때문에 화려하고 다양한 꽃으로 시각적인 혼돈과 다양성보다는 단순하면서 아름다움이 지속되는 계획을 세워야 한다.
• 꽃의 지속 시간은 초여름부터 가을까지 이어지는 꽃식물들이 좋다.
• 색상으로는 빨간색과 금색과 같은 포인트로 화려함을 주는 꽃과 보라색, 흰색과 같은 차분함을 더해주는 색상의 꽃을 사용하면 정원에 생명력을 부여하는 느낌으로 연출할 수 있다.
• 화단에 들어가는 관목과 지피가 계획이 완료가 되었다면 그다음 마지막 작업으로 규모가 있는 나무를 이용해 정원의 구조적인 계획을 세울 단계이다.
• 정원에 심어질 나무들을 선정할 땐 가장 주요한 점은 일조량에 대한 내용이다.
식재하기로 계획한 나무가 대상지의 조건의 일조량에서 적합한 생육환경을 가지고 있는지에 대해 파악을 하고 가능여부를 검토 뒤 수목 리스트를 확정 지어줘야 한다.

그림 3-52 뒷마당 정원 구성도

- 이 과정을 세심하게 검토하지 않고 식재할 경우, 정원시공 후 이는 곧바로 하자로 이어지기 때문에 매우 중요한 과정 중 하나이다.
- 뒷마당 정원에 설치되는 벤치, 티 테이블 등과 같이 정원 가구들을 배치할 때 흔들리거나 수평이 되도록 주의해야 한다.
- 정원 조성 당시 디딤석 포장, 데크 포장, 자갈 포장 등 여러 재료를 이용해 다양한 방식으로 각 공간의 바닥을 구성한다.
  이때 자연 소재인 자갈, 디딤석을 사용하여 조성할 때 바닥면에 대한 수평을 고려하지 않고 설치를 하게 되면 배치하는 가구들이 모두 흔들려 사용이 불가능하기 때문에 바닥의 포장재를 사용할 때 가구가 흔들리지 않도록 표면을 고르고 수평이 되도록 주의해야 한다.
- 정원을 구성하는 시설물, 경계에 대한 선은 곡선을 이용한 선형은 정원에 있어 정돈되어 보이며 안전하면서 선에 대한 연장성을 보여주기 때문에 연못, 화단의 경계 부분의 형태는 되도록 날카롭지 않은 곡선 형태로 디자인해야 한다.
- 안식 공간을 조성할 땐 정원에서 가장 아름다운 공간 또는 방해를 받지 않는 공간 위주로 계획을 잡아야 한다.
- 혼자만의 공간을 원하는 클라이언트 및 이용자라면 수국, 수풀 등 은신되는 공간에 벤치를 조성하여 이용하게 하고, 앉아 생각과 명상을 주로 원하는 사람이라면 연못, 정원이 한눈에 보이는 공간에 배치를 하여 각 좌석별로 그 기능이 최대로 발휘할 수 있도록 하는 것이 좋다.

③ 테라스 정원

- 테라스 정원은 3가지 레이어로 구분할 수 있다. 첫 번째 레이어는 환영을 위한 공간, 두 번째 레이어는 휴게, 안식, 여가를 위한 공간, 세 번째 레이어는 경작, 텃밭을 위한 공간으로 나눌 수 있다.
- 테라스 주변으로 화단을 조성하여 테라스를 이용할 때 화단에서 느낄 수 있는 색상, 향기, 아름다운 경관을 가까이서 느끼고 즐길 수 있도록 해줘야 한다.
- 다음 이미지를 보면 두 대의 화단은 집으로, 다른 한 화단은 차고와 사생활 보호를 위해 울타리를 이용한 차폐식재를 한 것을 볼 수 있다.

그림 3-53 휴게공간 정원 구성도

- 이런 울타리는 정원에서 단순히 사생활 보호를 위한 차폐 기능만이 아닌 저녁시간 기온이 떨어지는 야외 환경에 있어 열을 유지하고 시각적으로 따듯한 분위기를 줄 수 있는 효과를 만들어준다.
- 테라스 정원은 햇볕이 잘 드는 곳에 자리를 잡아야 하며 가족, 식사, 여가를 위한 정원 가구들 중심으로 정원을 배치하고 구성해야 한다.
- 뒤뜰에 조성되는 테라스 정원은 후각을 자극하는 향기로운 식물을 식재하기에 가장 적합한 공간의 정원이다.
- 테라스 정원의 공간적 특성은 주택과 같은 건축물이 불어오는 바람을 막아주고 개방된 공간으로 일조량이 매우 좋아 향기가 공간에 고립되어 여유로우면서 편안하게 정원의 향기를 즐길 수 있다.
- 흔히 생각하는 텃밭은 커다랗고 긴 직사각형 형태의 공간 구조를 생각한다.
  손쉬운 관리와 편한 수확을 위해 테라스 정원 주변으로 이용자가 원하는 과실수 및 채소들을 심어줘 테라스 내 세 번째 레이어인 텃밭을 위한 공간을 만들어 준다.

- 키가 작은 채소 종류는 한곳에 모아 화단을 만들어준다. 과실수와 같은 목본류는 테라스 정원 내 조성되어 있는 화단들의 나무들과 조화롭게 배치를 하여 포인트로 심어주는 계획을 잡아줘야 자연스러운 테라스 정원이 형성된다.

④ 자연친화적 정원

- 자연스러우면서 생태적인 자연친화적 정원으로서 나의 정원을 계획하기 위해서는 내 정원의 환경에 맞는 올바른 식물들을 이용한 정원계획이 필요하다.
- 자연친화적 정원을 조성함 있어 정원의 크기는 중요하지 않다.
- 오히려 애정을 가지고 신경을 많이 들일 수 있는 작은 사이즈의 정원이 보다 더 자연친화적 정원으로서 계획이 수월할 수 있다.
- 이런 스타일과 같은 자연친화적 정원은 동물과 곤충들의 이용이 많을수록 자연적인 정원으로 인정을 받는다고 볼 수 있다.
- 이들이 좋아하는 식물들의 밝은 색상 톤의 꽃을 심어 정원으로 유도하여야 한다.
- 만약 정원의 면적이 작아 식재지가 부족하다면 지붕의 처마 또는 벽면을 이용하여 식재지를 확보할 수 있다.

그림 3-54 자연친화적 정원 구성도

- 진입부의 정원은 탁 트인 경관으로서 비워두는 계획보다는 포인트 식재로 특수목 또는 그늘을 형성할 수 있는 나무를 심어 그늘 형성, 조류와 사용자에게 휴식공간 제공 등 기능적, 시각적인 효과를 줄 수 있다.
- 하지만 그늘 형성을 위해 식재를 하더라도 하부 식물들의 생육과 원활한 생태계 사이클을 위해서는 많은 양의 일조량은 확보를 해줘야 한다.
- 자연친화적 정원에서 가장 중요한 디자인 요소는 정원을 구성하는 식물들의 지속적인 개화 시기를 계획하기 위해 월별 다른 시기에 꽃을 피우는 식물을 선정해 사계절 내내 지속적인 꽃밭의 경관을 연출시키는 것이 정원에 있어 가장 중요한 디자인 요소이다. 자연 친화적 정원에 있어 가장 핵심은 사람 그리고 이외 정원을 이용하는 조류와 벌과 같은 생물체의 방문이다.
- 그러기 위해서는 크고 풍성한 꽃을 지닌 수종을 선정해야 하며 색이 매우 눈에 띄는 수종을 선정하여 5종 또는 10종을 군식하여 동물과 곤충들의 눈에 쉽게 띄게 유도하여 건강하고 생태적이며 자연 친화적인 정원으로서 설계 후 지속 가능한 정원계획을 할 수 있다.
- 또 적막하고 그저 푸른 정원에서 새들이 목욕하고 음수 등과 같은 행위를 할 수 있는 시설물로서 수반 분수를 설치함으로써 정원에 생태적인 활동을 제공할 수 있다.

4.3 정원 유형별 식재 디자인

1) 사계절 정원(Four seasons garden)

그림 3-55 개화시기, 층위, 색채미가 반영된 사계절 정원(올림픽 파크, 런던 2019)

사계절 정원은 봄, 여름, 가을, 겨울까지 계절별로 수목 및 초화류의 개화기를 적절하게 안배하여 꽃을 지속적으로 볼 수 있도록 조성된 정원이며 자연의 변화를 직접 체험할 수 있는 정원이다.

푸르고 화사하게 깨어나는 봄, 녹음이 더해가는 여름, 단풍이 아름다운 가을, 황갈색 마른 꽃잎이 눈꽃과 함께 조화로운 겨울을 보면서 계절감을 느낄 수 있다.

① 권장 수종

개화기	수종	
봄	교관목	매화나무, 생강나무, 올벚나무, 개나리, 산수유, 동백나무,백목련, 개나리, 겹벚나무, 아그배나무, 명자나무, 미선나무, 박태기나무, 산수유, 산철쭉, 수수꽃다리, 조팝나무, 월계수, 만병초, 남천, 등나무,백합나무, 산딸나무, 일본목련, 쪽동백나무, 가막살나무, 모란, 병꽃나무, 장미, 쥐똥나무, 다정큼나무, 돈나무, 인동덩굴
	초화	가자니아, 금어초, 금계국, 금잔화, 꽃담배, 꽃도라지, 꽃잔디, 다알리아, 데이지, 델피늄, 디몰포세카, 라넌큘러스, 로벨리아, 루피너스, 리빙스톤데이지, 마가레트데이지, 물망초, 버베나, 석죽, 사스타데이지, 수레국화, 시네라리아, 아네모네, 알리섬, 양귀비, 오스테오스퍼멈, 작약, 주머니꽃, 카네이션, 코레옵시스, 팬지, 비올라, 프리뮬러무스카리, 백합, 수선화, 아르메리아, 알리움, 크로커스, 튤립, 프리틸라리아, 히아신스 등
여름	교관목	노각나무, 배롱나무, 자귀나무, 무궁화, 부용, 협죽도, 능소화,배롱나무, 싸리나무
	초화	꽃고추, 꽃베고니아, 나팔꽃, 뉴기니아봉선화, 루드베키아, 맨드라미, 메리골드, 미모사, 백묘국, 백일홍, 봉선화, 부용, 색동호박, 색비름, 샐비어, 아게라덤, 일일초, 임파첸스, 접시꽃, 제라늄, 채송화, 천인국, 천일홍, 콜레우스, 풍접초, 토레니아, 플록스, 한련화, 해바라기 등
가을	교관목	호랑가시나무, 금목서, 음목서, 팔손이
	초화	과꽃, 국화, 아스타, 맨드라미, 메리골드, 샐비어, 구절초, 해바라기, 가우라, 코스모스, 쑥부쟁이, 천일홍, 포인세티아, 색비름, 설악초, 다알리아, 칸나 등
겨울	초화	꽃양배추, 보리 등

표 3-5 절기별 정원식물의 개화 시기

- 초봄에는 동절기 휴면상태에 들었던 땅이 녹고 지면이 따뜻해지면 겨우내 움추렸던 구근류인 튤립, 히야신스, 무스카리 등이 파릇파릇 올라온다. 그리고 4월 중순 이후 야외에서 식재 가능한 초종은 프리뮬러나, 팬지, 비올라, 데이지, 금잔화, 꽃잔디, 튤립 등이 있다.
- 러넌큘러스나, 튤립, 수선화 등 몇몇 초화는 화려하지만 개화 기간이 짧은 단점도 있다.
- 여름에는 무더위와 함께 비교적 개화 기간이 긴 송엽국, 베고니아나 페튜니아, 백일홍, 접시꽃, 풍접초, 천일홍 등을 식재하여 빈번한 식재를 최소화함으로써 혹서기 등에 안정적인 개화가 유지되도록 식재 수종을 선정하는 것이 중요하다.

- 가을은 가우라, 코스모스, 버베나 등 가을을 상징하는 수종을 선택하여 가을바람과 함께 살랑이는 가녀린 줄기의 꽃들이 어울린다, 그리고 그라스류가 함께 혼식되어 풍성한 느낌을 주도록 한다.
- 겨울은 개화에 초점을 맞는 것보다 교목, 관목의 경우 단풍이나 열매, 그리고 초화의 경우는 사초류처럼 마른 잎의 색채나 질감, 형태를 감상할 수 있는 수종이 고려되어야 한다.
- 사계절 정원에서는 동일한 수종을 넓은 면적에 식재하는 것보다 개화 기간이 각각 다른 수종들을 혼식하여 정원 내에서 사계절 피고 지고를 반복하는 연출이 필요하다.

2) 야생화 정원(Wildflower garden)

야생화 정원은 봄, 여름, 가을에 이르기까지 다양한 종류의 아름다운 꽃과 식물을 감상할 수 있는 정원이며 나비, 벌 등 곤충의 서식처와 자연스러운 경관을 형성할 수 있는 정원이다.

매년 같은 자리에서 자리를 지키며 계절의 변화를 자연스럽게 보여주며 산과 들에서 부는 바람과 햇볕을 그대로 받아들이며 스스로 살아온 식물이며 주로 초화류가 중심을 이루고 이들과 함께 어울리는 화관목으로 구성되는 정원이다.

개화기	야생화
봄	고깔제비꽃, 관중, 광대수염, 괭이눈, 국화바람꽃, 금낭화, 꿀풀, 꿩의 바람꽃, 노랑무늬붓꽃, 노랑제비꽃, 노루귀, 둥글레, 복수초, 얼레지, 붓꽃, 돌단풍, 산괴불주머니, 으름덩굴, 제비꽃, 지면패랭이, 큰앵초, 산마늘, 할미꽃, 흰털괭이
여름	꿩의비름, 노루오줌, 눈괴불주머니, 단풍취, 더덕, 도라지모싯대, 동자꽃. 매발톱꽃, 물매화, 미역취, 바위떡풀, 바위채송화, 배초향, 산부추, 여뀌, 산오이풀, 원추리, 은꿩의 다리, 산구절초, 초롱꽃, 하늘매발톱, 쑥부쟁이, 용담
가을	감국, 구절초, 투구꽃, 용담, 산국, 물억새, 고사리, 벌개미취, 꽃향유, 단풍취, 속새, 개미취, 선괴불주머니, 해국 등

표 3-6 절기별 야생화의 개화 시기

들꽃이라고도 부르며 정원의 꽃들은 대부분 야생화였으나 식물학자나 원예가들에 의해 육종되어 다양한 품종으로 개발되어 정원에 도입되었다.

산과 들의 유사환경을 인위적으로 조성하여 주되, 스스로의 힘으로 활착하고 성장하도록 식물선택과 환경적 조건을 충분히 고려해서 조성해야 한다.

그림 3-56 식물 스스로의 힘으로 활착하고 성장하도록 유도한 야생화 정원(국립DMZ자생식물원 , 양구군 2022)

① 권장 수종[1)]

- 계절별로 꽃을 감상할 수 있도록 계절별 야생화 분류표를 참고하여 자유롭게 조성한다.
- 공간 특성과 사람의 이용 정도를 고려하여 야생화를 선정하되 확산 등을 고려하여 밀식하지 않는 것이 좋다
- 포인트종을 우선적으로 선택하되 정원 환경적 여건을 고려하여 서식 가능한 조건을 확인한다.
- 생활 속에서 볼 수 있는 야생화, 도시에서 볼 수 있는 야생화로 구분하여 조성공간의 생육환경에 맞게 수종을 선정한다.

3) 색채 정원(Color garden)

정원에 펼쳐지는 아름다운 색은 정원디자인의 중요한 부분이다.

꽃이 가지고 있는 강하고 선명한 컬러들을 이용하여 색상미, 질감, 느낌, 강조, 대비 등 디자인 원리를 다채롭게 구현하는 정원이다.

붉은색, 노란색 주황색 계열은 따뜻한 느낌의 색이고 초록색, 흰색, 파랑색, 보라색 계열은 차갑거나 시원한 느낌을 준다. 이러한 색의 대조를 통한 생동감과 활력을 주거나 같은 색상계열을 조합하여 부드럽고 안정적인 느낌을 주도록 하는 것, 즉 색채를 테마로 하여 조성되는 정원이 색채 정원이다.

1) 산림청, 전게서 p.105

같은 계열의 색끼리 모으는 것이 더 돋보이며 가급적 종류는 적게, 집단은 크게 식재하는 것이 효과적으로 심는 방법이다.

그림 3-57 색채정원(큐가든, 영국, 2018)

① 권장 수종

- 다양한 색상으로 정원을 조성할 경우 개화 시기가 달라 자칫 산만한 경관을 연출할 수 있으므로 동일한 색채를 가진 수종을 연속적으로 식재하는 것을 권장한다.
- 흰색 계열 정원: 흰색은 깨끗하고 순수한 느낌을 준다, 또한 차분하고 단아함, 그리고 순결과 청초함을 상징하며 감정이나 사고를 정화하는 느낌을 준다. 흰색의 꽃은 어떤 다른 식물과도 조화를 이룬다.

그림 3-58 흰색계열 정원(대전 중구, 2023)

• 붉은색 계열 정원: 붉은 색 계열은 정열적이고 시선을 집중시킬 만큼 화려함의 상징이다. 특히 식물의 잎이나 줄기가 초록색인데 줄기나, 잎의 초록색과 대비효과가 크다.

예 장미, 튤립, 과꽃, 맨드라미, 데이지, 수레국화, 명자나무, 작약, 모란, 거베라, 팬지, 백일홍, 베고니아, 매자나무, 제라늄, 명자나무, 동백나무, 해당화 등

그림 3-59 붉은색 계열 정원(큐가든, 영국, 2018)

• 노랑색 계열 정원: 노랑색은 따뜻하고 쾌활한 분위기와 활동적이고 생기발랄한 느낌을 준다. 어린이 정원이나 관련 시설과 함께 배치하면 좋고 진한 노랑색은 부와 권위를 상징한다. 전체적으로 명랑하고 경쾌한 느낌을 준다.

예 개나리, 산국, 골담초, 원추리, 복수초, 해바라기, 유채, 수선화, 달맞이꽃, 땅채송화, 황금조팝, 황매화, 장미, 감국 등

그림 3-60 분리와 통합이 한 공간에 있는 노랑색 계열 정원(큐가든, 영국, 2019)

- 보라색 계열 정원: 보라색은 빨간색과 보라색을 합쳐 놓은 혼색이다. 고귀함과 세련미를 상징한다. 귀족적이고 고상한 분위기를 연출하며 보라색은 몸과 마음의 조화를 원할 때 끌리게 되는 색이며, 심신이 피로할 때 무의식적으로 찾게 되므로 치유의 색이라고도 할 수 있다. 시인성은 떨어지는 특성이 있다.

  예 비비추, 꽃창포, 맥문동, 금강초롱, 해국, 히아신스, 쑥부쟁이, 아네모네, 도라지, 수국, 아스타, 등나무, 꼬리풀, 라벤더, 당잔대, 팬지, 무궁화 등

그림 3-61 보라계열 정원(Hermannshof, 네덜란드, 2022)

4) 채소(텃밭) 정원(Vegetable garden)

주로 그 잎이나 줄기, 열매를 먹기 위해서 밭이나 화단에 기르는 초본식물이다. 관상과 수확을 병행하는 실용화단에서 적용하는 식물이다. 채소와 함께 병충해를 막아주는 초화를 활용하여 장식하는 것이 포인트이다.

① 권장수종[2)]

- 토양이 기름져야 채소들이 잘 자랄 수 있으므로 토양 비옥도를 체크하거나 토양의 상태를 파악하여 식재 가능한 작물을 선택한다.
- 햇빛 정도에 따라 식재 가능한 작물을 선택하여 식재한다.
- 높이가 다른 종, 덩굴성 식물은 다르게 배치한다.

2) 산림청 전게서, pp.87~96

• 물빠짐이 양호하고 비옥한 토양이 좋다.

구분		수종
엽채류	(잎 채소)	배추, 양배추, 시금치, 상추, 아욱, 쑥갓 등
과채류	(열매 채소)	고추, 토마토, 수박, 오이, 참외, 딸기 등
근채류	(뿌리 채소)	무, 우엉, 당근, 연근 등
화채류	(꽃 채소)	꽃양배추, 브로컬리 등
인경채류	(비늘줄기 채소)	파, 쪽파, 마늘, 양파 등
눈경채류	(순 채소)	아스파라거스, 죽순, 땅드릅 등

표 3-7 채소식물 분류

출처: 산림청(2019) 이지가든 조성 가이드라인

그림 3-62 생산의 즐거움이 있는 작은 채소원(에덴파라다이스 리조트, 이천시, 2019)

② 테마형 텃밭 조성

알록달록 텃밭, 향이 있는 텃밭, 학습용 텃밭, 샐러드형 텃밭으로 구분하여 각각 테마 특성에 맞는 작물을 심어 이용 목적도 살리고 경관적인 측면에서 볼거리 가치도 있는 테마 텃밭으로 조성할 수 있다.

구분	권장 수종
알록달록 텃밭	한련화, 당근, 적오크 상추, 가지, 적상추, 적양배추, 방울토마토 등
향이 있는 텃밭	애플민트, 레몬밤, 로즈마리, 바질, 캐모마일, 라벤다 등
학습용 텃밭	봉선화, 강낭콩, 당근, 고추, 감자, 옥수수, 땅콩, 방울토마토, 라벤다 등
샐러드 텃밭	레드치커리, 적근대, 양상추, 방울토마토, 다채, 로메인상추, 당근, 브로콜리 등

표 3-8 테마 텃밭 예시

출처: 산림청(2019) 이지가든 조성 가이드라인

5) 그라스 정원(Grass garden)

그라스원은 다양한 그라스류를 이용하여 조성한 정원을 말한다.

화려한 꽃들이 휴면에 들어가는 가을과 겨울 정원의 높은 지대나 바람이 잘 부는 곳에 조성한 그라스 군락은 그 자체만으로 뛰어난 관상 가치가 있다.

번식이 빠르고 지면을 촘촘하게 뒤덮는 습성이 있어 정원의 가장자리부나 경계부에 식재하면 효과적이다. 그라스류는 식재할 때 다른 식물에 비해 토양을 가리지 않아 기르기가 쉬우며 병충해가 거의 없고 크기가 큰 것부터 작은 것, 질감이 거친 것부터 고운 것, 색의 다양함까지 갖추어 정원을 조성할 때 좋은 재료가 된다.

그림 3-63 재료의 질감이 활용된 그라스원(Vlinderhof, 네덜란드, 2022)

① 권장수종

- 대부분 토양에서 잘 자라지만 대체로 산성토양에서 생육상태가 좋으므로 주변에 생육이 저하되는 그늘을 만들지 말아야 한다.
- 팜파스그라스 등과 같이 관상 가치가 뛰어나지만 내한성이 취약한 그라스류는 초겨울 지상부를 제거하고 볏짚 등으로 보온이 필요하다.
- 그라스류는 가을 이전까지는 특성상 관상 가치가 떨어질 수 있으므로 잎 자체만으로 아름다운 참억새류는 작지만 잎이 일찍 나오는 대사초류와 함께 식재하면 보완적이다.
- 털수염풀과 같이 잎이 가늘고 질감이 고운 사초류는 초화류의 베이스 식재로 활용하거나 구근류와 함께 식재해도 어울린다.

- 그린라이트, 모닝라이트, 몰리니아무어, 무늬새그라스, 무늬 억새, 수크령, 털수염풀, 팜파스그라스, 흰갈풀, 흰줄무늬갈대, 대사초, 지리사초, 은사초, 에버골드, 흰줄무늬 사초, 참억새, 털억새, 물억새 등이 있다.

6) 암석 정원(Rock garden)

자연의 암석이나 돌을 재료로 하여 정원의 골격을 만들고 여기에 허브나 초화류, 관목을 식재하여 시각적으로 다양하고 흥미로운 경관을 연출하는 것이며 잡초방제, 관수와 같은 일반적인 관리를 요하지 않는다.

자갈과 돌 재료를 사용하기에 물을 주지 않는 정원이란 측면에서 드라이 가든Dry Garden의 식재와 일치하는 부분이 많다.

우리나라와 같은 경우 산지가 많아 굴취되는 돌과 자갈을 이용하면 비교적 적은 비용으로 고급스러운 정원 연출이 가능하다.

① 암석원의 입지

햇빛이 잘 드는 곳, 겨울과 이른 봄에 한랭한 북서풍의 영향이 적은 곳, 낮은 산의 남동사면과 동사면이 좋고 표고가 높거나 고위도인 곳, 토양층이 마사, 송이, 암석지 등으로 배수가 원활한 곳, 나무가 거의 없는 나대지나 초본식물만 자라는 곳, 주변 경관이 뛰어나고 관리가 용이한 곳, 자연석이 많은 전석지인 곳이다.

그림 3-64 다단의 화단이 시점별 점증감을 부여하는 암석원(위즐리가든, 영국, 2018)

② 권장수종

- 자연석과 암석을 배치하고 원추리, 옥잠화, 비비추, 꽃잔디 등 환경에 민감하지 않아 대체적으로 잘 자라는 다년생 식물이나 수선화, 크로커스, 무스카리, 스노우드롭 등의 구근식물을 식재한다.
- 사초류와 용담 등 키가 작은 식물과 잎이나 줄기 속에 많은 수분을 가지고 있는 다육식물을 심는다. 상록침엽수, 고산식물, 다육식물, 세덤류 등이 있다.
- 암석원 조성에 사용되는 속: 패랭이속[Dianthus]은 볕이 잘 드는 양지에, 앵초속[Primula]은 반음지에, 라몬다속[Ramonda]은 수직으로 갈라진 바위틈에 식재한다.

구분		권장 수종
수종	교, 관목	향나무'블루스타', 황금왜성편백, 눈향나무'블루칩' 코니카 가문비, 황금꽃개오동, 홍매자나무, 뚝향나무, 황금조팝, 둥근잎꽝꽝나무, 홍자단, 병아리꽃나무 등
	초화	은쑥, 상록패랭이, 층꽃나무, 바위솔국, 설악초, 꽃잔디, 무늬기린초, 꿩의 비름, 아크레세덤, 기린초, 실유카, 돌단풍, 큰꿩의 비름, 램즈이어, 은사초, 백묘국, 옥잠화, 휴케라, 바위취, 꿀풀, 노루오줌 등

표 3-9 암석 정원에 권장되는 수종

7) 수생 정원(Aquatic garden)

물을 기반으로 다양한 수생식물을 식재하여 식물의 성장과 꽃을 감상하거나 물을 통한 시각 및 청각적인 효과 그리고 잔잔한 수면을 통해 하늘이나 구름, 주변 풍경이 물위에 투영된 모습을 감상하거나 고요하고 정적인 경관을 연출한다.

곤충을 유입하고 어류나 잠자리 등의 산란을 통해 생물 다양성을 촉진하는 생태형 수생 정원을 만들 수도 있으며 연못의 크기에 따라서는 계류나 폭포 등과 연계하여 물속 용존산소량 증가 및 동적인 수정원으로 조성할 수 있으며 수면위로 연꽃이나 수련을 식재하여 볼거리를 제공한다.

① 수생 정원의 최적 입지

- 습지 지표 식물인 꼬리 조팝나무, 골풀, 갈대 등이 자생하는 곳 또는 논이었던 곳, 자연 계곡이나 강 주변의 배후 습지, 햇빛이 잘 드는 곳
- 자연적으로 땅 속에서 물이 나와 마르지 않는 곳, 점질토, 이탄 및 토탄이 있는 토양
- 경사가 완만하거나 평지인 지형, 폭포 등 설비를 위한 전기와 물의 공급이 가능한 곳

② 권장수종

- 수면부: 연못의 규격과 수심, 수생 식물의 형태, 질감, 개화 등을 고려하여 정수식물, 부엽식물, 침수식물을 식재한다.
  - 정수식물: 갈대, 고랭이, 창포, 줄, 택사, 물옥잠, 부들, 미나리 등이 있다.
  - 부엽식물: 마름, 자라풀, 어리연꽃, 수련, 가래, 생이가래, 연 등이 있다.
  - 침수식물: 검정말, 물수세미, 이삭물수세미 등이 있다.
- 수변부: 앵초, 동의나물, 쑥부쟁이, 자운영, 오이풀, 기린초, 제비꽃 등이 있다.
- 육상부: 진달래, 박태기나무, 벚나무, 싸리나무, 자귀나무, 작살나무 등이 있다.

그림 3-65 주변부 식생과 일체화된 수생정원(모네의 정원, 지베르니 프랑스, 2018)

참고문헌

- A, Simon& B. Ross (2018), Gardening School, Australian Geographic
- Chris Young (2009), Garden Design- Planning, Building and Planting your perfect outdoor space-, DK Publishing, United States.
- Norman k. Booth & James e. hiss (2012), Residential Landscape Architecture, Prentice Hall, Upper Saddle River New Jersey and Columbus, Ohio.(sixth edition)
- Vanessa Gardner Nagel (2010), Understanding Garden Design -The Complete Handbook for Aspiring Designers-, TIMBER PRESS Portland·London

조성편

PART 4

정원재료

1 정원재료의 특성

2 정원재료의 구성

3 정원식재재료

4 정원시설물재료

5 정원시설

PART 4 정원재료

1 정원재료의 특성

1.1 일반적 특성

정원은 식물을 통한 생태적 환경과 아름다움을 다루지만 과학에 기반을 둔 공학과 예술이 종합된 응용 분야로 정원의 주된 공간이 외부를 대상으로 시작했으나 현재는 외부와 같은 생육환경조건을 만들어내는 과학 기술기반하에 내부영역이 빠른 속도로 확대되는 추세이다. 따라서 정원재료를 사용함에 있어 공학적 측면과 미적인 측면, 생태적 측면을 함께 고려해야 하고 내·외부공간에 설치되므로 사용 환경을 신중히 고려해야 한다.

정원의 조성 범위도 주거지, 상업지, 공공업무지, 가로, 광장, 연결 시설지, 테마지, 공원녹지지, 실내 공간이 대상인만큼 건축, 토목, 도시계획, 공공예술 분야 등과 조성 범위가 중첩되며, 따라서 철재, 목재, 석재, 점토, 포장재, 합성수지 등 공통 재료를 사용하고 있다.

그러나 정원은 본질적으로 살아 있는 재료 즉, 생명이 있는 재료를 중심 재료로 활용한다는 측면에서 건축재료와 다르며, 아름다움의 추구 즉, 심미성을 다룬다는 측면에서 토목재료와 차이가 있다.

또한, 사적 영역에서 이용자의 경험이나 개인적 선호가 재료선택의 기준으로 작용한다는 측면에서 도시계획 재료와 차이가 있고, 친환경성과 공학적 지식의 기반 하에서의 예술 표현이라는 측면에서 예술재료와 차이가 존재한다.

이와 같이 정원재료는 다른 분야 재료와 공통성을 갖기도 하고 활용범위에서 독자적인 차별성을 갖고 있으므로 이러한 특성을 고려해 활용해야 한다.

1) 생물재료 [1)]

생물재료의 특성은 일반적인 건축재료나, 토목재료와는 달리 자연성, 연속성, 비규격성, 조화성이라는 특성이 있다.

1) 김규만, 「조경기능사 필기」, 도서출판 책과 상상, 2021

① 자연성

새싹, 개화, 결실, 단풍 낙엽의 생명 활동, 생육에 필요한 적절한 토양, 광, 수분, 온도, 대기 조건 등의 환경 조건을 요구한다. 생물로서 생로병사가 있고 주변 자연환경과 끊임없는 상호작용을 통해 존재한다.

② 연속성

생장과 번식을 계속하는 한편, 시간의 경과에 따라 그 크기와 모양이 지속적으로 변화한다. 고정적이지 않고 항상 움직이며 형태, 색상, 질감, 크기 등이 바뀌는데 그러한 변화를 통해 드러내는 시시각각의 모습이 재료의 본성이다.

③ 비규격성

정원수목은 공산품과 달리 동일한 수종에서도 재배지, 재배관리 등에 따라 개체간의 수형, 줄기 직경 등에 차이가 있다. 생물로서의 소재 특이성을 지닌다. 성장과 번식이라는 일반적인 생물특성이 있지만, 식물 개체마다의 활력차이, 그리고 서식지 환경, 기후 조건 등에 차이가 있어 균질화에 제약이 있다.

④ 조화성

개체 자체가 가지고 있는 유전적 특이성과 환경조건이 만나 형태, 색채, 종류 등은 각각 다양하고 다르지만, 각 개체는 상호 경쟁하고 상호 협력하면서 진화하고 변화하며 조화를 이룬다.

2) 인공재료

인공재료는 생물재료와는 달리 균일성, 불변성, 가공성이라는 특성을 가지고 있다.

- 균일성: 용도에 맞추어 기준과 규격대로 대량 생산되므로 재질이 균일하다.
- 불변성: 무생물의 가공된 재료이므로 외부 자극이 없으면 거의 변화가 없다.
- 가공성: 이용 목적에 적합하도록 언제나 가공이 가능하다.

1.2. 미학적 특성

사회가 다변화되고 복잡해지면서 정원의 역할과 영역 또한 빠른 속도로 확장하고 있고 그러한 확장 과정에서 인접하는 많은 다른 산업영역들과 교류하거나 상호발전해 나가면서 정원은 디자인, 생명, 공학, 예술, 문화가 융복합화 된 종합 실천과학이라고도 부르고 종합예술 문화라고도 부른다.

정원은 사회적 요소, 자연적 요소, 공학적 지식, 설계방법론, 표현기법, 가치관, 인간에 대한 상세한 관찰, 그리고 이를 토대로 예술적, 기능적으로 창의성을 표현하는 한 형태이다.

따라서 정원을 조성하는 것은 이런 요소들의 결합 과정이고 정원은 다양한 요소 결합의 성과물인 것이다.

정원재료의 물성은 물질이 지닌 고유 특성으로 미학적 측면에서 본다면 재료의 본성에 의해 표현되는 미적 특성으로 정의할 수 있다. 즉, 재료는 공간을 점유하고 감성이나 느낌을 갖게 하는 물리적 실체라는 것이다. 따라서 재료공학적으로만 접근해서는 미학적 측면에서 재료의 물성을 제대로 이해하기 어렵다.

정원가의 철학, 도덕, 가치체계 바탕 위에 재료가 갖고 있는 물리적 인자들이 효과적으로 결합해야 물성에 대한 올바른 이해가 가능하다. 이러한 재료의 물성에 대한 미학적 접근은 흙, 물, 나무, 돌, 금속, 유리 등등으로 광범위하게 확대될 수 있다. 이 대상물들이 지닌 물성은 자연물에 있어서 미를 구성하는 요소이자 정원가의 탐구대상물들이다.

외부공간에 노출된 청동이 부식되어 청록색의 아름다운 녹이 생기는 것처럼 금속은 고유한 색을 가지고 있어 그 아름다움을 보여주며 녹슬음의 시간성과 이 밖에 구조성, 강인함, 인공성을 느끼게 해 준다. 정원은 인공적으로 조성하는 공간이지만 정원은 자연미를 효과적으로 나타내는 공간이기도 하다.

식물을 포함한 각종 조경재료는 각각의 특성을 지니고는 있으나 미의 표현 방법에 절대적 기준이 있는 것은 아니다. 이와 같이 각 재료가 갖는 고유한 물성은, 조경, 건축, 조각이라는 행위를 통해 사람의 감성을 자극하고 이러한 자극을 통해 상징적 의미를 전달하는 매체로서의 역할을 한다.

작가적 창의력이 재료의 물성과 의기투합하면서 비로소 미적 체계를 갖는 것이다. 그러므로 재료는 물리적 실체로서 형식미학적 특성뿐만 아니라 개인에게 고유한 심상을 갖게 하는 상징적 요소이며 정원가가 갖고 있는 생각을 전달하는 표현 매체로서 중요하다.

2 정원재료의 구성

정원재료는 사용범위가 넓어 종류도 많고 다양하게 분류할 수 있는데 일반적으로 생명성 존재 여부에 의한 분류, 소재 생산방식에 의한 분류, 용도에 의한 분류로 구분할 수 있다.

1) 생명성 존재 여부에 의한 분류

생명성 존재 여부에 의한 분류는 크게 정원식물재료와 정원시설물재료로 구분한다.

① 정원식물재료

생태적으로 건강한 환경을 조성하기 위해 정원을 조성하는 과정에서 사용하는 자연상태의 물질로 생명력이 유지되고 있는 재료를 말한다.

예 교목, 관목, 만경류, 지피류, 초화류 등 생물재료

② 정원시설물재료

생명력 및 생활 기능이 없는 물질로 인공적으로 만들거나 자연상태에서 취득하여 정원의 경관 조형 및 다양한 기능재로 활용하는 정원시설물, 첨경물 장식물 등을 말한다.

예 철재, 목재, 콘크리트, 유리, 합성수지, 점토, 석재 등 무생물 재료

2) 소재 생산 방식에 의한 분류

소재 생산방식에 의한 분류는 천연재료와 인공재료로 구분할 수 있다.

① 천연재료

사람의 힘을 가하지 않은 자연상태의 물질이나 다소간 형태의 변화는 있으나 본래의 물성은 변하지 않은 물질이다.

예 흙, 수목, 잔디, 초화류, 철재, 석재, 목재, 점토 등이 있다.

② 인공재료

자연상태의 물질에 물리적, 화학적 가공을 통해 공장에서 생산하는 것, 즉 인위적인 힘을 가하여 만든 것으로 자연상태에서는 없는 물질이다.

예 콘크리트 및 그 제품, 금속합금, 플라스틱제, 합성재료 등이 있다.

3) 용도에 의한 분류

용도에 의한 분류는 정원 자재와 정원용품으로 구분할 수 있다.

① 정원 자재

- 식물재: 교목, 아교목, 관목, 초화, 구근류, 만경목 등이 있다.
- 기반재: 배양토, 마사토, 비료 등이 있다.
- 멀칭재: 우드칩, 바크, 멀칭스톤 등이 있다.
- 포장재: 블록, 아스콘, 자갈, 황토 등이 있다.

② 정원용품

- 인테리어: 벤치, 파라솔, 조명, 퍼니처, 기타 장식물 등이 있다.
- 식재도구: 모종삽, 호미, 곡괭이, 전정가위 등이 있다.
- 전지 및 전정 도구: 잔디깎기, 전정가위, 톱 등이 있다.

3 정원식물재료

정원식물재료는 정원을 조성하는 데 가장 근간을 이루며 주택, 공원, 광장, 옥상, 가로 등 생활환경 주변의 정화와 미화 및 환경보전을 위해 심어지는 식물을 말한다. 정원식물의 범위는 대단히 넓다. 일반적으로 정원식물은 재배종과 원예종, 그리고 자생종으로 구분된다. 재배종은 원래 자생종이었던 수종을 오랜 기간에 걸쳐 재배해 온 것을 말하여, 원예종은 자생종을 보다 독특한 특징을 가지도록 인위적으로 육종 개량한 수종을 말한다. 그러나 때에 따라서는 산야에서 자연적으로 자라온 자생종을 굴취하여 정원수나 정원식물로 이용하는 경우도 있다.

정원식물은 기본적인 수형이 있고 계절 변화에 따라 나타나는 현상과 식물재료마다 각기 다른 수세가 있으며 이식의 과정을 거치는 특성이 있다.

정원식물의 조건[2)]은 다음과 같다.

- 수형이 아름다워 관상 가치가 있고 실용성이 있어야 한다.
- 이식이 쉽고 이식 후 활착력이 높아야 한다.

2) 산림청 수목재배

· 불리한 환경에서 잘 견디는 힘이 있어야 한다.
· 쉽게 다량으로 구할 수 있어야 한다.
· 병충해에 대한 저항성이 강해야 한다.
· 다듬기 작업 등 유지관리가 용이해야 한다.
· 주변 환경과 조화를 이루고 이용 목적에 부합해야 한다.

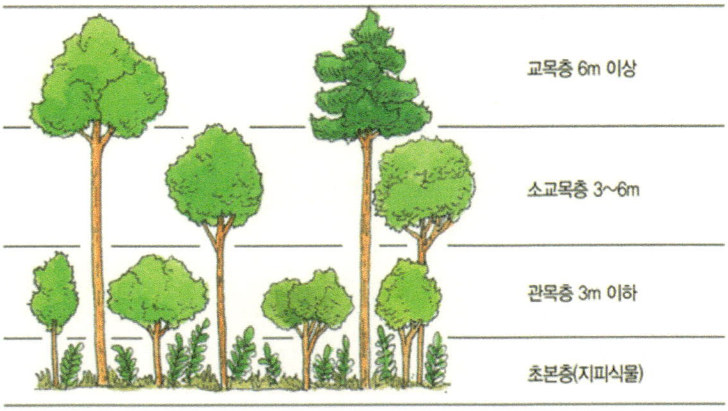

그림 4-1 성상에 따른 정원수 분류

3.1 목본류(Woody, 木本類)

목본류는 나무줄기 형태 및 나무 고유의 형상이나 크기를 기준으로 일반적인 분류를 하고 있는데 교목, 관목, 만경목으로 구분한다.

목본류의 일반적 특징

· 수형

나무의 경우 전체의 생김새는 수관(樹冠)과 수간(樹幹)으로 이루어진다. 수관은 가지와 잎이 뭉쳐서 이루어진 부분으로 가지의 생김새에 따라 형태가 만들어진다. 수간은 나무의 줄기를 말하며 수간의 생김새나 갈라진 수에 따라 전체 수형에 영향을 미친다.

- 계절적 현상

계절에 따라 싹틈, 개화, 결실, 단풍, 낙엽의 과정을 거친다.

- 싹틈: 나무의 눈은 일반적으로 지난해 여름에 형성되어 겨울을 나고 봄에 싹이 튼다.
- 개화: 일정한 연령이 되면 꽃눈이 형성되어 꽃을 피우고 열매를 맺는다. 수종이나 지역에 따라서 개화하는 시기가 다르다.
- 결실: 주로 가을에 열매를 맺는다.
- 단풍: 기온이 낮아짐에 따라 녹색 잎이 다홍색, 황색 또는 갈색으로 변하는 현상이다.
- 낙엽: 잎이 오래되어 동화작용이 쇠약해지거나 영양 상태 등이 부족하여 잎이 떨어지거나 마르는 현상이다.

- 수세

- 생장 속도: 양지에서 잘 자라는 식물은 생장이 빠르나 수형이 흐트러지고 바람에 약하다. 음지에서 잘 자라는 식물은 생장이 느리고 원하는 크기로 자라는 데까지 시간이 오래 걸린다.
- 맹아력: 가지나 줄기가 꺾이거나 다치면 그 부근에 숨은눈이 자라 싹이 나오며 맹아력이 강한 나무의 경우 전정에 잘 견디므로 산울타리나 형상수로 많이 사용한다.

1) 교목(Tree, 喬木)

뚜렷한 원줄기를 가지고 있고 대부분 곧게 자라는 나무이다. 성목이 되었을 때 나무의 높이가 5m를 넘으면 수간과 가지의 구별이 뚜렷하다. 수고에 따라서 대교목, 중교목, 소교목으로 세분화하기도 한다.

- **대교목**: 12m 이상 성장하는 나무 예 소나무, 전나무, 은행나무, 느티나무, 주목, 비자나무, 잣나무, 히말라야시다, 독일 가문비나무, 낙우송, 삼나무, 편백나무, 능수버들, 자작나무, 플라타너스, 칠엽수 등이 있다.
- **중교목**: 9~12m로 성장하는 나무 예 단풍나무, 감나무, 때죽나무, 층층나무 등이 있다.
- **소교목**: 4.5~6m까지 성장하는 나무 예 향나무, 동백나무, 배롱나무, 매화나무, 마가목, 살구나무, 자귀나무, 대추나무, 팥배나무, 붉나무, 반송, 단풍나무 등이 있다.

회화나무 단풍나무 벽오동나무 백합나무 칠엽수

그림 4-2 교목 예시

2) 관목(Shrub, 灌木)

보통 2m 이하의 수목으로 교목보다 키가 작고 수간과 곁가지의 구별이 분명하지 않으며 밑동에서 서너 개의 가지가 함께 자라는 나무이다. 꽃이 있는 관목을 화관목이라고도 하며 정원에서 키 큰 교목보다 눈높이에서 꽃을 감상하기에 좋다. 대관목, 소관목으로 세분화하여 활용하기도 한다.

- 대관목: 3~4.5m까지 성장하는 나무 예 돈나무, 쥐똥나무, 무궁화, 금목서, 박태기나무 등이 있다.
- 중관목: 1~2m로 성장하는 나무 예 해당화, 조팝나무, 싸리나무, 개나리, 화살나무, 병꽃나무, 피라칸사, 다정큼나무, 자금우, 팔손이, 골담초, 낙상홍, 좀작살나무 등이 있다.
- 소관목: 1m 이하로 성장하는 나무 예 수국, 철쭉, 모란, 눈향나무, 눈주목 등이 있다.

명자나무 쥐똥나무 사철나무 회양목 꽝꽝나무

그림 4-3 관목 예시

3) 만경목(Twiner, 蔓莖木)

목본성과 나팔꽃, 으아리 같은 초본성이 있는데 정원에서는 그늘시렁에서의 녹음수 또는 인공 담장등의 수직 시설에 피복용으로 식재한다.

- 목본형: 덩굴식물은 줄기, 잎, 꽃차례(화서)등의 일부가 변형되어 목질의 줄기를 가지고 나무나 다른 물체를 감는 형태로 생장하는 식물이다. 등나무, 칡나무, 청미래, 인동덩굴, 능소화, 담쟁이, 송악, 산포도, 노박덩굴, 담쟁이, 송악, 줄사철 등이 있다.
- 초본형: 나팔꽃, 으아리, 클래마티스, 작두콩, 여자, 관상용 박, 수세미 등이 있다.

담쟁이 능소화 송악 등나무 클래마티스

그림 4-4 만경목 예시

3.2 초본류(Herbaceous, 草花類)

풀 종류인 화초 또는 그 꽃을 말한다. 초화류는 생육단계가 짧고 대부분 아름다운 꽃이 피는 풀로 여러해살이 풀인 다년초多年草, 이년초二年草, 그리고 한살이 풀인 일년초一年草, 구근류 및 수생식물 등이 있다. 조경에서는 일반원예에서 취급하지 않는 야생초류와 수생초류 중에서 관상가치가 높은 것을 초화류에 포함하여 이용한다.

초화류의 구비조건은 다음과 같다.

- 모양이 아름답고 키가 크지 않아야 한다.
- 꽃과 가지가 많이 달려야 한다.
- 꽃의 빛깔이 선명하고 개화 기간이 긴 것이 좋다.
- 건조와 바람, 병충해에 강해야 한다.
- 환경에 대한 적응성이 높아야 한다.

1) 초화류

① 일년초 Annuals / 이년초 Biennials

일년초는 1년 안에 발아, 생장, 개화, 결실의 생육단계를 거쳐서 일생을 마치는 풀이며 이년초는 첫해에 싹이 터서 겨울을 나고 다음 해까지 자라서 꽃이 피고 열매를 맺은 뒤 죽는 초화이다.

- 춘파 일년초: 봄에 파종하면 그 해 꽃이 피고, 열매를 맺는 종류이다. 대부분 열대, 아열대 원산의 식물로 주로 여름부터 가을에 꽃이 핀다. 예 채송화, 메리골드, 코스모스, 해바라기, 천일홍, 봉선화, 한련화, 과꽃, 맨드라미 등이 있다.
- 추파 일년초: 종자 파종 후 종자 상태나 어린싹으로 겨울을 지내고 이듬해 봄에 생장을 계속해 꽃을 피우는 종류이며, 대부분 온대 원산의 식물로 봄부터 여름에 꽃이 핀다. 예 팬지, 페튜니아, 프리뮬라, 스타티스, 스토크, 금어초, 스위트피, 시네라리아 등이 있다.
- 이년초: 추파 일년초의 유년기가 길어 생활환이 해를 넘겨 이듬해 꽃을 피우기까지 보통 2년 정도의 기간이 걸리는 초화류이다. 예 물망초, 접시초, 캄파눌라, 석죽 등이 있다.

샐비어 　 백일홍 　 금어초 　 금잔화 　 데이지

그림 4-5 일년초 예시

② 숙근초 Perennials

숙근초, 여러해살이 풀이라고도 하며 3년 이상 사는 식물을 말한다. 겨울에 땅 위의 기관은 죽어도 땅 속의 기관은 살아서 이듬해 봄에 다시 새싹이 돋는다.

- 노지 숙근초: 내한성이 강한 숙근초로서 온대 및 아한대에서 서식하는 종류로서, 겨울에 지상부는 말라 죽지만 땅 속의 뿌리만 살아 생육을 계속한다. 예 꽃잔디, 작약, 용담초, 국화, 금계국, 원추리, 꽃창포, 옥잠화, 노루오줌 등이 있다.

- 반노지 숙근초: 내한성이 강하지 못하여 겨울동안 나뭇잎이나 볏짚으로 덮어줘야 월동하여 봄에 새싹이 나오는 숙근초이다. 예 카네이션, 국화 등이 있다.
- 온실 숙근초: 열대 및 아열대가 원산지로 내한성이 약하여 온실에서 길러야 하는 숙근초이다. 겨울에도 지상부가 말라 죽지 않고 생육을 계속하는 종류이다. 예 군자란, 안수리움, 카네이션, 거베라, 베고니아, 제라늄, 바이올렛 등이 있다.

노루오줌 매발톱 옥잠화 참억새 털수염풀

그림 4-6 다년초 예시

③ 구근류 Bulbs

다년초 중에서 온도·습도 등이 생육에 부적당하게 되면 잎·줄기·뿌리 등의 영양기관이 땅속의 양분을 저장하듯이 비대·변형되어 대개는 생육을 정지하며, 휴면상태로 되는 것을 구근초라고 한다. 구근초 중에서 튤립, 히아신스, 크로커스, 수선화, 백합, 아이리스, 아네모네 등과 같이 내한성耐寒性이 강하고 저온으로 인하여 꽃눈형성이 촉진되는 것을 추식구근秋植球根이라 하고 반대로 칸나, 글라디올러스, 다알리아, 아마릴리스 등과 같이 내한성이 약하고 꽃눈형성이 늦어지는 것을 춘식구근春植球根이라 한다.

구근의 종류는 다음과 같다.

- 인경(비늘줄기): 아랫부분의 잎줄기가 변형된 것으로, 여러 개의 인편(scale)이 모여 구를 이룬 형태이며 나리, 튤립, 히아신스, 아마릴리스 등이 있다.
- 구경(알줄기): 줄기의 마디 아랫부분이 비대해진 것이며 글라디올러스, 프리지아, 크로커스, 콜치춤 등이 있다.
- 괴경(덩이줄기): 지하 줄기의 끝이 비대해진 것이며 감자, 아네모네, 시클라멘, 칼라, 칼라디움 등이 있다.

- 근경(뿌리줄기): 뿌리 모양을 하고 땅속으로 뻗는 땅속줄기이며 연꽃, 칸나, 생강, 붓꽃, 독일 은방울꽃 등이 있다.
- 괴근(덩이뿌리): 뿌리가 비대해진 것이며 고구마, 다알리아, 라넌큘러스 등이 있다.

칸나 수선화 튤립 백합 히아신스

그림 4-7 구근초 예시

④ 관엽식물Foliage plants

주로 잎을 관상하는 식물로 잎의 형태, 색상 및 무늬 등이 매우 독특하거나 아름다워 잎만으로도 충분히 관상 가치를 지닌 식물로, 대부분 열대, 아열대 원산으로 고온다습한 환경을 좋아하며 그늘이나 반그늘에서 잘 자란다. 주로 실내정원 조성에 활용할 수 있다.

행운목, 몬스테라, 고무나무, 호야, 스킨답서스, 크로톤, 군자란, 산세베리아, 아나나스, 소철, 아레카야자, 종려죽, 보스턴고사리, 팔손이, 칼레데아, 디펜바키아, 쉐플레라, 페페로미아 등이 있다.

고무나무 보스턴 고사리 칼레데아 크로톤 아레카야자

그림 4-8 관엽식물 예시

⑤ 선인장과 다육식물Cactus, Succulents

대부분 사막같이 척박하고 건조한 곳에서 자생하며 고온건조한 환경에 강하다. 줄기나 잎이 다량의 수분을 함유한 식물을 '다육식물'이라 하고, 줄기가 비대해지고 가시나 털로 덮인 것을 '선인장'이라고 한다. 정원에서는 암석원, 건조지 등에 활용한다.

- 다육식물: 알로에, 칼랑코에, 꿩의 비름, 돌나물, 바위솔, 산세베리아, 꽃기린 등이 있다.
- 선인장: 기둥선인장, 게발선인장, 부채선인장, 비모란, 금호 선인장 등이 있다.

기둥선인장 부채선인장 돌나물 홍등 청화각

그림 4-9 선인장 및 다육식물 예시

⑥ 허브류Herbs

독특한 향과 효능을 가져 식용, 약용, 향신료 등으로 이용하며 꽃, 종자, 잎, 줄기, 뿌리 등의 부위를 사용한다. 예로부터 약초로 많이 사용했으며 방부, 살충을 위해 사용하기도 했다. 또한, 식물의 향기나 향미를 추출하여 향수나 조미료로 활용한다. 허브는 관광농원이나 식물원, 허브농원에서 허브가 가진 다양한 면을 활용하고 방식으로 활용된다.

한련화, 배질, 고수풀, 안제리카, 로즈마리, 라베지, 레몬밤, 말로우, 민트류, 스테비아, 라벤더, 레몬바베나, 케모마일, 배초향 등이 있다.

라벤더 로즈마리 페퍼민트 핫립 세이지 배초향

그림 4-10 허브류 예시

⑦ 수생식물 Aquatic plants

습지나 수중에 생육하는 식물로 생활사에 따라 정수식물, 부엽식물, 침수식물, 부유식물 등으로 분류한다.

- 정수식물: 뿌리는 물에 잠기고 줄기나 잎의 일부 또는 전체가 물 위로 뻗은 식물이며 연꽃, 부들, 갈대 등이 있다.
- 부엽식물: 뿌리는 물 속 토양에 정착하고, 잎은 수면에 떠있는 식물이며 수련, 가래, 마름 등이 있다.
- 침수식물: 식물체 전체가 물에 잠겨있는 식물이며 물수세미, 검정말, 붕어마름 등이 있다.
- 부유식물: 식물체 전체가 물 위나 물속에 떠다니는 식물이며 개구리밥, 부레옥잠, 물상추 등이 있다.

미나리 부들 갈대 부레옥잠 수련

그림 4-11 수생식물 예시

⑧ 그라스류 Grass

- Grass는 정확히 따지면 벼과 식물만을 의미하지만 일반적으로 벼과 식물처럼 잎이 좁고 긴 사초과, 골풀과 식물 등도 포함해서 부르곤 한다.[3] 볏과의 여러해살이풀이며 높이는 30~120cm이며, 잎은 흔히 뿌리에서 나고 선 모양이다. 여름에서 가을까지 연한 녹색의 작은 이삭으로 된 꽃이 원추圓錐 화서로 피고 목초로 쓰인다. 볕이 잘 드는 초원이나 황무지에서 자라는데 한국, 일본, 중국 등지에 분포한다. 볏과 식물을 통틀어 이르는 말이다.

- 무늬 참억새, 수크렁, 김의털, 은사초, 홍띠, 오스히멘시스 사초 에버골드, 노랑무늬사초, 노랑무늬풍지초, 세타게움수크렁, 털수염풀, 오스트로스티파, 흰줄갈풀, 팜파스그라스, 황금큰물사초, 코만스사초 등이 있다.

수크렁 김의털 은사초 홍띠 에버골드

그림 4-12 그라스류 예시

⑨ 채소류 Vegetables

- 주로 그 잎이나 줄기, 열매를 먹기 위해서 밭이나 화단에 기르는 초본식물이다. 채소의 육질에는 90% 내외의 수분을 함유하고 있어 영양상 칼로리원으로 의의가 적어 다이어트 식품으로 좋다. 비타민과 무기질이 풍부하여 체액의 산성화를 중화하는 알칼리성 식픔으로 체내에서 매우 중요한 기능을 한다. 부드러운 섬유소가 풍부하여 소화 기능을 돕고, 꽃과 함께 식재하여 볼거리와 먹거리 기능을 동시에 발휘할 수 있다.
- 배추, 양배추, 시금치, 상추, 아욱, 쑥갓, 치커리, 청경채, 들깨, 고추, 토마토, 수박, 딸기, 오이, 참외, 옥수수, 무, 당근, 연근, 감자, 고구마, 땅콩, 꽃배추, 브로콜리, 파, 쪽파, 마늘, 양파 등이 있다.

적환무 토마토 토란 옥수수 적근대

그림 4-13 채소류 예시

2) 지피류 Ground cover plants

지피식물은 지표를 낮게 덮는 식물을 통틀어서 이르는 말로서 숲에 있는 입목 이외의 모든 식물로 초본류, 잔디류, 이끼류, 넝쿨류 등을 포함된다. 지피식물을 심는 이유는 아름다운 지표면을 만들어 주는 미적효과, 표면에 탄력이 있고 감촉이 좋아 운동이나 휴식 때 쾌적한 상태를 유지해 주며 강우로 인한 진땅 방지, 흙먼지 방지, 동결 방지, 토양유실 방지 그리고 맨땅에 온도차를 적게 하는 기상 조절 효과가 있다.

① 지피식물의 필요성

- 주거환경변화에 의한 녹지의 상실과 녹지에 대한 요구도 증가하고 있다.
- 기존 녹지에 대한 기호변화에 따라 기능적, 경제적, 미적인 공간 창출을 위해 지피식물을 보급할 필요성이 발생한다.
- 조경 설계에 있어서 지피식물에 많은 관심 증대되고 있다.
- 보다 질 높은 녹지 환경 연출 재료로서 더욱 강조가 가능하다.

② 지피식물의 적용 범위

- 건축 공간의 내·외부 피복이 가능하다.
- 아파트 단지 및 공원 등의 미적인 녹화 소재로써 필요하다.
- 훼손지 복원을 위한 녹화 소재로써 필요하다.
- 수변부 경관 및 오염 정화를 위한 기능적인 녹화소재로 점차 이용확산이 되고 있다.

③ 지피식물의 기능

- 공간의 미화를 담당한다.
- 쾌적한 운동, 레크리에이션 장으로서의 제공이 가능하다.
- 땅의 질퍽거림 방지, 토양의 침식 방지 효과가 있다.
- 모래 및 먼지 날림의 방지 효과가 있다.
- 건축 구조물에서의 반사광 방지, 건축물 표면 균열 방지 효과가 있다.
- 미기후의 완화, 조절 기능이 있다.
- 에너지 절약 효과가 있다.
- 시각적으로 장애를 주는 건축물 차폐, 장식이 가능하다.

④ 지피식물의 조건

- 지표면을 낮고 치밀한 지표 피복을 할 수 있어야 한다.
- 번식력이 뛰어나고 생장이 빠른 수종이 좋다.
- 병충해에 저항성이 있고 유지 관리가 용이해야 한다.
- 다년생이면서 가급적 상록성으로 부드러운 질감이 좋다.
- 답압에 강하고 환경 조건에 잘 적응할 수 있어야 한다.
- 짧은 초장으로 초본류는 50cm 내외, 왜성 관목류는 50~100cm 정도가 적합하다.

⑤ 지피식물 종류[4)]

가. 초본성 지피식물

구분	내용
음지, 반음지에 적합한 지피식물	금창초, 애란, 둥글레, 양지꽃, 괭이밥, 부귀초, 솔나물, 이끼, 관중, 옥잠화, 맥문동, 호스타, 왜방풍, 광대수염, 눈개승마 등
양지에 적합한 지피식물	아프리칸 데이지, 사계패랭이, 꽃잔디, 송엽국, 꿩의 비름, 용담, 선로즈, 세덤, 기린초 가우라, 배초향, 금낭화, 야생 백리향, 바위꽃, 초롱꽃, 흰점 나도나물, 은쑥, 벌개미취, 원추리, 빙까 등
경사지에 적합한 지피식물	조릿대, 담쟁이, 마삭줄, 사사, 흰줄무늬사사, 송악, 아이비, 마, 갈대, 무늬갈대 인동, 조릿대, 구절초, 줄사철 등
해안가에 적합한 지피식물	해국, 털머위, 원추리, 흰대극, 해당화, 갯까치수영 등
건조지에 적합한 지피식물	송엽국, 기린초, 새덤, 기는향나무, 돌나물, 돌단풍, 바위채송화, 꿩의비름 등
습윤지에 적합한 지피식물	부처꽃, 꽃창포, 앵초, 동의나물, 쑥부쟁이, 자운영, 오이풀, 기린초, 제비꽃, 수련, 비비추 등

표 4-1 초본성 지피식물의 분류

나. 관목성 지피식물

눈주목, 눈측백, 옥향나무, 황금측백, 다정큼나무, 피라칸사, 회양목, 꽝꽝나무, 호랑가시나무, 식나무, 자금우, 돈나무, 남천, 백정화 등 상록 관목성 지피식물과 매자나무, 모란, 애기말발도리, 산수국, 히어리, 조팝나무, 꼬리조팝나무, 갈기조팝나무, 병아리꽃나무, 물싸리, 해당화, 명자꽃, 황매화, 개느삼, 땅비싸리, 화살나무, 부용, 보리수나무, 진달래, 철쭉꽃, 산철쭉, 영산홍 등 낙엽성 지피식물 그리고 등칡, 큰꽃으아리, 으름덩굴, 등수국, 등나무, 줄사철, 담쟁이덩굴, 개다래, 송악, 마삭줄, 능소화, 인동, 오미자 등 넝쿨성 지피식물이 있다.

다. 잔디류

잔디는 목초지 가축의 방목환경에서 오랜 세월 동안 적응되어 오면서, 지표면을 피복하는 특성이 우수한 화본과 사료작물에서 유래된 작물이다. 즉, 화본과의 다년생 초본으로 지피성, 내답압성 및 회복력이 있는 식물을 의미한다.

- 난지형 잔디
  - 난지형 잔디는 생육적온이 27~35℃로 열대, 아열대 및 온대 남부 지역이 원산지이다.
  - 국내에서는 일반적으로 4~9월 사이 생장하며, 여름 고온기에 잘 자라는 종류이다.
  - 대표적인 종류로는 버뮤다그래스와 한국잔디 등이 있으며, 국내에서 사용되고 있는 난지형 잔디는 내한성이 강한 한국잔디이다.
  - 한국잔디는 생육형이 포복·지하경형 잔디로 종자, 포복경 및 지하경으로 번식하며 내건성, 내서성, 내답압성, 병충해 및 공해 등에 강한 저투입형 잔디이다. 하지만 녹색유지 기간이 짧고, 잔디밭 조성에 많은 시간이 소요되며 손상을 받은 후 회복속도가 느린 단점이 있다.
  - 실무에서 활용되고 있는 한국잔디에는 들잔디, 금잔디, 비로드 잔디, 갯잔디 등이 있다.
- 한지형 잔디
  - 한지형 잔디는 생육적온이 15~24℃ 로 온대 북부, 한대 및 아한대 지역이 원산지이다.
  - 국내에서는 일반적으로 3~12월 사이 생장하며, 특히 봄과 가을에 잘 자라는 종류이다.
  - 한지형 잔디는 서양에서 목초지에 사용되고 있는 사료작물을 잔디로 개발하여 오늘날 전 세계적으로 이용하고 있는 잔디로 일반적으로 종자로 번식한다.
  - 국내에 활용되고 있는 대표적인 한지형 잔디에는 톨 페스큐, 세엽형 페스큐, 퍼레니얼 라이래스, 켄터키 블루그래스, 크리핑 벤트그래스 등이 있다.

4 정원시설물재료

정원 자재는 정원시설물재료와 정원용품을 모두 포괄하는 의미이다. 정원시설물재료는 정원설계 및 시공에 사용되는 재료이고 정원에 설치되는 울타리, 화분, 벤치, 휴게시설, 조명 등은 이러한 재료를 통해 만든 정원용품이다. 정원용품은 정원을 조성하는데 필요한 소품 또는 필요 장식물로서 정원 조성 목적과 관련하여 쓰이는 물건 모두를 총칭한다. 따라서 정원 자재는 정원을 조성하는 용도이고 정원용품은 정원이용 및 사후관리 용도 그리고 정원 내 휴식 및 여가의 용도이다.

4.1 정원재료의 구비 조건

- 사용 목적에 부합되는 품질을 가질 것
- 외부공간에 적절한 내구성을 가질 것
- 사용목적에 부합되는 미적 성질을 가질 것
- 대량 생산 및 공급이 가능할 것
- 가공 및 운반이 용이할 것
- 가격이 저렴하여 경제적일 것
- 친환경성이 높을 것

4.2 정원재료 선정 시 고려사항

- 재료의 산출상태, 제조 및 가공방법
- 재료의 역학적, 물리적, 심미적, 친환경적 성질
- 재료의 사용 조건에 따른 품질 기준 및 시험 방법
- 재료의 가공, 시공, 보관방법
- 제품의 생산 규격, 가격, 생산 및 수요 상황
- 재료의 내구성 및 유지관리 비용

4.3 재료의 친환경성

- 가능한 한 지역에서 생산되는 재료
- 가능한 가공이 덜 된 재료
- 취득, 생산, 운반, 설치에 소요되는 에너지가 최소인 재료
- 가능하다면 재활용이 가능한 재료
- 가능하면 석유와 관련이 없는 재료
- 내구성이 있는 재료
- 현재의 식생을 보호할 수 있고 생태 공학을 적용한 재료
- 생산, 설치, 처리 과정에서 독성 물질을 최소화한 재료

4.4 정원재료의 종류

1) 목재

목재는 자연에서 얻는 재료로, 재활용이 가능하고 친환경적인 재료이다. 목재는 용도에 따라 구조재와 마감재로 구분할 수 있는데 구조재는 강도 및 내구성이 크고 가격이 저렴한 목재를 사용한다. 주로 전나무, 소나무, 낙엽송, 삼나무, 미송 침엽수류이다. 마감재는 나무결 및 색깔이 미려한 목재를 사용한다. 침엽수로는 적송, 홍송 등이며 활엽수로는 오동나무, 느티나무, 박달나무, 단풍나무이다. 조경 분야에서는 대부분 목재를 구조재로 사용하고 있으므로 강도 및 내구성이 좋은 목재를 사용해야 한다.

서울정원박람회 가든퍼니처(2015) | 구로구 항동공원 데크길(2019) | 싱가포르페이버산 데크브릿지 (2019) | 쇼몽가든페스티발 우드칩포장(2018) | 런던 올림픽파크 놀이시설 (2017)

그림 4-14 정원에서 목재의 활용 사례

① 목재의 종류

통나무, 제재목, 집성목재, 우드칩, 합성목재, 탄화목재, 침목 등이 있다.

② 장점과 단점

장점	단점
· 인간과 친숙한 자연소재로 친환경성이 높다. · 가볍고 운반이 용이하다. · 절단, 구멍뚫기, 마감질 등 가공성과 마감성이 용이하다. · 재질이 좋고 촉감이 좋다. · 산, 알칼리, 염분에 강하고 열, 전기 등 전도율이 낮다. · 생산 사이클이 짧아 공사 기간을 단축할 수 있다. · 종류가 다양하고 색깔, 무늬 등 외관이 아름답다.	· 함수율에 따라 신축과 변형이 심하다. · 부패하거나 충해 및 풍해를 입기 쉽다. · 재질 및 섬유 방향에 따라 강도 차이가 있다. · 제품의 품질이 균일하지 않다. · 가연성이 있어 화재에 취약하다.

2) 금속재

금속은 잘게 늘어지고 휘기도 하며 뒤틀리고 얇게는 종이처럼, 두껍게는 돌보다 더 단단한 물성을 조이는 재료이다. 이렇듯 금속은 딱딱하지만, 돌처럼 딱딱하지 않고 유리처럼 얇지만 깨지지 않는, 고무처럼 유연하지만 쉽게 잘려나가지 않는 다양한 속성을 지닌 재료이다.[5)]

표면이 새로이 노출되었을 때 광택을 내고 전기와 열을 잘 전도하는 물질인 금속은 강도, 경도, 내마모성 등 역학적 성질이 뛰어나며 변형 및 가공이 자유로워 조경 및 관광 휴양시설, 건축, 토목 건설 공사에서 물리적 특성을 활용하여 구조재료, 부재료, 장식용으로 광범위하게 사용되고 있다.

① 금속재 종류

형상과 재질에 따라 분류할 수 있는데 먼저 형상에 의한 종류는 형강, 봉강, 강판, 강관, 철근, 선재, 연결 또는 이음새 등이 있고 재질에 의한 금속재 종류는 탄소강, 주철, 스테인리스강, 내후성 강재, 표면처리강, 비철금속 등이 있다.

② 장점과 단점

장점	단점
· 경도, 내마모성 등 역학적 성질이 뛰어나다. · 고유의 특유한 광택을 갖는다. · 열 및 전기의 양도체로 전성과 연성이 높다. · 변형과 가공이 자유로워 다양한 형상을 만들 수 있다. · 재질이 균일하여 대량 생산이 가능하다. · 불에 강하다.	· 비중이 크므로 재료의 응용범위가 제한된다. · 내산성, 내알칼리성이 작다. · 색채와 질감이 차가운 느낌을 준다. · 가공설비가 많이 필요하며 제작비용이 과다하다.

서서울호수공원 (2015) / 영국 첼시플라워쇼 (2018) / 프랑스쇼몽가든 페스티발(2018) / 영국 첼시플라워쇼 (2018) / 순천만국가정원 (2018)

그림 4-15 정원에서 금속재의 활용 사례

3) 석재

석재라 함은 조경, 건축, 토목, 조각 등의 재료로 사용될 수 있는 모든 돌을 총칭하며 돌은 장구한 시간 동안의 자연 현상에 의해 만들어진 재료로 지역적 지반 및 환경 특성을 내재하고 있으며 내구성이 강한 재료이다.

인류는 오래전부터 돌을 사용하여 건축물과 상징물 제작에 활용하였으며 우리나라도 탑, 첨경물, 계단, 다리, 성벽, 옹벽 등 석축 공사에 널리 사용했다. 과거에는 주로 구조재 및 의장재로 사용되었으나 철강재 및 콘크리트가 개발되면서 구조재로서의 사용이 줄어들고 있다. 석재는 색과 형태 표면가공을 통해 다양한 물성을 발현할 수 있어 조경 분야에서는 자연석을 이용한 첨경용, 또는 가공에 의한 옥외포장, 경계석, 옹벽, 석재 조형물 등으로 널리 사용되고 있다.

① 석재의 종류

모암, 원석, 다듬돌, 견칫돌, 잡석, 호박돌, 자갈, 장대석, 사고석, 마름돌 등이 있다.

② 장점과 단점

장점	단점
· 종류가 다양하고 외관이 장중하고 치밀하다. · 매장량이 풍부해서 구하기가 쉽다. · 여러 가지 표면처리가 가능하고 물갈기를 하면 광택이 난다. · 풍화작용이 적고 내구성, 내수성, 내마모성이 좋다. · 강도가 크다. · 가공성이 있으며 변형되지 않는다. · 압축강도가 크며 불연성이다.	· 가공하기가 어렵다. · 경도가 높으나 깨지기 쉽다. · 압축강도에 비해 인장강도가 약하다. · 비중이 커서 운반 및 시공이 불편하다. · 가격이 비싸다.

런던 첼시플라워쇼 앉음벽(2019) | 영국 맨체스터 계류(2018) | 런던 하이드파크 놀이시설(2017) | 싱가포르 벽천(2019) | 일본 삿포로시 놀이시설(2019)

그림 4-16 정원에서 석재의 활용 사례

4) 콘크리트

시멘트와 물, 모래, 자갈 그리고 강도를 위한 골재 및 혼화재료를 적절하게 배합하여 굳힌 혼합물을 말한다. 콘크리트를 배합하고 이를 비비고, 타설하고, 나면 수화반응이 일어나며 굳기 시작하고, 강도 발현 과정으로 이어진다.

콘크리트 타설 후 균질한 수화반응 유도하여 강도 발현시키는 과정을 양생Curing이라 한다. 시멘트와 물을 혼합한 것을 시멘트풀, 시멘트풀에 잔골재를 혼합한 것을 모르타르라고 한다. 콘크리트는 오늘날 건설 구조물을 만드는 데 있어 가장 중요하고 보편적인 재료로 조경분야에서는 구조물, 옹벽, 포장 등 다양한 용도로 사용되고 있다.

① 콘크리트 종류

무근 콘크리트, 철골 콘크리트, 레디믹스트 콘크리트, 프리캐스트 콘크리트, 투수 콘크리트, 노출 콘크리트 등이 있다.

② 장점과 단점

장점	단점
· 임의의 형상, 크기대로 구조물을 만들 수 있다. · 압축강도가 크며 필요로 하는 강도를 쉽게 달성할 수 있다. · 재료를 구하기 쉽고 운반이 양호하다. · 내화성, 내구성, 내진성, 내수성 등이 크다. · 다른 재료에 비해 시공이 용이하고 유지비가 적게 든다.	· 자체중량이 크므로 콘크리트 응용범위에 제한이 있다. · 압축강도에 비해 인장강도와 휨강도가 작아 철근을 통해 보강한다. · 건조 수축성이 있어 균열의 위험성이 있다. · 개조 및 파괴가 어렵다. · 경화하는 데 긴 시간이 소요되어 시공 일수가 길다.

서서울호수공원 폐허정원 (2016) / 삿뽀로시 플랜터(2019) / 삿포로시오도리공원 놀이시설(2019) / 영국첼시플라워쇼 오브제(2018) / 대전신세계백화점 옥상정원포장(2021)

그림 4-17 정원에서 콘크리트의 활용 사례

5) 점토

점토재는 흙을 모태로 만든 재료이며 이를 근간으로 하다보니 기본적으로 흙이 지닌 속성을 많이 가지고 있다. 가장 커다란 장점인 친근감과 안정감은 물론 어느 장소에서나 비교적 잘 어울리는 특성을 가지고 있다.

점토는 친근한 느낌을 주는 자연소재로 물을 가하여 반죽으로 만들면 점성이 생기고 잔모래 등의 제점제를 가하여 혼합하면 습윤 상태에서 가소성可塑性을 띠고 건조하면 강성剛性을 나타내며 고온에서 구우면 경화된다. 인간은 오래전부터 진흙으로 빚은 벽돌을 햇볕에 말려 건축재료 및 도기로 사용해 왔다.

① 점토의 종류

점토 벽돌, 타일, 테라코타terracotta, 기와, 세라믹 블록 등이 있다.

② 장점과 단점

장점	단점
· 내구·내화·내열성이 우수하다. · 방한·방서에 유리하다. · 종류가 다양하고 외관이 장중하다. · 재사용률이 높고 구조 및 시공이 용이하다. · 문양이 아름답고 친환경적인 재료이다.	· 점토 벽돌은 벽체에 습기가 차기 쉽다. · 풍압력·지진력·기타 인위적 횡력에 약하여 대규모 건물에는 부적합하다. · 습기 방지를 위해 공간 쌓기를 해야 한다. · 점토 벽돌의 경우 두께가 커져 실내유효 면적이 감소한다.

순천만국가정원 (2021) | 경기정원문화박람회 (2010) | 이천에덴파라다이스 호텔(2018) | 서대문 독립문공원 (2018) | 영국 런던 플라워 샵 (2017)

그림 4-18 정원에서 점토의 활용 사례

6) 합성수지

합성수지는 가소성 물질의 의미로 쓰이고 있으나 석탄, 석유, 천연가스 등의 원료를 인공적으로 합성시켜 얻은 고분자 물질을 말한다. 일정 온도 범위에서 가소성을 유지하는 고분자화합물을 총칭하는 플라스틱plastic과 같은 뜻으로 쓰이는 경우가 많다. 플라스틱이란 어떤 온도 범위에서는 가소성을 유지하는 물질로 정의되며 동물, 식물로부터 얻을 수 있는 수지상 물질인 목재, 피혁 등 천연수지에 대응하는 개념으로 이해할 수 있다. 우리말로는 수지라고 하는데 나무진과 같이 천연물에서 나온 것은 천연수지라고 부르는데 반해 석유나 석탄으로부터 뽑아낸 것은 인공수지 또는 합성수지라고 부른다.[6)]

서울정원박람회 그늘막(2018) | 서울대학교 빗물화분 (2018) | 거제 식물원 인조암(2021) | 서울정원박람회 장식물(2018) | 쇼몽가든페스티발 오브제(2018)

그림 4-19 정원에서 합성수지의 활용 사례

① 합성수지의 종류

폴리에텔렌Polyethylene수지, 폴리프로펠렌Polypropylene수지, 염화비닐Polyvinyl chloride수지, 아크릴Acrylic수지, 페놀PF수지 폴리카보네이트Polycarbonate수지, 요소UF수지, 멜라민MF수지, 에폭시EF수지 등이 있다.

② 장점과 단점

장점	단점
· 강도와 탄력성이 크고 가볍다. · 투광성 및 접착성이 있다. · 전기와 절연성이 있다. · 우수한 가공성으로 성형 및 가공이 자유롭다. · 착색이 자유롭고 광택이 좋다. · 내산성과 내알칼리성이 크다.	· 변색이 잘된다. · 저온 및 자외선에 약하다. · 열에 대한 팽창과 수축이 크다. · 내마모성과 표면의 강도가 약하다.

7) 유리

유리는 건물의 내부공간과 외부공간을 연계시키는 필수적인 건축재료일 뿐만 아니라 조경시설재료로서도 중요한 재료이고 금속과 마찬가지로 인류가 발견한 뛰어난 재료 중 하나이다. 외부공간을 밝히고 한기를 막아주며 구조물에 미관성을 부여하는 재료로, 온실, 간판, 장식벽, 건물 외벽, 바닥, 조형물, 열주 등으로 다양하게 사용되고 있다. 종래 유리가 갖고 있는 기능성에 더하여 보다 디자인성이 강해지고 조형적인 소재로 사용되고 있다.

① 유리의 종류

플로트 판유리 float plate glass, 무늬 유리 patterned glass, 망 판유리 wire glass, 강화유리 tempered glass, 접합유리 laminated glass, 복층유리 sealed insulating glass, 유리블록 hollow glass blocks, 재활용 유리 recycled glass 등이 있다.

② 장점과 단점

장점	단점
· 광선의 반사, 투과, 굴절, 흡수 및 분산등 광학적 성질을 가지고 있다. · 불연성과 내화학성이 있다. · 내구성과 경제성이 있다. · 형태 변화가 유연하고 색 효과가 다양하다.	· 깨지기 쉽다.

싱가포르 놀이시설(2018) / 영국 런던 식물온실(2018) / 영국 첼시플라워쇼 오브제(2018) / 싱가포르 창이공항 분수(2019) / 영국 런던 환승역 계단(2017)

그림 4-20 정원에서 유리의 활용 사례

5 정원시설

5.1 휴게 편익시설(가든퍼니처)

휴게시설은 휴게 및 휴식을 위한 시설로서 육체적, 정신적 휴식을 포함하는 여러 가지의 휴게 행위가 이루어질 수 있도록 만들어진 시설이다. 편익시설은 놀이, 휴식 등 옥외 활동을 보다 쾌적하게 지원할 수 있도록 만들어진 시설이다. 벤치, 야외탁자, 퍼걸러, 평상, 정자, 음수대,

화분대, 시계탑, 전망대, 주차장 등이 이에 해당된다.

특히 휴게 편의 시설에서 많이 차지하는 벤치, 탁자 등의 경우 목재는 부드러운 느낌과 촉감이 좋고 앉은 감이 좋으며 먼지가 쉽게 제거되고 온도 변화에 민감하지 않아 겨울에도 좋고 보수하기 쉽다. 단점은 쉽게 파손될 우려가 있다.

가든에서 휴식이 일상인 사람들(좌: 영국, 2017/우: 프랑스, 2017)

그림 4-21 휴게/편익 시설 활용

1) 퍼걸러

그늘을 만들어 그 아래 쉴 수 있게 만든 정원시설물이며 일반적으로 사방이 열려있고 목재나 금속 골격에 열린 지붕이 있어서 햇볕이나 일부 투과된다. 등나무, 포도나무, 노박덩굴 등 덩굴식물을 자라게 하거나 주변에 아름다운 정원을 조성하면 적당한 그늘과 아늑한 공간을 확보할 수 있다. 재료는 일반적으로 목재를 사용하지만, 금속이나 벽돌 소재를 사용하여 목재 부후의 단점을 보완할 수 있다.

2) 의자

휴식과 명상을 위해 활용하며 옥외공간에서 적절한 휴식을 제공함으로써 편안함과 즐거움을 느끼는 시설로 기능과 함께 첨경물 요소로도 이용되고 있는 시설물이다. 정원에 의자를 설치할 때는 여름에는 그늘이 겨울에는 햇빛이 들 수 있도록 나무의 위치를 고려해야 한다. 벤치는 일렬형, 병렬형 등 다양한 형태가 있는데 배치 형태에 유의하여 적소에 배치하며 활동적인 공간에는 평의자를, 정적 공간에는 등의자를 배치한다.

3) 탁자

휴게 공간이나 경관이 좋으며 개방감이 있는 곳에 배치하고 소음이 심한 곳이나 습지, 먼지가 많은 곳 등은 피한다. 탁자는 고정식과 이동식이 있다. 고정식은 두꺼운 목재나 무거운 석재로 제작한 것으로 한번 설치하면 이동이 어려우므로 최초 설치 시 주변 경관과 휴게공간의 위치를 고려하여 고정시키는 것이 좋다. 이동식은 가벼운 철재나 플라스틱류로 제작되어 정원의 원하는 장소에 언제든 설치할 수 있으나 내구성이 약한 단점이 있다.

4) 평상

의자와 탁자의 기능을 혼합한 시설물이며 주로 목재가 많이 쓰인다. 가족 구성원의 크기에 따라 결정하는 것이 좋으며 일반적으로 나무 그늘 밑에 설치하는 것이 여러 활동을 위해 좋다.

5) 그늘천막

퍼걸러나 정자 등 큰 규모의 휴게시설 설치가 어렵다면 작은 규모의 그늘 천막도 좋은 대안으로 활용될 수 있는 시설물이다. 그늘 천막의 종류는 여러 가지가 있는데 탁자, 의자, 파라솔 결합형과 자유로운 활용을 위한 단독형이 대표적으로 많이 쓰인다. 그늘 천막은 주택 정원에서 목재 데크에 올려놓는 경우가 대부분인데 따뜻한 햇볕이 내리쬐는 잔디마당 한가운데도 좋고 시원한 그늘을 만들어주는 정원수 아래에 설치하는 것도 또 다른 느낌의 휴식공간으로 그 역할을 확대할 수 있는 좋은 방안이다.

6) 바비큐 시설

정원에서 간단하게 고기를 굽거나 요리를 할 수 있는 정원시설물이다. 설치 장소는 테라스 주변으로 하여 접근과 활용이 편리하도록 하는 것이 좋다. 고정식과 이동식이 있으며 고정식은 방화 벽돌 등을 활용하고 바람의 방향 등을 고려하여 설치하고 이동식은 기성품으로 많이 나와 쉽게 구할 수 있지만, 소형이라는 단점이 있다. 재료는 주로 주물이나 철재로 만든 것이 많고 벽돌을 보조재로 사용한다.

tip. 재료 선정기준

- 휴게/편의 시설은 부드러운 느낌과 앉는 감이 좋은 목재를 사용한다.
- 플라스틱 벤치/탁자는 깨지기 쉽고 보수가 불가능하므로 바꿔 끼우기 쉬운 재료로 마련한다.
- 주변 환경에 어울리는 외관이어야 한다.

· 청결하고 유지관리가 쉬워야 한다.
· 재료는 안전성, 아름다움, 친환경성, 내구성, 유지관리성, 경제성 등 다양한 특성을 고려하여 종합적으로 판단한다.
· 목재, 철강재, 합성수지, 콘크리트 등 각 재료의 특성과 요구조건을 고려하여 선정한다.
· 각 재료의 특성에 적합한 마감 방법을 적용하고 목재류는 사용 환경에 맞는 방부처리방법, 철강재는 방식방법 등을 적용하여 내구성 및 유지 관리성을 높여야 한다.

빌라드성 파고라(프랑스)

위즐리 가든 벤치 (영국)

에덴파라다이스호텔 안내판(이천시)

히드코트메너가든 판매시설(영국)

순천만국가정원 그늘막/평상(순천시)

그림 4-22 휴게 편익시설 재료 활용 사례

5.2 경관 시설물

1) 수경시설

수경시설은 물을 가두어 이용하는 연못, 물의 수직적인 낙차를 이용한 인공폭포와 벽천, 물에 인공적인 힘을 가하여 물의 수직적인 분사를 이용한 분수, 도섭지와 인공개울 등의 시설과 물을 주재로 한 유사유형의 시설을 말한다.

물은 시각적인 효과를 주는 동시에 청각적인 효과도 지니고 있어 정원계획에 있어서 중요한 소재가 된다. 이러한 물의 특성인 청량감과 시각적인 아름다움을 살려 수경시설로 활용한다면 사람의 마음을 한층 더 자연에 가깝게 만들 수 있다.

show적 개념이 담긴 현대적 수경시설(싱가포르, 2019)

그림 4-23 수경시설의 활용 사례

① 분수

분수는 수직적인 수경 소품으로서 고여 있는 수평적인 연못에 배치하여 물의 순환을 돕고 시원하고 역동적인 느낌과 함께 청량감을 더해 줄 수 있으며 미술 조각에 분수를 설치하여 독립적인 수경 시설물로도 활용가능하다. 분수 내에 맑은 물을 유지하도록 패턴이나 질감이 고려되어야 하며 타일, 돌, 벽돌, 페인트 등 재료가 바닥 효과를 증진시킬 수 있다.

분수의 종류로는 우산형, 양초형, 고사형, 실크형, 파고다형, 안개형, 조각형 등 분사 형태에 따라 다양하게 선택 가능하다.

② 연못

연못의 위치는 정원부지 중에서 너무 습하여 다른 수목을 식재하기가 어려울 때 배수의 효과와 함께 색다른 물의 경관을 연출하고자 할 때 지면보다 1m 정도 낮게 파서 침상지를 만드는 방식으로 조성한다. 물이 새지 않도록 콘크리트나 타설 후 방수액으로 처리하거나 방수시트를 활용한다.

연못에 수련 등의 수생 식물을 식재할 때는 불필요한 증식을 막기 위해서 박스형 플랜터를 만들고 수생식물을 식재한 후 연못에 넣어야 한다. 또한 겨울이나 청소를 위해서 물을 뺄 수 있도록 배수공이나 물이 많을 때 물이 빠져 나갈 수 있도록 월류구를 설치한다. 조형분수를 놓아 시각적 청각적 효과를 높일 수 있다.

③ 물확 첨경물

정원면적이 작다고 해서 수경시설을 설치할 수 없는 것은 아니다. 소규모 공간에서도 전통적인 석조와 작은 수반을 맷돌이나 기와, 대나무 등과 함께 조화시켜 시각적으로뿐만 아니라 청각적으로도 즐길 수 있도록 분위기를 조성할 수 있다. 공간에 활력을 불어넣는 중요한 요소이다.

④ 벽천

수직벽에 설치된 수구로부터 물이 흐르도록 한 구조로서 일반적으로 분수와 함께 설치하는 데 넓은 면적을 요하지 않으므로 소규모 정원시설로서 적용이 쉽다.

벽천은 벽체와 토수구 및 그 밑에 놓이는 수반으로 구성되고 벽천의 단조로움을 해결하기 위해 장식용 화분이나, 조각, 조명등을 조화롭게 설치하기도 한다.

⑤ 계류

정원에 계류를 조성하여 흐르는 물의 모습과 소리를 통해 청량감을 증가시킬 수 있다. 인공 계류는 일반적으로 아래쪽에 물을 저장하거나 저수조를 설치하여 계류의 시작점까지 물을 다시 끌어 올려 순환시키는 방식이다. 경사도나 물의 양에 따라 펌프 동력의 크기를 조절해야 한다.

⑥ 도섭지

아이들이 즐겁고 천진난만하게 물놀이를 할 수 있는 계류형태 또는 소연못 형태로 조성되며, 비교적 작은 규모의 어린이 놀이터, 공원, 광장 등에 만드는 데 도섭지는 주변 자연 환경과 어울리고 연속성을 갖는 시설로 계획되어야 한다.

tip. 재료 선정기준

- 수경 시설물인만큼 내부식성이 확보된 재료의 활용이 필수이다.
- 방수포 등 누수 차단재료에 대한 품질 검수를 확실히 해야 한다.
- 유량, 유속이 충분히 계산된 수중펌프를 활용해야 한다.
- 수경시설 가동기간 또는 겨울철 휴지기에도 유지관리가 쉬워야 한다.
- 재료는 안전성, 친환경성, 내구성을 고려하여 종합적으로 판단한다.
- 목재, 철강재, 합성수지, 큰크리트, 석재 등 각 재료의 특성과 요구조건을 고려하여 선정한다.

에덴파라다이스호텔 폰드(이천시)	위즐리가든 분수 (영국)	파주출판단지 습지원 (파주시)	오도리공원 벽천(삿포르시)	여미지식물원 수반형 분수(제주)

그림 4-24 수경시설 재료 활용 사례

2) 포장(Paving) 시설

포장은 공간의 경계를 구획하고 통합한다. 포장은 산책로, 보행로, 공원도로, 광장, 운동공간 등 다양한 공간에서 필요하며 포장은 견고하고 아름답고 내구성이 있는 표면을 만들기 위해 자연적이거나 인공적인 재료를 의도적으로 포설하여 만든 것이다.

바닥을 이루는 물리적 요소로서 기능적, 미적 측면에서 옥외 공간의 질을 좌우하는 주요한 요소가 된다. 포장의 예로는 자갈, 벽돌, 타일, 석재, 콘크리트, 투수콘, 아스팔트 콘크리트, 목재, 잔디, 마사토와 같은 유형의 재료를 이용한 포장이 있다.

새로운 경험을 유발하는 포장길(좌: 프랑스, 2017/우: 이천시, 2018)

그림 4-25 포장 활용 사례

① 콘크리트 블록 포장

재료가 다양하고 비교적 시공과 보수가 용이하며 공사비도 저렴하다. 보차도용 콘크리트 인터로킹 블록(소형고압블럭)은 내구성과 강도가 좋으며 시공이 편리하고 경제성이 높다. 종류가 많고 색상이 다양하여 보도와 차도를 분리시키거나 공간을 색상으로 구분할 때 효과적이다.

② 벽돌 포장

질감과 색상이 친근감을 주고 보행감이 양호하다. 포장용 소성벽돌은 마모, 탈색이 쉬우며 동결융해의 저항력과 충격에 약하고 벽돌간의 결합력이 부족하다. 시멘트 벽돌이나 적벽돌이 주로 사용된다. 다양한 디자인이 가능하다.

③ 판석포장/디딤석, 디딤목

판석은 화강암이나 점판암을 자연스런 모양이나 규칙적인 모양으로 재단하여 사용한다. 평면 마감의 종류에 따라 다양한 질감과 광택을 연출한다.

정원 내 흥미를 부여하기 위해서 산책로와 같은 보조 동선에는 디딤석 및 디딤목 등을 이용할 수 있는데 디딤석은 징검다리의 느낌을 주는 소재로 일반적으로 형상이 고르고 지름이 300~400mm로써 두께 100mm 내외의 돌을 사용하는 것이 좋다. 흥미 유발을 위해 자연석이 아닌 맷돌과 같은 전통 생활 도구를 사용할 수도 있으며 최근에는 침목을 사용한 동선이 눈길을 끌기도 한다.

④ 자갈, 쇄석

자갈을 이용한 동선은 시각적으로 시원하고 쾌적한 느낌을 주나 보행에 불편함이 있으므로 보행의 편리함을 위하여 디딤목이나 디딤석을 함께 이용하고 그 외의 공간에 엣지 등으로 구획하여 포설한다.

⑤ 흙다짐 포장

흙다짐 포장은 흙에 시멘트와 다목적 토양개량제를 최적 함수비에 맞게 물과 혼연하여 이를 노상에 균등하게 깔아 기층과 표층을 겸하는 간이 포장 방식이다. 마사토 포장이나 강화다짐과 같이 자연적 질감이 요구되는 곳에 적합하다. 차량이 많이 다니지 않는 곳에 적합하며 통행이 많은 경우 훼손 우려가 있다.

tip. 재료 선정기준

- 지역특성: 보행 및 차량 교통의 유형, 이용빈도, 이용자의 특성, 기후, 환경을 반영한다.
- 기능성: 보행 및 차량 통행의 용이성, 미관, 용도 적합성, 분위기, 경관 등을 고려한다.
- 시공법: 포장의 품질과 시공비를 결정하는 요소, 시공 편의성 등을 반영한다.
- 소요비용: 생산비, 운송비, 현장 설치비 등 사업 예산을 고려한 재료를 선정한다.
- 유지관리 용이성: 신축, 팽창, 동결 융해로 인한 파손 오염 청소 용이성 등을 확인한다.
- 환경적 성능: 표면수 유출을 줄이기 위한 투수성, 소음 저감성, 충격 흡수성을 확인한다.
- 생산량이 많아야 한다.
- 내구성 및 내마멸성이 커야 한다.
- 보행 시 미끄럽지 않아야 한다.
- 외관 질감이 좋은 재료를 사용한다.

경춘선숲길 야자 매트포장(노원구)

옥상정원시멘트포장 (대전신세계백화점)

챌시플라워쇼 스틸포장(영국)

점토벽돌포장 (국립세종수목원)

쇼몽가든페스티발 자갈포장(프랑스)

그림 4-26 포장시설 재료 활용 사례

3) 경계 시설

정원의 경계를 그리는 울타리 혹은 담장은 사생활과 안전상의 이유로 정원에서 꼭 필요한 시설이다.

일반적으로 경계 시설물 재료는 돌, 금속, 목재, 콘크리트 등을 활용하지만 정원의 경우 생울타리형이 도입된다. 정원에서 경계시설의 역할은 위요감과 사생활을 보호하고, 편안한 상태에서 정원을 감상할 수 있도록 정원 공간의 분리와 강조, 불량한 경관의 차폐, 그늘의 제공 및 식물의 배경으로 사용되는 등 다양한 역할이 있다.

아름답고 사람 친화적인 경계(일본, 2019)

그림 4-27 경계시설 활용 사례

정원에서 경계시설의 유형은 담장형, 생울타리형, 복합펜스형, 경계블럭형, 볼라드형 등이 있다.

① 담장형

벽돌, 콘크리트 블록, 목재, 철재, 석재 등 주로 단일 소재를 활용하여 담장처럼 설치한 경계시설을 말한다. 사생활과 안전상의 이유가 많이 반영된 시설이다.

② 생울타리형

살아 있는 식물을 이용한 경계시설로서 철쭉, 회양목, 쥐똥나무, 측백나무, 사철나무 등 키가 작은 관목을 이용하며 정원 공간의 분리와 강조에 초점을 맞추고 정원 환경과 조화를 추구하는 경계시설이다.

③ 펜스형

두 가지 이상의 소재를 혼합한 경계시설로서 철재 펜스에 덩굴식물을 식재하여 유인하는 생울타리나, 장방형으로 길게 만들어진 석재 박스형 플랜터에 관목을 식재하여 경계시설로 활용하거나 외곽부의 자연석 쌓기 기단 위에 목재 방책 등의 경계시설 등이 있다.

④ 경계블럭형

정원 외곽 테두리선에 벽돌이나 콘크리트 경계블럭을 활용하여 화단을 만드는 방식으로 공간을 분리하거나 재료를 분리하는 방식이다. 규격화된 재료의 구입이 쉽고 시공이 간편하다.

⑤ 볼라드형

주로 보행인과 차량을 분리하기 위한 시설물이고 높이는 30~70cm, 배치 간격은 2m 정도이다. 재료는 내구성이 있는 석재나 철재가 많다.

tip. 재료 선정기준

- 생울타리의 경우 되도록 상록수이면서 지엽이 치밀한 수종이 유리하다.
- 맹아력이 강하고 아랫가지가 오래 가야 한다.
- 전정과 병충해, 공해에 강해야 한다.
- 펜스형은 디자인적 요소가 가미된 제품을 사용하는 것이 좋다.
- 부식이나 풍화에 대비한 재료를 사용해야 한다.
- 가급적 친환경적인 소재를 사용하고 정원의 분위기와 부합해야 한다.
- 지나치게 높거나 폐쇄적이지 않는 규모를 선택할 것이 중요하다.
- 시공이 용이해야 한다.

경춘선 숲길 게비온 담장(노원구) | 빌라드성 목재펜스(프랑스) | 쇼몽 스틸강판 엣지(프랑스) | 서울정원문화박람회 대나무펜스(서울시) | 베르사이유궁 목재펜스(프랑스)

그림 4-28 경계시설 재료 활용 사례

4) 옥외 조명시설

옥외 조명시설은 야경의 미관적 측면 제고는 물론 이용자들에게 안전성, 편리성을 제공하여 주는 기능을 한다. 또한, 공간에 쾌적성을 부여하고 경관의 특성을 강화시키며 야간 활동을 보호, 촉진, 연장하기도 한다.

조명은 각 공간 내에서 원근감, 공간감, 구체성, 구조적인 모양을 강조하고 부분 조명은 물체의 자연스러운 명암을 만들어 드라마틱한 효과를 나타낸다. 특히 정원 공간에서의 조명은 시설물의 인지효과, 심리적 안정성, 강조효과, 실루엣 효과 등과 같은 직·간접적 영향을 미친다.

밤이 더 아름다운 정원(경기전, 전주시, 2016)

그림 4-29 경관조명 활용 사례

정원에 쓰이는 조명은 기능에 따라 잔디등, 벽부등, 문주등, 바닥등, 보안등, 석부등, 수중등으로 구분되며, 배광 형태에 따라 직접, 반간접, 전반확산, 간접조명형으로 나뉜다.

① 벽부등

불특정 다수가 모이는 보도나 광장에 적절한 조도를 제공하고 계단, 건축물의 외벽, 데크 주변, 담장 벽면 등 수직면의 조명으로서 따뜻한 색조로 이용자들의 심리적 안정과 건축물의 미려함을 빛을 통해 제공하는 것이다.

② 수목등

상록수는 빛이 잎의 투과가 어렵기 때문에 잎의 표면, 또는 수목의 형상에 비추어 반사광으로 보이게 하는 것이 효과적이며 느티나무, 배롱나무 등 빛의 투과가 가능한 낙엽수는 내부에서 빛이 발산될 수 있게 하는 것이 효과적이다. 색온도가 높은 광원(수은등)은 푸른 식물을 더욱 푸르게 만들고 색온도가 낮은 광원(백열등, 할로겐등)은 수목의 줄기나 꽃의 색상을 더욱 강조한다.

③ 투사등

강조 조명이라고 하며 상징목이나, 조형물, 랜드마크, 등 선택적으로 조명을 비추면 공간이 가지는 특징을 효과적으로 연출해 낼 수 있다. 조형물이 평평할 경우는 하향투사, 요철이 많은 첨경물은 상향투사하여 조명하면 효과적이다. 투사등의 장점은 빛의 각도, 색상, 질감, 밝기에 변화를 줄 수 있다.

④ 녹지등

잔디등이라고도 하며, 화단을 따라 만들어진 동선상에 설치하여 동선도 유도하고 화단도 장식하는 효과를 기대할 수 있으며 조명의 방향은 하향이고 높이는 60cm 이하가 적절하다.

⑤ 수중등

정원의 수경시설 특히 분수나 연못, 벽천, 폭포 등에 사용하며 수중에 설치한다. 물의 깊이나 물의 투명도에 따라 조명효과는 다르게 나타날 수 있으므로 수질에 대한 병행관리가 필요하다.

tip. 재료 선정기준

- 광원의 색상은 자연광에 가까운 색상을 선택한다.
- 밝고 화려한 것보다는 튀지 않는 은은한 분위기의 조명이 좋다.
- 눈부심이 적어야 한다.
- 집중적인 강한 빛은 주변을 더욱 어둡게 만들기 때문에 가급적 피하는 것이 좋다.
- 정원 유형에 맞는 디자인 선택한다.
- 수중등은 감전 위험이 있기에 반드시 12V 저전압 조명기구를 사용한다.
- 조명의 기능과 미관을 구분하여 선택한다.
- 주간의 미관을 고려하여 조명을 선택하여야 한다.

경복궁 수목등 (서울시) | 정림사지 잔디등 (부여군) | 청계천 수중등 (서울시) | 우주정원 바닥등 (이천시) | 안압지 벽부등 (경주시)

그림 4-30 조명시설 재료 활용 사례

5.3 구조물

가든퍼니처를 설치하는 데 있어서 느낌이 다른 소재들을 무리하게 배치하면 혼란스러움을 주게 되므로 무엇보다도 연출하고자 하는 정원의 분위기를 고려하여 선택하는 것이 중요하며 정원의 주요 지점에 초점 역할을 할 수 있도록 배치하는 것이 좋다.

오브제와 함께 해서 하나가 되는 정원(좌: 일본, 2019/우: 서울, 2018)

그림 4-31 퍼니처 활용 사례

1) 가든 오브제

좁은 의미의 정원 소품이라 할 수 있으며 장식 소품은 정원 내에서 큰 비중을 차지하지는 않지만 정원의 장식적인 역할을 하며 정원미를 부각시킬 수 있는 요소이다. 채소원 같은 경우는 식물이 지지하고 장식적으로도 효과적인 오벨리스크obellisk도 좋은 선택이다. 정원에 새들이 찾아들 수 있도록 새집이나 새가 물을 먹을 수 있는 시설, 모이통 등도 필요한 장식물이다. 재료는 금속재나 석재 등이 잘 어울린다. 꽃이 있는 화단의 경우 나비나 곤충 장식물, 동물 장식물등 금속과, 점토, 석재, 나뭇가지 등을 다양하게 이용할 수 있다.

2) 조형물

조형물은 진입공간이나 정원의 주요 지점에 배치하여 감상의 대상으로 또는 정원의 전체적인 분위기를 좌우하는 요소로 활용할 수 있다. 유럽풍의 분위기를 조성하고 싶다면 청동이나 황동 등 비철금속을 소재로 하는 조형물을 사용하고 현대적인 분위기를 조성하고 싶다면 석재, 철재, 타일, 등을 소재로 하는 조형물을 배치하는 것이 일반적인데 소재의 종류가 워낙 다양하니 정원 분위기를 감안하여 꼼꼼히 살펴볼 필요가 있다.

3) 장식 화분

장식 화분은 이동성이 있어 정원의 환경이나 분위기에 따라 보완재로서 다양한 활용이 가능하다. 화려한 꽃이나 관목을 식재하여 계절별로 변화를 주거나 상록 위주의 화단에 화사한 꽃 화분을 섞어 배치하거나 광장이나 건물 앞처럼 평면적 화단으로 구성된 공간에 장식화분을 놓으면 화분 자체가 주인공이 되기도 한다. 장식 화분의 재료는 금속, 압축 플라스틱, 금속, 목재, 석재, 점토 등을 사용하는데 모던한 정원이나 평면적 화단에서는 단순한 느낌의 금속, FRP 등이 좋고 낭만적인 클래식한 정원에서는 목재나 석재 느낌의 화분이 어울린다.

tip. 재료 선정기준

- 조각, 조형물은 정원에 강한 이미지를 주기 때문에 신중하게 선택한다.
- 정원 규모나 정원 유형을 고려한 장식물의 크기 또는 형태를 결정한다.
- 벽이나 처마 등에 거는 행잉화분은 가벼운 재질을 사용한다.
- 장식 화분은 첨경물로서 디자인이 가미된 화분이 효과적이다.
- 느낌이 다른 소재들을 무리하게 배치하면 혼란스러움을 주게 되므로 무엇보다도 연출하고자 하는 정원의 분위기를 고려하여 선택한다.
- 장식물은 점토로 만든 옹기, 질그릇, 테라코타나 금속, 석재, FRP 등이 있는데 겨울철 동파 등을 고려하고 온도 변화에 강한 재료를 사용한다.

우주정원 생목 활용 벽화(이천시)	위즐리 가든 합성수지 장식물(영국)	스토우 가든 통나무 의자(영국)	쇼몽 갈대줄기 둥지형 쉼터(프랑스)	순천만국가정원 신문지 플랜터(순천시)

그림 4-32 가든퍼니처 재료 활용 사례

5.4 관리 시설

정원을 유지하고 관리하는 데 필요한 시설이다. 아름다운 정원이 최적의 상태로 계속 유지되기 위해서는 많은 관리와 노력이 필요하다. 고사된 식물을 대체하기 위한 예비 육묘를 길러내는 시설도 필요하고 겨울이 오면 추위에 약한 정원식물을 들여 보관해야 하는 온실도 필요하며 정원식물이 항상 건강하게 자랄 수 있도록 자양분인 거름을 만들어내는 퇴비장 시설이라든지 정원관리 과정에서 나오는 부산물의 처리장, 그리고 정원식물을 심고 전정하고 잡초를 제거하는데 필요한 각종 도구들을 보관하는 시설 등이 함께 갖추어져야 한다.

정원 유지관리를 위한 관리 보관시설 사례(영국, 2018)

그림 4-33 관리 보관시설 사례

1) 온실

각각 다른 식물의 생육환경이 안정정적으로 유지되도록 온도, 습도, 통풍, 햇볕을 조절하는 인공적 시설이다. 기후대가 다른 지역에서 서식했던 식물을 기르기도 하고, 온도 조절을 통해 일반 노지에서보다 빨리 꽃을 피우도록 개화 관리를 하기도 하고 비바람이나 추위에 약한 어린 묘목들을 보호하기도 하는 역할을 한다.

2) 묘포장

묘포장Nursery은 정원에 식재하게 될 어린 묘목이나 식물을 증식시키고 육묘하여 예비 정원수로 기르는 시설 전반을 의미한다. 대형 온실의 형태에서부터 온실보다 간단하며 시설비가 적게 드는 온상에 이르기까지 이용 목적에 따라 시설 차이가 많다. 묘포장의 기능은 예비 정원수의 육묘뿐만 아니라 정원가가 다양한 조건에서 식물생리를 파악하고 생육 사항을 점검하는 등의 많은 식물 생장 정보를 경험할 수 있는 시설이기도 하다.

3) 창고

정원을 관리하기 위해서는 여러 가지 관리 도구가 필요하다. 물조리개, 호미, 전정 가위, 예초기, 삽, 모종삽, 갈퀴, 관수 장비 모판 등은 비를 맞거나 외부에 노출되지 않아야 하는데 이런 도구들을 관리하기 위해서는 창고가 필요하다. 정원관리 시설로서 창고는 정원 장식물이기도 하므로 햇볕이 적당히 들고 습기가 없고 통풍이 잘되는 곳에 설치하는 것이 좋고 적절한 색상을 칠하여 예쁘게 배치한다면 정원의 장식 효과를 극대화 할 수 있다. 창고의 재료는 목재를 활용하는 것이 좋다.

4) 퇴비장

퇴비장은 정원관리 과정에서 나오는 부산물을 부숙시켜 거름으로 만드는 정원시설이다. 정원을 관리하다 보면 전정이나 예초작업, 잡풀제거, 낙엽처리 등 식물자재의 부산물이 계속적으로 나오는데 이런 유기물 자원을 모아 쌓아두면 미생물에 의한 분해 과정을 통해 양질의 친환경 퇴비가 만들어져 자원의 재순환이 되는 것이다. 퇴비장은 미생물 활동이 활발하도록 통풍이 잘되는 대신 너무 건조하지 않도록 하는 것이 중요하다. 오히려 수분이 다소 있는 환경이 퇴비장 여건에는 필요하다. 재료는 커다란 목재 상자 모양의 퇴비장이나 벽돌, 콘크리트 블록 등을 활용하는 것도 좋다.

tip. 재료 선정기준

- 작업 도구를 보관하는 창고는 주변 환경에 어울리는 외관이어야 한다.
- 온실의 구조재는 내습성 재료이거나 부식에 대비한 재료를 사용한다.
- 재료는 안전성, 아름다움, 친환경성, 경제성을 고려하여 판단한다.
- 목재, 철강재, 큰크리트 등 각 재료의 특성과 요구조건을 고려하여 선정한다.
- 목재류는 사용환경에 맞는 방부처리방법, 철강재는 방식 방법 등을 적용하여 내구성 및 유지 관리성을 높여야 한다.

별빛정원우주
매표소(이천)

Hermannshof
퇴비장(독일)

베스샤토 가든센타 묘
포장(영국)

에덴파라다이스호텔
온실(이천)

경기정원문화박람회
공구보관창고(부천)

그림 4-34 관리 보관 시설 재료 활용 사례

참고문헌

[단행본]

- 김규만(2021), 조경기능사 필기, 도서출판 책과상상
- 김봉찬(2021), 자연에서 배우는 정원, 한숲
- 김세천, 신상섭(2003), 조경시설재료학, 문운당
- 김종근 외 6명(2014), 테마가 있는 정원식물, 한숲
- 문현주(2021), 7단계 화단, Atelier Isu
- 산림청(2019), 이지가든 조성 가이드라인, 산림청
- 안영희(2020), 조경학 개론, 도서출판 광일문화사
- 이상석(2013), 조경재료학, 일조각
- 황용득(2011), 돌, 철 그리고 나무(재료의 미학), 도서출판 조경
- John Ormsbee Simonds(2008), Landscape Architecture, 보문당

[보고서, 매뉴얼]

- 국립수목원(2020), 2020, 정원산업 요소 및 현황
- 경기도(2020), 시민정원사 매뉴얼
- 농림축산부,(2021), 2020 화훼재배현황 농림축산식품부 자료실 게재
- 수원시(2018), 민간조경관리 매뉴얼
- 한국조경학회(2008), 조경공사표준시방서, 문우당
- RDA Interrobang 81호(2012), 정원가꾸기의 사회경제학

[학위논문]

- 윤덕규(2021), 도시화훼경관 유형화 및 장소별 유형 선호요인분석, 한양대학교 박사학위논문
- 이종견(2017), aT화훼공판장 현대화를 통한 화훼산업 발전 방향 연구, 건국대학교 석사학위논문
- 정운화(2009), 우리나라 화훼산업 현황과 발전 방향, 건국대학교 석사학위논문

[웹사이트]

- 구글 www.google.co.kr
- 국립수목원 www.kna.forest.go.kr
- 네이버 www.naver.com
- 농촌진흥청 www.rda.go.kr
- 산림청 www.forest.go.kr
- 트리디비 www.treedb.co.kr
- 한국표준협회 www.istandard.or.kr

조성편

PART 5

정원시공

1 정원공사의 특성

2 기초공사

3 식재공사

4 시설물

5 특수환경의 정원

5 PART 정원시공

1 정원공사의 특성

1.1 소규모 다공종

조경공사도 토목이나 건축에 비하여 공종별 규모가 작다고 하지만 정원공사는 조경공사보다 규모가 더욱 소량이고 다양한 복합공종으로 구성되어 있다. 따라서 자재 종류도 다양하지만 각 단위별 소요량이 적은 반면 재료단가가 높고 조달에도 어려움이 있다.

재료구입에 따른 경비 지출이 타 분야에 비하여 비교적 많이 발생하며, 공사의 산재성 등으로 작업효율이 낮은 것이 특징이다. 이러한 현실적 상황을 고려할 때 정원공사의 특수성을 감안한 시공계획을 수립하여 시공에 임하여야 한다.

1.2 작가에 의한 설계 및 시공

정원은 일반적인 건설공사와 같이 설계사에 의해 설계되고 시공사에 의해 시공되는 방법이 아니고 정원작가에 의해 계획, 설계, 시공, 관리가 모두 이루어진다. 따라서 설계비, 시공비의 차원이 아닌 정원조성비라는 명목으로 공사비만 받는 경우가 많다. 또한, 정원은 공사면허를 가지고 있으면 할 수 있는 공사가 아니고 하나의 작품으로 보고 가치를 인정해야 하는 특수성이 있다.

수목이나 자연석 등 자연상태의 소재를 표준화, 규격화하는 것에 한계가 있고, 심미적 가치를 가진다. 현재 정원작가는 여러 지자체에서 진행하고 있는 정원박람회를 통하여 등용되고 있다.

1.3 식물재료의 중심

일반적으로 공원은 자연환경에 조형물이나 시설물이 중심이 되거나 식물재료와 조형물 시설물이 적절히 균형을 이루는 공간으로 인식되고 있다. 반면에 정원은 식물재료가 중심이 되어야 하고, 특히 초화류가 중심이 되는 공간이라고 할 수 있다.

1.4 유지관리의 필요성

정원은 식물이 주 재료로 사용되기 때문에 조성 후, 관리에 따라 식물의 생육이 달라지므로 사계절 아름다움을 유지하기 위해서는 지속적인 관리가 필요하다. 특히 관수, 병충해 관리는 절대적으로 필요하다.

또한, 다양한 공종, 다양한 공법이 사용되고 있기 때문에 이에 맞는 적절한 유지관리가 필요하다.

1.5 시공시기의 한계

정원은 식물이 주 재료이기 때문에 식재가 가능한 시기에만 정원조성이 가능하다. 따라서 한여름이나 한겨울에는 정원조성에 한계가 있다.

또한, 특정한 목적을 가진 정원의 경우, 초화류의 개화시기 등과 맞아야 하므로, 정원조성의 시기에는 한계가 있다고 할 수 있다.

2 기초공사

2.1 정원토양

1) 정원에서의 토양의 정의

토양은 암석의 풍화산물과 각종 동식물로부터의 유기물이 혼합되어 기후·생물 등의 작용을 받아 변화되며, 그 변화는 환경조건과 평형을 이루기 위해 항상 계속되어 특정한 토양단면의 형태를 이루는 자연체로서, 이것은 엷은 층으로 지구표면을 덮고 있으며, 공기와 수분을 알맞게 함유하여 식물을 기계적으로 지지하고 양분의 일부분을 공급하여 식물생육의 장소가 되는 곳으로 정원을 조성하기 위한 가장 기본적인 요소이다. 또한, 정원에 조성되는 구조물에 걸리는 모든 하중은 결국 흙으로 전달되도록 되어 있어 토양은 중요한 구조체라고도 할 수 있다.

2) 정원에서의 토양의 역할

- 식물체를 기계적으로 지지한다.
- 식물에게 양분과 수분을 공급한다.
- 구조물의 하중을 견디는 구조체 역할을 한다.

2.2 토양의 구성

1) 토양 3상

토양을 이루는 기본적인 3가지 물질을 토양 3상이라고 한다. 고상·액상·기상의 3상으로 구성되며, 3상의 비율은 토양의 종류와 환경조건에 따라 상대적으로 달라진다.

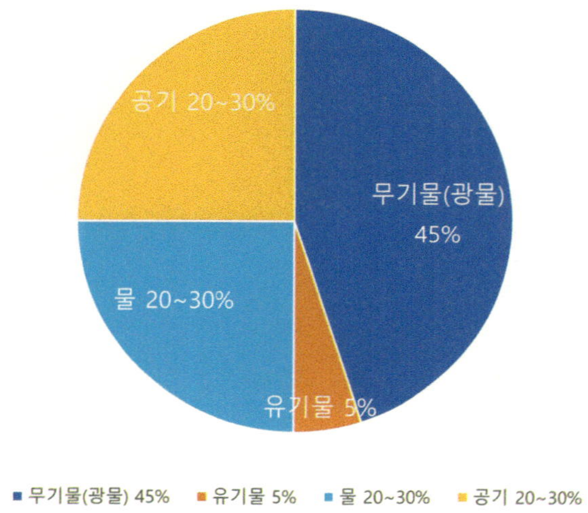

그림 5-1 토양의 삼상

① 고상

- 암석의 풍화산물인 무기물과 동식물로부터 공급되어진 유기물로 구성된다.
- 자갈·모래·미사 및 점토로 구성되어 있다.

② 액상

- 토양수분으로 각종 유기 및 무기물질과 이온을 함유한다.
- O_2나 CO_2도 녹아 있는 상태이다.

③ 기상

- 토양공기로서 대기에 비해 O_2 농도는 낮고 CO_2 농도는 높다.

2) 4성분

토양을 이루는 기본적인 4가지 물질로서 3상 중에서 고상을 무기물과 유기물로 구분한 것이다.

무기물 + 유기물 + 토양수분 + 토양공기

3) 정원조성에 유리한 3상의 비율

고상(무기물 45% + 유기물 5%) + 액상(25%) + 기상(25%)의 비율이 일반적으로 미사질양토에 해당되고 식물생장에 적합하여 식물을 많이 활용하는 정원에 가장 유리하다고 할 수 있다.

4) 3상의 비율과 식물생육과의 관계

땅 속으로 들어가면 갈수록 고상이 높아진다.

뿌리는 양분과 수분을 먹는 식물의 입이라고 할 수 있다. 또한 숨을 쉬는 코의 역할을 하기도 한다. 따라서 액상이 많아지면 숨을 쉬지 못한다(물풀은 예외). 배수가 나쁘면 잎이 떨어지고 심하면 식물이 살 수 없다. 즉, 액상이 높아지면 뿌리가 숨이 잘 쉬지 못하기 때문에 식물도 잘 자라지 못한다.

한편, 퇴비를 많이 주면 작물이 잘 큰다는 것은 당연한 사실이다. 퇴비는 영양제라는 이유이기도 하지만, 퇴비를 주면 기상이 많아져 뿌리가 숨을 잘 쉴 수 있기 때문이다. 유기물이 많을수록 토양이 보슬보슬해져 기상이 높아진다. 그래서 유기물이 많은 토양에서는 공기가 많고 산소가 많아서 작물이 잘 자란다. 부피로 따질 때 고상은 대체로 50%, 기상은 20~30%, 액상은 20~30%이지만 기상과 액상은 각각 평균 25%로 보면 된다.

① 기상과 액상이 큰 경우

- 경작지에 유리한 토양의 형태로, 부식이 많고 입단화가 될수록 기상과 액상의 비율이 크다.
- 작물생육에 유리한 토양이다.

② 고상이 큰 경우

- 미경작지의 토양으로, 점토나 모래가 많을수록 고상의 비율이 크다.
- 작물생육에 불리한 토양이므로, 경운을 하여 기상을 높여줄 필요가 있다.

5) 토양의 화학적 특성

① 토양산도(pH)

- 산성토양: 수소이온 생성물질 함유량이 높고, pH 7보다 낮은 토양으로 식물생육이 저하된다.
- 알칼리토양: 나트륨 함량이 양이온 교환용량의 15% 이상인 토양으로 pH 8.5보다 높은 토양이며, 식물생육이 저하된다.

② 보비력

- 건조토양 100g이 가지는 영양정도로, 양이온 교환용량(CEC)라고 하며, 높을수록 비옥하다고 할 수 있다.

6) 토양의 상태

① 자연상태

- 자연 그대로의 상태로 외력을 가하지 않은 자연지반, 절토량, 굴착토양을 의미한다.

② 흐트러진 상태

- 자연상태의 흙에 외력을 가하여 작업할 경우, 자연상태와 비교했을 때 흙 전체의 부피가 늘어난 상태로 느슨한 토량, 운반토량, 잔토량 등을 의미한다.

③ 다져진 상태

- 흐트러진 상태의 토양에 외력을 가하여 다졌을 때, 자연상태와 비교했을 경우 변화한 상태로 성토량, 매립토량, 완성토양을 의미한다.

2.3 정지공사

정지공사는 정원을 조성하기 위해 계획된 등고선과 표고대로 부지를 골라 정원을 조성함에 있어 시공기준면을 만드는 일을 말한다. 그리고 정원내의 배수를 위해 표면경사를 만들어 주는 것이기도 하다.

정원부지 전체를 일정한 모양으로 만들거나 식재수목에 필요한 식재기반을 조성하는 경우 또는 구조물이나 시설물을 설치하기 위해 가장 먼저 시행하는 공사이다.

정지공사는 절토와 성토작업으로 나눌 수 있다.

1) 유의사항

정원의 정지작업을 실시함에 있어 토양이 젖어 있을 때에는 정지작업을 하지 말아야 하며, 건조한 흙보다는 적정한 수분을 함유하고 있을 때 정지작업을 실시하는 것이 바람직하다.

정지부지의 배수상태를 파악하고 정지작업으로 인하여 새롭게 웅덩이가 생기지 않도록 하여야 하며, 정지작업 과정에서 발생하는 침식을 방지한다.

2) 절토

절토를 하기 전에 식물생장에 유용한 양분을 많이 가지고 있는 지표면 30~50cm 정도 깊이의 표토를 보존하여 재활용해야 한다.

절토를 실시할 때에는 비탈면 경사를 1:1로 하여 무너지지 않도록 해야 한다.

3) 성토

성토에 사용하는 흙은 입도가 좋아 잘 다져져 있어야 하며, 쌓인 흙이 흘러내리지 않도록 해야 한다.

정원 조성을 위해 성토할 때에는 지나친 다짐은 식물생육에 부적합하므로 자연상태의 토양과 같은 정도로 다짐해야 한다.

4) 정지작업의 순서

- 우선, 정지작업을 실시할 부지의 각 모서리에 말뚝을 박고 정지하려는 높이를 레벨기나 수평계로 확인한 후 표시한다.
- 그리고 설치된 기준선을 따라 2m 간격으로 중간 말뚝을 설치하여 마감 높이를 표시하여 정원의 전반적인 레벨을 맞춘다.
- 원하는 높이로 정지작업이 완성되면 말뚝과 기준선을 제거한다.

2.4 기초 토공사

1) 터파기

터파기란 구조물을 건설할 때 그 구조물의 일부나 기초를 구축할 경우, 그 부분의 흙을 파내는 것을 말한다산업안전대사전, 2004, 최상복.

터파기의 크기 및 방법은 정원의 구조물 혹은 식물의 규격이나 종류에 따라 달라진다.

터파기를 하기 전에는 주위에 장애물(상하수도관, 가스관 등의 지하매설물)이 있는지에 대하여 충분히 살펴야 하며, 거푸집, 흙막이, 방수, 잡석지정 등의 작업공간을 확보하기 위하여 터파기는 구조물보다 일정 크기 이상 확보할 필요가 있다.

2) 되메우기 및 잔토처리

되메우기란 구조물을 설치한 후, 터파기로 파낸 흙을 잔여공간에 되메우는 작업을 말하며, 잔토처리란 터파기한 흙에서 되메우기를 한 후 남은 잔여토량(기초구조물의 체적)을 버리는 작업이다. 절토와 마찬가지로 식물을 식재할 때에는 터파기할 때 표토를 채취하여 재활용한다.

2.5 관개공사

관개란 식물의 생육에 필요한 수분을 인공적으로 공급하는 것으로, 모든 정원은 식물이 생육하고 있기 때문에 반드시 관개가 필요하다.

관수량은 멀칭과 식물의 종류에 따라서 많이 달라질 수 있으며, 새롭게 식재한 초화류에는 최초 2주 정도는 2일에 하루는 관수를 하여야 한다.

식재한 식물들이 어느 정도 일정하게 자라고 있다면, 뿌리가 활착한 것으로 생각할 수 있으므로 관수 없이 식물들이 자라날 수 있을 것이다. 하지만, 컨테이너나 옥상과 같은 인공지반에 정원을 조성한 경우에는 지속적인 관수가 필요하다.

1) 일반 관수시설

일반 관수시설은 넓은 면적에 많은 양의 물을 살수하기 좋으며, 원하는 곳에 원하는 양의 살수를 할 수 있다. 일반적으로 밸브에 호스와 노즐을 연결하여 사용한다.

그림 5-2 일반관수시설(QC 밸브)

2) 점적 관수시설

점적 관수시설은 작은 구멍이 있는 점적 낙수기를 사용하여 물을 주는 방식으로 좁은 지역의 관수에 적합하며, 타이머를 사용하여 일정시간에 일정량의 물을 줄 수 있다.

점적 관수시설의 살수강도는 일반적으로 토양의 침투능력보다 크게 해서는 안 되며, 살수도중에 증발손실이 적게 되므로 허용한계강도 범위 내에서 가능한 한 크게 한다.

그림 5-3 점적 관수

2.6 배수시설

정원을 시공하는 데 있어 원할한 배수는 식물의 생육을 위해 반드시 필요하다. 특히, 정원의 식재지역 및 구조물 쪽으로 역기울기가 되어서는 안 되며, 식재지역에 타 지역의 유수가 유입되지 않도록 하여야 한다.

소규모 정원의 경우에는 정지작업을 통해 일정한 구배를 만들어 표면배수에 의해 물이 고이지 않도록 하는 것이 일반적이지만, 정원의 디자인이나 규모에 따라 배수시설을 설치하여야 하는 경우도 있다.

정원에서 주로 사용되는 배수시설로는 잔디수로, 돌수로, 맹암거, 빗물받이(집수정)이 있으며, 비교적 규모가 큰 곳에서는 U형측구를 설치하기도 한다.

3 식재공사

정원을 조성하는 데 있어 식재는 반드시 필요한 것으로 일반적으로 목본류인 교목과 관목을 먼저 식재한 후, 초본류를 식재하는 순서로 진행된다. 교목의 경우에는 기존의 수목을 그대로 활용하는 경우도 있으며, 이식을 하거나 새롭게 식재하는 경우도 있다. 특히 교목의 경우에는 식재하는 것도 어렵고 이식의 경우 고사하는 경우도 많으므로 식재 후 관리에 주의하여야 한다.

3.1 목본류 식재공사

목본류 중에서 교목의 경우에는 수목이 활착하기 좋은 시기에 식재하는 것이 중요하다. 일반적으로 3~4월, 9~11월이 좋다. 특히 봄에 식재하면 뿌리의 활력이 강한 때이기 때문에 쉽게 활착할 수 있으며, 가을에 식재하면 다음해 봄부터 왕성하게 자랄 수 있다. 가뭄이나 배수에 문제가 생길 수 있는 여름과 동해를 입기 쉬운 겨울철의 식재는 피하는 것이 좋다.

1) 식재구덩이 굴착

식재구덩이는 식재 당일에 굴착하는 것을 원칙으로 하며, 식재구덩이의 크기는 너비를 뿌리분 크기의 1.5배 이상으로 하고 깊이는 분의 높이와 구덩이 바닥에 깔게 되는 흙, 퇴비 등을 고려하여 적절한 깊이를 확보한다.

2) 객토

식재지의 토질이 적합할 경우에는 그대로 사용하고, 수목의 생육증진을 위해 유기질 비료를 혼합하여 사용하기도 한다. 반면에 식재지의 토질이 수목생육에 부적합한 경우의 채움흙은 전량 객토한다. 토질은 배수성과 통기성이 좋은 사질양토를 사용한다.

3) 식재

- 수목의 굴취, 운반, 식재는 같은 날에 완료하는 것을 원칙으로 한다. 부득이한 경우에는 가식 또는 보양조치 후 식재한다.
- 시비는 완숙된 유기질비료를 식재구덩이 바닥에 넣어 수목을 앉히며, 흙을 채울 때에도 유기질비료를 혼합하여 넣는다.
- 식재는 뿌리를 다듬고 주간을 정돈하여 식재구덩이의 중심에 수직으로 식재한다.
- 식재 시에는 뿌리분을 감은 거적과 고무밴드, 비닐끈 등 분해되지 않는 결속재료는 제거하는 것을 원칙으로 한다. 식재 시 식재구덩이내 불순물을 제거한 양질토사를 넣고 바닥을 고른다.
- 수목의 뿌리분을 식재구덩이에 넣어 방향을 정하고 원지반의 높이와 분의 높이가 일치하도록 조절하여 나무를 앉힌다. 잘게 부순 양토질 흙을 뿌리분 높이의 1/2 정도 넣은 후, 수형을 살펴 수목의 방향을 재조정하고, 다시 흙을 깊이의 3/4정도까지 추가해 넣은 후 잘 정돈시킨다.
- 수목 앉히기가 끝나면 물을 식재구덩이에 충분히 넣어 흙이 뿌리분에 완전히 밀착되고 흙속의 기포가 제거되도록 한다.

4) 수형정리

수목식재 후에는 수형을 정리하고 바람직한 성장을 유도하기 위하여 정지·전정한다. 정지·전정은 위에서부터 아래로, 우측에서 좌측으로 돌아가면서 정리한다.

3.2 초본류 식재공사

정원에서 사용되는 초본류의 대부분은 관상용의 꽃과 잎, 열매를 가지고 있으며, 관상시기를 고려하여 식재하면 아름다운 정원을 꾸밀 수 있다. 일반적으로 대부분의 초본류는 원예시

장에서 쉽게 구매할 수 있으며 식재하는 방법도 목본류에 비하여 간단하지만, 식물의 특성에 맞게 식재하여야 고사하는 것을 방지할 수 있다.

1) 재료

- 지피식물: 지표면에 생육하면서 지면을 피복하는 식물을 말한다. 지피식물은 수목의 하부에 식재하여 경관을 조성할 때 또는 경사면에 지피식물을 심어 표토 유실의 보호 조치로 이용된다.
- 지피 및 초화류는 줄기, 잎, 꽃눈의 발달이 좋고 포기의 공극이 치밀하여야 하고 뿌리발육이 양호하며 병충해의 피해가 없는 생육이 왕성한 것이어야 한다.
- 지피류, 초화류, 야생초화류 및 습생초화류는 POT로 재배한 것을 사용하여야 하며 불가피하여 감리원이 승인한 경우는 야생채취품을 사용할 수 있으며 재배품 이상의 품질을 가져야 한다.
- 분얼규격은 지정 수치의 분얼을 가져야 하며 분얼의 발육상태는 균일하여야 하고 분얼되어 일정기간이 경과하여 성장한 것이어야 한다.

2) 식재

- 정원작가가 의도한 식재수종, 디자인에 따라 면정리가 끝난 식재지에 스프레이 마카 등을 이용하여 수종별 식재구역을 표시한다.
- 1㎡당 36본을 기준으로 식재수종을 식재구역에 배치하는데, 일반적으로 15cm 간격을 유지하여 식재하는 것이 일반적이지만, 디자인에 따라 식재간격을 조정할 수 있다.
- 식재하는 방법은 식재하려는 위치에 뿌리분보다 크게 흙을 파낸 후, 뿌리가 상하지 않도록 주의하면서 심은 후, 충분히 관수한다. 그리고 나무껍질이나 화산석을 사용하여 멀칭하는 것이 좋다.

3) 관수

- 강우로 인하여 토양이 습윤상태일 경우를 제외하고 식재 후부터 활착 때까지 정기적으로 관수하여야 한다.
- 식물이 활착한 이후라도 가뭄이 들거나 건조할 때는 지체 없이 관수하여야 한다.

4) 혼합식재

혼합식재란 제한된 면적 안에 여러 가지 식물을 이용, 연중 아름다움을 표현하는 식재패턴이다. 따라서 다양한 식물들의 개화기와 꽃의 색, 그리고 생태적인 특성을 필히 고려해야 하며 이들의 조화와 다양한 변화를 살려야 하는 식재기법이다.

그림 5-4 혼합식재(Millenium Park)

기존의 일반적인 식재패턴은 군식을 해왔기 때문에 꽃피는 시기가 지나면 볼거리가 없어지지만 혼합식재는 다양한 식물의 꽃의 색, 개화기, 초장, 휴면기, 엽색 등 모든 특성을 고려하여 알맞게 혼합 배치함으로써, 봄·여름·가을 계절별로 서로 다른 이미지의 경관을 느낄 수 있다.

혼합식재는 대부분의 색상을 시기별로 표현할 수 있고, 거의 연중 관상가치를 극대화할 수 있다. 한 번의 식재로 몇 년을 특별한 관리 없이 유지할 수 있으며 일부 식물만을 교체하더라도 자연스럽게 다양한 변화를 연출할 수 있다.

위와 같이 혼합식재를 잘 표현해내기 위해서는 다양한 고급종의 숙근지피식물의 적용이 필수적이다.

적용되어진 다양한 품종은 대부분 장기 개화되고 잎의 질감이 뛰어나다. 그리고 계절을 대표하는 화려한 꽃과 식물의 폼이 좋은 고급품종으로서 계절별로 다양한 경관이미지를 가능하게 한다.

5) 사계절 식재

사계절 볼거리로 가득한 정원을 조성하기 위해서는 반드시 개화기를 알아야 한다. 서로 다른 개화기를 적절하게 사용하여 계절마다 다른 꽃을 볼 수 있게 일정비율로 식재해야 한다. 개화기는 지역별로 다를 수 있고, 정원의 주변환경 여건에 따라서도 차이가 날 수 있으므로 사전조사를 철저하게 해야 한다.

사계절 화단을 조성할 때에는 겨울정원을 우선 디자인하여 상록수 위주로 우선적으로 배치한 후, 다른 계절의 식물을 적절히 배분해서 식재하는 것이 좋다. 특히, 계절에 맞는 구군류를 활용하면 풍성한 볼거리를 제공할 수 있다. 수선화와 같이 이른 봄에 피는 구근류를 심어두면, 식물이 자라기 전에 꽃이 피기 때문에 봄을 맞이하는 느낌을 가질 수 있다.

그라스 종류는 봄부터 가을까지 다양한 질감과 색상을 제공할 수 있다. 또한, 겨울에도 질감이 유지되어 사계절 화단에 사용하기 좋다.

4 시설물

4.1 자연석 쌓기

1) 경관석 놓기

- 시선이 집중되는 곳이나 포인트가 되는 곳에 단독이나 여러 개를 배치하여 감상효과를 높이는 데 사용하고, 자연의 형상을 표현하기도 한다.
- 경관석을 단독으로 놓을 때에는 경관성의 선정이 중요하고, 형태, 높이, 길이 등을 고려하여 놓아야 하고, 여러 개를 배치할 때에는 홀수로 놓는 것이 일반적이고 주석과 보조석을 조화되게 놓는다.
- 경관석 주변으로 관목이나 초화류를 식재하여 경관을 연출하여 마감한다.

그림 5-5 경관석 놓기(여강한글정원)

2) 디딤돌 놓기

- 디딤돌은 보행을 위해 설치하는 것으로 디딤돌의 한쪽 면은 평평한 자연석을 사용하거나 판석 등으로 가공된 제품을 사용하기도 한다.
- 디딤돌은 사람들의 통행에 불편함이 없도록 간격을 조절해야 하고, 디딤돌을 설치할 때에는 터파기를 한 후, 디딤돌을 놓은 후, 흙채움을 한 후 고무망치로 수평을 맞춘다.

그림 5-6 디딤돌 놓기
(2019 청주가드닝 페스티벌, 김새롬 작가, 조이풀가든)

3) 징검돌 놓기

- 연못이나 수경시설을 건너기 위해 놓는 것으로 미끄럽지 않은 표면을 가진 석재를 사용한다.
- 일반적으로 자연석 그대로보다 가공한 제품을 사용한다.

그림 5-7 징검돌(태화강정원박람회 쇼가든, 이상국작가, 시간의 숲)

4.2 펜스, 담장, 생울타리

정원에는 다양한 수직적인 요소가 존재한다. 펜스나 담장, 생울타리와 같은 것과 퍼걸러나 아치와 같은 것이 있으며, 이러한 것들은 높이감을 표현하여 시각적인 즐거움과 함께 프라이버시의 보호를 할 수 있으며 구역을 설정할 수도 있다. 또한, 수직적인 요소는 정원 자체의 느낌을 바꿀 수 있다.

1) 펜스

펜스는 비교적 저렴하며 쉽게 설치가 가능하여 전문적인 지식이 없어서 설치가 가능하며, 트레일리스와 같은 형태로 꾸밀 수도 있다.

펜스는 주로 목재를 사용하게 되며, 목재를 사용한 경우에는 2~3년에 한번은 오일스테인 처리를 해주어야 변형이 가지 않는다.

그림 5-8 KEW GARDEN

2) 담장

담장은 가장 확실하게 구역을 표시할 수 있으며, 안전하고 관리가 거의 필요 없다. 하지만 설치할 때 견고하게 하지 않으면 기울거나 재료가 이탈할 수 있으므로 시공 시에 주의해야 한다.

그림 5-9 담장(태화강정원박람회 이주은 작가, 강으로 돌아온 아이)

3) 생울타리

생울타리는 가장 아름다운 방법으로 구역을 설정할 수 있으며, 소음과 빛, 바람, 먼지 등을 차단할 수도 있다. 하지만 생울타리는 펜스나 담장에 비하여 공간을 많이 차지하고 지속적인 관리가 필요하다.

그림 5-10 생울타리(Versailles garden)

4) 시공방법

담장 및 난간이 대지경계선에 연하여 설치되는 경우에는 확정된 경계에 따라 설치하되, 담장기초가 경계 밖으로 나가지 않도록 해야 한다.

담장의 기초지반은 부등침하가 없도록 충분히 다져야 하며, 비탈면에 시공하는 벽돌 및 블록담장의 경우 상단이 수평으로 유지되도록 기울기에 따라 마감하여야 한다.

벽면은 기울어짐이 없도록 정확히 수직을 유지해야 하며 설계도서에 따라 일정구간마다 지지를 위한 기둥이나 그와 유사한 구조로 보강하여야 한다.

4.3 가든퍼니처

1) 가든퍼니처의 특성

가든퍼니처는 정원을 사용하는 데 있어 편의를 제공하기도 하며, 수직적인 볼거리를 제공하기도 하며, 포인트가 되는 가든퍼니처는 디자인적으로 정원을 완성하기도 한다.

가든퍼니처에는 퍼걸러, 벤치, 정자, 아치 등이 있다.

2) 퍼걸러

정원에 덩굴식물을 올리기 위해 설치한 시설로 옥외에 그늘을 만들기 위해 설치된 기둥과 보로 이루어지는 구조물을 말하며, 휴게공간, 전망대 등으로 이용되는 것이 일반적이다[대한건축학회 건축용어사전].

그림 5-11 퍼걸러(2018 일본도시녹화페어)

3) 벤치

벤치의 용도는 휴식·독서·대화·사색·기다림·관상·식사 등 다양하다. 설치장소로서는 나무그늘·잔디밭·화단 부근·물가, 휴게장소의 안팎, 건물 벽면의 전면 등으로서 다른 이용자의 움직임으로부터 독립된 곳이 좋다. 퍼걸러pergola나 쉘터하우스shelter house 등의 휴식시설과 함께 사용할 때는 그 양식과 디자인이 조화를 이룰 수 있는 생김새를 갖추도록 하는 것이 좋다[두산백과].

그림 5-12 벤치(2018 서울정원박람회, 김인선 작가, 피크닉을 즐기는 N가지 방법)

4) 정자

일반적으로 전통정원이나 산수가 좋은 곳에 쉬거나 풍류를 즐기며 주변 경치를 감상하기 위해 설치되며, 벽 없이 기둥과 지붕만 있게 지어진 것을 말한다.

그림 5-13 순천 유선원의 와선정

5) 아치

벽돌이나 석재의 조적조에서 개구부를 하나의 부재로 지지할 수 없는 경우에 쐐기 모양으로 만든 부재(굄돌)를 곡선적으로 개구부에 쌓아올린 구조를 말하며[두산백과], 정원에서는 덩굴을 올리거나, 게이트나 통로로 사용된다.

그림 5-14 아치(2019 BUGA Heilbronn)

6) 시공방법

가든퍼니처는 디자인적으로 특별한 의도가 없는 한 정확한 균형을 이루며 종횡부재는 정확하게 조립되어 유동이 없도록 한다.

목재시설의 부재연결은 볼트나 쐐기를 이용하여 연결하고, 철재시설은 용접 등 설계도서에 따라 연결하여야 한다.

4.4 수경시설

1) 수경시설

정원에 설치된 수경시설은 그 종류나 규모를 막론하고 주목받는 요소이다. 작은 규모의 수경시설도 정원의 포인트가 되기도 하며, 큰 규모의 수경시설은 새로운 생태계를 만들기도 한다. 특히 흐르는 물이 주는 청량감은 정원의 즐거움을 배가되게 한다.

하지만 수경시설은 전문가가 아니면 쉽게 설치하기 어렵고 지속적인 관리가 필요하다. 관리를 하지 않으면, 흉물이 되기 쉬우며 해충도 발생하기 쉽다.

2) 분수, 벽천 및 폭포

분수는 정원에 있어 랜드마크와 같은 역할을 하면서 청량감과 동시에 휴식공간을 제공한다. 분수와 같은 수경시설을 설치할 때에는 수리계산을 실시하여야 하므로 설비시스템에 대한 이해가 필요하며, 방수를 철저하게 시행해야 한다.

그림 5-15 벽천(동탄여울공원, 홍광표 작가, 몽탄원)

벽천을 설치할 때에는 인공구조물의 부등침하에 의해 물의 순환이 자연스럽게 연출되지 않거나 연출자체가 되지 않는 경우가 많으므로 구조물의 설치에 유의하여야 한다.

폭포의 경우에는 자연석을 사용하여 벽천을 만드는 것으로 생각하면 되며, 기본적인 구조는 벽천과 동일하다. 또한, 물이 정원에 튀는 것을 방지하기 위해서는 낙하폭보다 2배 이상의 수조를 설치하여야 한다.

그림 5-16 분수대(2018 세계 플라워 가든쇼, 이시하라 카즈유키, 꽃의 낙원)

3) 연못 만들기

정원에 설치된 연못은 식물에게 활력을 주고, 새로운 생태계를 만들 수 있는 장점을 가지고 있다. 이러한 연못을 만들 때에는 반드시 얼마나 청결함을 유지할 것인가이다. 고인물은 반드시 썩지만, 흐르는 물은 항상 깨끗함을 유지할 수 있다. 만약에 정원 주변에 충분한 수원이 있으면, 계속 흘려보내는 것이 가장 좋지만, 그렇지 않다면 펌프를 이용하여 강제로 순환시키는 방법이 있다.

펌프를 사용하여 순환시키고 노즐을 통해 산소와 물을 결합시키는 방법은 가장 일반적인 방법이지만, 규모가 커지면 효과가 적어지므로 정수장치를 사용해야 한다.

그림 5-17 연못(거창 창포원)

4.5 포장시설물

정원포장은 정원 내의 휴식공간 혹은 이동공간에 사용되며, 포장면의 지지력 확보, 토양의 유실방지, 평탄성 확보, 통행성 확보와 같은 기능성 확보와 함께, 정원의 디자인요소로서의 미적 분위기 조성 등 정원의 구성요소로도 사용된다.

1) 경계 설치

경계는 서로 다른 포장지역의 구획을 구분하는 것으로, 주로 석재를 사용하지만, 최근에는 알루미늄과 같은 철재제품도 사용되고 있다.

① 화강석, 콘크리트 경계석

화강석이나 콘크리트를 일정한 규격(1m)로 가공한 것으로 포장면과의 경계에 가장 많이 사용되는 제품이지만, 미관상 정원용 경계로는 자주 사용되지 않는다.

② 석재(블록) 경계석

식재면 경계부분의 땅을 파, 경계용 자재를 설치할 수 있도록 한다.

석재나 블록의 경우에는 밀착하여 설치하지 않고 줄눈을 설치하여야 하고, 자재들이 수평으로 잘 설치되었는지, 높이 차이는 없는지 확인하여야 한다.

③ 알루미늄 엣지

정원이나 화단 등, 자연스러운 곡선을 연출하기 위하여 개발된 제품으로 상부노출이 거의 없어 시각적으로 자연스럽게 마감할 수 있다.

알루미늄 경계는 별다른 기초 없이 바로 시공이 가능하다. 원하는 곳에 알루미늄 경계를 원하는 모양으로 설치한 후, 고정핀 등을 사용하여 고정한 후, 상부에 포장재나 토양 등을 포설하면 마무리된다.

④ 목재 및 침목경계

경계용 목재제품은 자연스럽고 수려한 마감이 가능하지만, 내구성이 약해 방부목을 주로 사용한다. 방부목을 선전할 때에는 반드시 친환경 방부처리가 된 제품을 사용해야 환경오염을 막을 수 있다.

그림 5-18 목재엣지
(2017 Hampton Court Flower Show)

2) 자갈포장

- 자갈은 정원을 가장 쉽게 포장할 수 있는 소재이며, 여러 종류의 색상과 여러 종류의 크기를 가지고 있어 다양한 유형의 정원에 쉽게 사용할 수 있다. 또한, 자갈포장은 길을 만들 수도 있고, 쉼터를 만들 수도 있다. 또한, 수로나 경계를 만들 수도 있어 사용폭이 상당히 넓다. 일본에서는 자갈만 가지고도 정원(고산수 정원)을 만들기도 하였다.
- 자갈은 가격이 저렴하고 쉽게 구할 수 있으며, 친환경적인 자재로 정원에서의 활용도가 매우 높은 자재이다.

그림 5-19 자갈포장(2017 서울정원박람회, 김지윤 작가, YOU AND ME AND EVERYONE)

3) 블록 포장

- 국내에서 사용되는 블록은 형태와 색상이 다양하므로 정원의 콘셉과 작가의 의도에 맞은 제품을 선정하여 사용한다. 최근에는 투수블록이라고 하는 투수성 제품도 출시되고 있는 등, 다양한 기능성 제품이 출시되고 있으므로 용도에 맞는 제품을 선정하면 된다.
- 점토블록은 콘크리트 제품에 비해 시각적으로 온화한 느낌을 준다.
- 마찰력이 높아 미끄럽지 않다. 최근에는 다양한 색상이 출시되고 있다.
- 헤링본은 클래식한 느낌을 주고 단정한 이미지를 주고, 파케이는 작은 공간에 주로 사용되며 정돈된 이미지를 준다. 최근에는 다양한 규격의 블록이 개발되고 있어 다양한 연출이 가능하다.

그림 5-20 인조화강석 블록 포장(순천만 국가정원)

4) 콘크리트 포장

- 시멘트 콘크리트로 노면을 덮는 포장종류를 말한다.
- 표층에 해당되는 콘크리트 슬래브와 중간층, 보조기층으로 구성된다.
- 내구성이 강하고, 시공이 간편하며, 유지관리가 쉽지만, 미관상으로 좋지 않아 정원에서는 자주 사용되지 않고 콘크리트 포장을 응용한 방법이 사용된다.

그림 5-21 콘크리트 포장(민간정원, 물빛소리정원)

5) 콩자갈 수지포장

- 콩자갈 수지포장은 강이나 산, 바다에서 채취한 3~8mm정도의 자갈과 에폭시 투명 레진을 섞어 미장타입으로 시공되는 포장종류이다.
- 기존 바닥이 콘크리트나 철재, 타일, 합판위에 시공이 가능하다. 토양층으로 되어 있을 경우에는 콘크리트 포장을 한 후에 콩자갈 수지포장을 할 수 있다.
- 콩자갈 수지포장은 미끄러움이 없고, 내마모성, 내충격성이 좋아 기능성으로도 좋은 포장방법이며, 다양한 자갈을 사용할 수 있고 원하는 디자인으로 시공이 가능하여 심미성이 좋아 정원용 포장재로 자주 사용되지만, 겨울철에 시공하면 파손되기 쉬우므로 주의하여야 한다.
- 콩자갈 수지포장에 사용되는 콩자갈은 다양한 종류가 있으므로 정원의 디자인을 고려하여 선택하여야 한다.

그림 5-22 콩자갈 수지포장(일본 아와지시마)

6) 자연석 판석포장

- 자연석 판석은 주로 화강암을 사용한 것으로 색과 질감이 다양하고, 자연스러운 연출이 가능하며 내구성이 높은 포장종류이다. 판석은 일반적으로 모래나 모르타르 위에 설치하지만, 두께가 두껍고 자중이 클 경우에는 토양 위에 직접 설치하기도 한다.
- 자연석 판석은 형태가 불규칙하므로 가능한 판석의 크기와 형태를 고려하여 배치하여야 한다.
- 판석과 판석 사이에 잔디를 식재하기도 한다.

그림 5-23 자연석 판석포장(Hampton Court Palace)

7) 목재데크 포장

① 하부 구조물 설치

- 목재데크를 설치하는 면은 통풍 및 배수가 용이하도록 지면에서 일정 높이 이상 이격하여 설치한다.
- 하부 구조물은 철재 각관이나 목재를 사용하며, 격자형태로 틀을 만들어 준 후, 목재데크를 설치한다.

② 목재데크 설치

- 데크 시공도에 의하여 길이를 절단하고, 데크와 데크의 이음 부분을 일정한 간격을 유지시킨다. 데크판재를 스테인리스 나사못으로 고정한다. 나사못은 데크의 표면보다 돌출되지 않도록 시공한다. 데크 길이 방향의 연결 부위는 신축을 고려하여 간격을 띄어서 시공한다.
- 데크 시공이 완료된 후, 오일스테인을 도포하여 마무리한다.
- 최근에는 표면에 나사못을 설치하지 않는 클립형 시공법을 사용하기도 하며, 합성목재의 사용도 많아지고 있다.

그림 5-24 목재데크 포장(태화강정원박람회, 안지성 작가, RIVER FLOW WITH YOU)

5 특수환경의 정원

5.1 수직정원

1) 수직정원이란?

수직정원은 수직으로 만들어진 구조물에 식물을 덮는 형태의 정원으로 다른 용어로는 그린 월(green wall) 또는 리빙 월(living wall)이라고도 한다. 수직정원 개념의 시작은 고대 메소포타미아 지역의 현수원에서 시작하여 지중해 지역에서는 오래전부터 포도 덩굴을 이용한 벽면녹화가 있었으며 영국 맨션에는 아이비나 덩굴장미로 집의 벽면을 장식하기도 하였다. 수직정원의 수직면은 건물의 구체벽면, 건물을 둘러싼 담장이나 구조물, 옹벽 등이 있다.

프랑스의 식물학자인 패트릭 블랑(Patrick Blanc)은 1988년 파리 과학 산업 박물관에 자신이 연구하여 개발한 수직정원 작품을 전시하였고 그것이 찬사를 받으며 현대적인 수직정원이 연구되고 세계로 퍼져나가는 계기가 되었다.

2) 수직정원의 전제조건

수직정원을 계획할 때에는 정원의 조성 목적에 따라 공법을 결정하여야 하며, 공법 선정 시에는 수직정원의 입지, 주변의 자연 및 사회환경을 충분히 조사하여야 하여 선정해야 한다. 또한, 수직정원을 조성함에 있어 건축법과 소방법과 같은 법률과 각 지자체의 조례도 살펴볼 필요가 있다.

그리고 수직정원이 조성될 벽면에 대한 검토가 필요하며, 수직정원의 조성이 가능한지 파악하여야 한다. 특히, 수직정원이 조성될 벽면이 수직정원의 하중을 견딜 수 있는지 파악하여야 하며, 경우에 따라 보강이 이루어져야 한다. 수직정원은 공법에 따라 하중의 차이가 많고, 특히 토양을 많이 사용하는 공법은 하중이 크므로 유의해야 한다. 그리고 실내의 경우에는 조도와 온도, 습도, 공조기 등에 대해서도 충분히 검토하여야 하며, 환경조건에 따라 공법의 선정과 식물의 선정이 이루어져야 한다.

3) 수직정원 적용 공법

① 펠트형

프랑스 식물학자인 패트릭 블랑이 사용하기 시작한 방식으로 토양을 대체하고 수분과 양분을 제공할 수 있는 두 개 이상의 펠트 층을 사용한다. 인공적으로 조성한 수직정원 공법 중 가장 자유로운 배열의 식재가 가능하고 초화류, 관목류, 작은 교목까지 식재가 가능하여 가장 자연스러운 연출을 할 수 있다는 장점이 있으며 유니트형과 함께 토양을 거의 사용하지 않는 방식으로 수직 구조물이나 벽에 하중 부담을 줄일 수 있으며 토양으로 인한 병충해에서 자유로울 수 있다는 장점이 있다. 단위 면적당 식재 사용량이 다른 공법보다 많고 정형적이지 않은 배열로 인해 식재 시간이 다른 수직정원 유형보다 많이 걸린다는 단점이 있다.

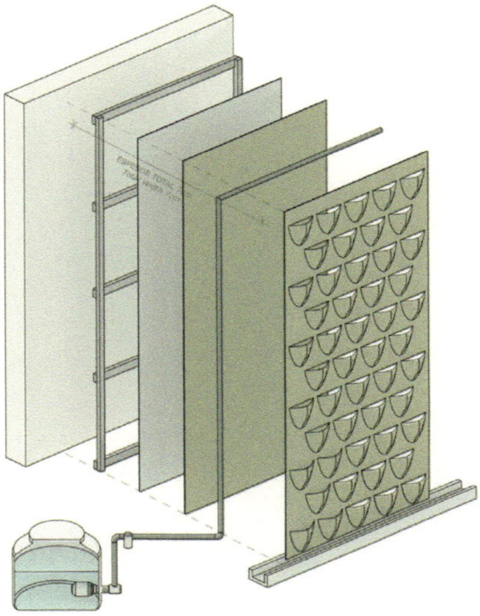

그림 5-25 펠트형 수직정원 구조(ArchDaily en Español, 2014)

청주 국제공항 / 한국교원대학교 / 충북대학교병원

그림 5-26 펠트형 수직정원

② 플랜터형

플랜터를 수직방향에 복수 설치하는 타입으로 플랜터 사이즈가 크지 않은 이상 일정 사이즈 이하의 식물만 사용할 수 있다. 설치와 식재의 난이도가 높지 않아 수직정원을 도입하는 단계에서 많이 사용하는 방식이다. 플랜터형 수직정원은 토양을 이용하는 방식으로 초반에는 식재 생육이 좋지만 장시간 사용 시에는 다른 플랜터(화분)와 마찬가지로 분갈이를 해줘야 하며, 토양을 쓰지 않는 유형에 비해 병충해 관리가 힘들다는 단점이 있다.

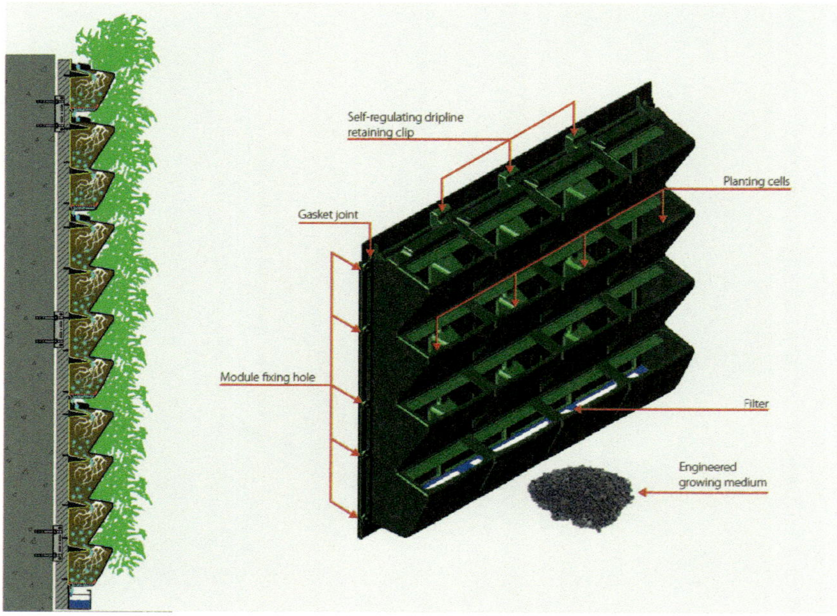

그림 5-27 플랜터형 수직정원 구조(ByNature Design, 2018)

성불산 생태공원 카페 이피엘 더로드101

그림 5-28 플랜터형 수직정원

③ 유니트형

일반적으로 일정 규격의 피트모스 계열의 녹화기반에 식물을 심고, 일정기간 양생한 후에 수직으로 설치하는 기법이지만, 한국에서는 양생 없이 기반을 설치한 후 바로 식재를 하기도 한다. 다른 공법과 차별화되는 점은 기반과 수직방향으로 식재가 되어서 시간이 지남에 따라 자연스럽게 식물이 하늘 방향으로 꺾여서 자라게 되며 이러한 현상이 식물에 부담을 주게 된다.

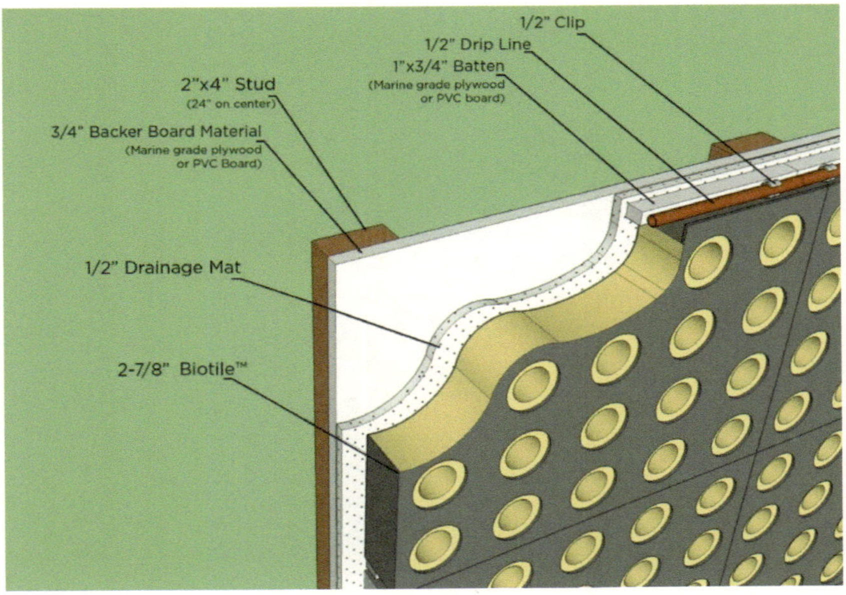

그림 5-29 유니트형 수직정원 구조(Sagegreenlife, 2017)

천안시청

아산시 중앙도서관

그림 5-30 유니트형 수직정원

④ 포켓교환형

여러 개의 포켓이 있는 수직 구조물에 식물 포트를 넣는 방식으로 식재가 어렵지 않고 식물이 죽으면 간단하게 교체할 수 있다는 장점이 있다. 플랜터형과 마찬가지로 토양을 사용하여 초반 식재 생육에 도움이 되는 장점이 있으나 토양으로 인한 병충해에 취약하다는 단점 역시 같다. 플랜터형보다 일반적으로 작은 포트를 사용하기에 장기간 사용 시 식물의 뿌리가 포트 크기보다 커질 수 있으며 그때는 분갈이가 아닌 식물 자체를 교환해줘야 한다는 점과 규격에 맞는 포켓만 이용하여야 하므로 포켓의 파손 시 같은 형태의 포켓을 구매하여야만 하여 유지관리 비용의 증가로 이어질 수 있는 부담이 있다.

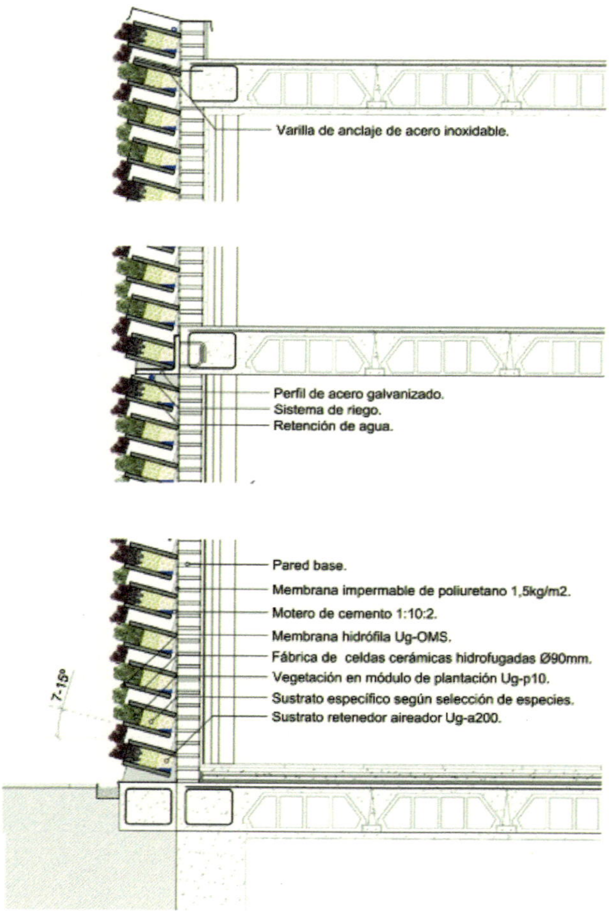

그림 5-31 포켓교환형 수직정원 구조(ArchDaily en Español, 2014)

상당구청

그린광학 휴게공간

그림 5-32 포켓교환형 수직정원

⑤ 기타 유형

이끼부착형, 포트형 등 세계적으로 다양한 형태의 공법이 연구되고 개발되고 있다. 최근에는 스칸디아모스를 이용한 이끼부착형 수직정원이 많이 조성되고 있는데, 이끼부착형 수직정원은 다른 여러 유형의 수직정원에 비해 조성이 간단하고 병충해에서 다른 수직정원보다는 자유롭다는 장점이 있으나 습기에 취약하여 물이 닿으면 안 되고 사람이 손으로 만졌을 때 이끼가 쉽게 떨어질 수 있는 점이 단점으로 지적되고 있다.

그림 5-33 이끼형 수직정원(Frittenwerk, 프랑크프루트)

4) 수직정원 적용 식물

① 초본, 관엽, 양치 식물

- 꽃기린(Euphorbia milii var. splendens)
- 넉줄고사리(Davallia mariesii)
- 스킨답서스(Epipremnum aureum)
- 몬스테라(Monstera deliciosa)
- 박쥐란(Platycerium bifurcatum)
- 산세베리아(Sansevieria trifasciata)
- 호야(Hoya carnosa)
- 아비스(Asplenium antiquum)
- 나비란(Chlorophytum spp.)
- 네마탄서스(Nematanthus gregarius)
- 마삭줄(Trachelospermum asiaticum)
- 안시리움(Anthurium andraeanum)
- 보스톤고사리(Nephrolepis exaltata)
- 콩고(Philodendron 'Congo')
- 맛상게아나(Dracaena fragrans 'assangeana')
- 알로카시아(Alocasia)

② 관목

- 관음죽(Rhapis excelsa)
- 산호수(Ardisia pusilla)
- 아펠란드라(Aphelandra squarrosa)
- 테이블야자(Chamaedorea elegans)
- 금사철(Eunymus japonica)
- 자금우(Ardisia japonica)
- 셀렘(Thaumatophyllum bipinnatifidum)
- 아레카야자(Dypsis lutescens)

③ 교목

- 고무나무(Ficus elastica)
- 팔손이(Fatsia japonica)
- 해피트리(Heteropanax fragrans)
- 파키라(Pachira aquatica)

5.2 옥상정원(Roof garden)

1) 옥상정원이란?

옥상정원은 인위적으로 조성한 구조물 위에 식재기반을 구성하여 정원을 조성한 것을 말한다. 옥상과 지하주차장 등이 대표적인 예이다.

역사상 최초의 옥상정원은 B.C. 2000년경 지금의 이라크에 나타나고 있는데, 당시의 수메리안족이 세운 우르라는 도시에서 발견되었다. 유목민족인 수메리안인드은 항상 산야를 동경하여 인공적인 언덕을 조성하는 것을 즐겼다.

언덕 모양은 대개 평면이 장방형이고 피라미드 모양을 하였다. 신을 모시는 사원은 이 인공 언덕의 가장 높은 곳에 세워졌고, 그 주위에는 나무를 심었다고 한다. 1920년경 영국의 고고학자 레오나드 울리 경이 발견하였고, '지구라트'라고 하는 모양의 테라스에서 수목이 식재된 흔적을 찾은 것이다. 그러나 나무가 식재된 곳은 땅과 연결되어 엄밀하게 따지면 옥상정원이라고 할 수 없으나, 옥상정원의 형태를 띤 최초의 건축물이라고 할 수 있다.

본격적으로 옥상정원이 조성된 것은 B.C. 600년경에 만들어진 바빌론의 공중정원Hanging garden이라고 할 수 있다. 세계 4대 문명 발상지인 티그리스유프라테스강 유역에 네브카드네자르 2세에 의해 조성된 이 공중정원Hanging garden은 세계 7대 불가사리 중의 하나로 한 변의 길이가 120~130m, 높이는 30~160m나 되었다고 한다. 공중정원Hanging garden이라는 이름이 지어진 것은 공중에 매달려 있는 것 같아서이며, 가공원, 공중정원, 현수원 등으로 불리고 있으나, 그 실체는 명확하게 알 수 없다.

현대의 옥상정원은 경사를 가진 지붕이 아닌 르꼬르뷔제의 도미노이론에 의해 지어진 수평면의 옥상을 가진 건축물들이 등장한 이후라고 볼 수 있다.

2) 옥상정원의 전제조건

옥상정원을 조성하기 위해서는 건물의 구조안전진단이 필수적이며, 사람의 이용형태를 고려한 인간하중과 지역별 적절한 적설하중, 토양층·식재층의 무게 등을 고려한 녹화 가능 하중을 계산하여 이에 적합한 옥상정원의 유형을 선택하여야 한다.

옥상정원의 기술력과 진단기능을 가지는 전문기관에 의뢰하여 구조안전진단을 수행하여야 하며, 진단은 구조물의 허용응력 현장조사는 물론, 기존 방수시스템의 시공상태 조사를 반드시 포함하여야 한다. 옥상녹화시스템의 유형을 결정하기 위해서는 옥상녹화 공간의 이용 방안(사람의 접근가능성, 이용빈도, 건물의 용도 등)도 함께 검토한다.

3) 옥상정원의 유형

옥상정원은 자연지반에 조성하는 것과 달리 설계 시 고려해야 하는 요소들이 있다. 특히, 옥상정원은 건물의 안전과 직격되는 하중문제를 심도 있게 고려하여야 한다. 인공지반의 하중은 토양층의 무게에 가장 많은 영향을 받고 있고 그로 인하여 옥상정원은 다음과 같은 유형으로 분류된다.

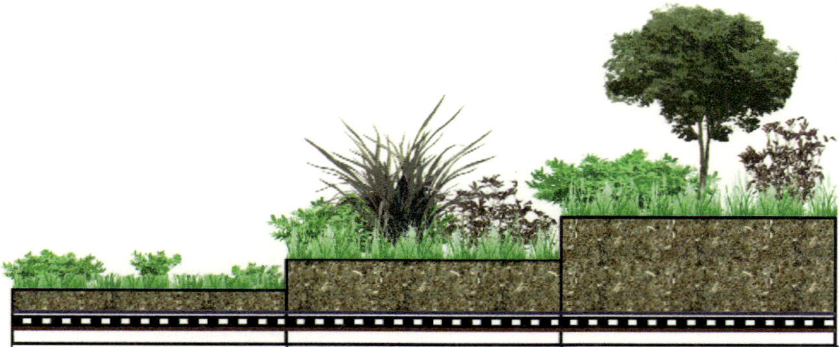

EXTENSIVE GREEN ROOF	SEMI-INTENSIVE GREEN ROOF	INTENSIVE GREEN ROOF
Height: 6- 20 cm **Weight**: 60 - 150 kg/m² **Vegetation**: mosses, sedums, herbs and grasses **Cost**: low **Maintenance**: low	**Height** : 12 - 25 cm **Weight** : 120 - 200 kg/m² **Vegetation** : grasses, herbs and shrubs **Cost**: middle **Maintenance** : periodically	**Height** : 15 cm > 1m **Weight** : 180 - 500 kg/m² **Vegetation** : lawn, perennials, shrubs and small trees **Cost**: high **Maintenance** : regularly

그림 5-34 옥상정원의 유형 ©IGRA, 2008

① 경량형(Extensive)

허용하중이 200kgf/m^2 이상이어야 하며 토심 20cm 이하로 조성된다. 적용식물은 주로 지피식물 위주이며 관리가 되도록 필요 없는 식물을 선정하여야 한다. 주로 인공경량토양이 사용되며, 국내에서는 구조적으로 제약이 있거나, 유지관리가 어려운 기존 건축물의 옥상에 주로 사용된다. 반면에 유럽이나 호주에서는 생태공간으로 조성할 때 경량형이 주로 사용되며, 사람의 통행을 전면적으로 제한하고 유지관리도 자연의 순리에 맡기기도 한다. 최근에는 Brown Roof Garden이라고 식물을 식재하지 않고 토양만 성토하여 식물도 자연적으로 자라나도록 하는 공법도 생겼다.

그림 5-35 경량형(Extensive)옥상정원, Basel, Switzerland ©Livingroof.org

② 중량형(Intensive)

허용하중이 500kgf/m^2 이상이어야 하며 토심 20cm 이상으로 조성된다. 지피, 관목, 교목의 식재가 가능하지만 식재 설계 시 집중하중이 발생하지 않도록 하여야 한다. 중량형은 일반적으로 구조적인 문제가 없는 곳이나 신축건물에 적용이 가능하며, 허용하중이 비교적 크므로 사람을 위한 편의공간이 조성되는 경우가 많다. 중량형의 경우에는 다양한 수종이 사용되는 만큼 이에 맞는 관수, 시비, 전정 등의 관리가 이루어져야 한다.

그림 5-36 중량형(Intensive) 옥상정원, Allen & Overy ©Livingroof.org

③ 혼합형

허용하중이 400kgf/m^2 이상이어야 하며 토심 20cm 내외로 조성된다. 일반적으로 중량형의 옥상정원을 요구하지만 중량형 도입이 어려운 경우에 선정되는 공법으로 지피, 관목류의 식재가 가능하며, 저관리 유형의 식재를 선정하는 것이 바람직하다.

그림 5-37 혼합형(Semi Intensive)옥상정원, Washington city hall ©OLYMPIAGREENROOFS.COM

4) 옥상정원의 방수 및 방근

옥상정원 시스템 구성 요소 중 방수와 방근층은 식물의 성장과 구조물의 보호라는 목적을 가진 가장 중요한 요소이다.

① 방수·방근 분리형

방수층과 방근층이 분리되어 있는 형태이다. 일반적으로 방수층 시공이 잘 되어 있는 상태의 건물에 인공지반정원을 조성할 때 방근층만 더하여 시공하는 형태이다.

② 방수·방근 복합형

방수와 방근의 역할을 단일재료를 사용하거나 복합적으로 사용하되 단일층으로 시공하는 형태이며 분리형에 비하여 비용, 시간 등을 절약할 수 있어 많이 적용되고 있다.

5) 옥상정원 시공 순서

① 표면정리 후 방수/방근 시트 설치

그림 5-38 표면정리

그림 5-39 방수/방근 시트 설치

② 방수 처리 후 누름 콘크리트 포설 및 플랜터 제작

그림 5-40 우레탄 방수

그림 5-41 누름 콘크리트 및 포장

③ 인공토 포설 및 식재

그림 5-42 인공토 포설

그림 5-43 식재

④ 시공 후

그림 5-44 충북대학교 병원 옥상정원

6) 옥상정원 적용가능한 주요 식물

① 초본류

- 벌개미취(Aster koraiensis)
- 범부채(Belamcanda chinensis (L.) DC.)
- 기린초(Sedum kamtschaticum Fisch. & C. A. Mey.)
- 두메부추(Allium senescens L.)
- 매발톱꽃(Aquilegia buergeriana var. oxysepala)

- 구절초(Dendranthema zawadskii var. latilobum)
- 패랭이(Dianthus chinensis)
- 붓꽃(Iris sanguinea)
- 수호초(Pachysandra terminalis)
- 원추리(Hemerocallis fulva L.)
- 비비추(Hosta longipes (Franch. & Sav.) Matsum)
- 부처꽃(Lythrum anceps (Koehne) Makino)
- 큰꿩의비름(Hylotelephium spectabile (Boreau) H.Ohba)
- 맥문동(Liriope platyphylla)
- 바위취(Saxifraga stolonifera Meerb.)
- 백리향(Thymus quinquecostatus CELAK.)
- 금낭화(Dicentra spectabilis (L.) Lem.)
- 애기기린초(Sedum middendorffianum)
- 무늬둥굴레(Polygonatum odoratum var. pluriflorum f. variegatum)

② 목본류

- 가막살나무(Viburnum dilatatum Thunb. ex murray)
- 가이즈까향나무(Juniperus chinensis KaizukaVariegata)
- 감나무(Diospyros kaki THUNB.)
- 공작단풍(Acer palmatum var. dessoctum (Thunb.)Miq.)
- 꽃사과(Malus prunifolia (Willd.) Bokth.)
- 남천(Nandina domestica THUNB)
- 눈향나무(Juniperus chinensis var. sargentii)
- 능소화(Campsis grandiflora (Thunb.) K. Schum.)
- 단풍나무(Acer palmatum THUNB)
- 대추나무(Ziziphus jujuba var. inemmis)
- 매화나무(Prunus mume SIEB. et ZUCC.)
- 모과나무(Cydonia sinensis THOUIN)

- 반송(Pinus densiflora f. multicaulis Uyeki)
- 배롱나무(Lagerstroemia indica L.)
- 백리향(Thymus quinquecostatus CELAK.)
- 복자기(Acer triflorum)
- 사철나무(Euonymus japonica Thunb)
- 산딸나무(Cornus kousa F. Buerger ex Miquel)
- 산사나무(Crataegus pinnatifida Bunge)
- 산수유(Cornus officinalis)
- 산철쭉(Rhododendron yedoense var. poukhanense (Lev.) Nakai)
- 소나무(Pinus densiflora S. et Z.)
- 영산홍(Rhododendron indicum SWEET.)
- 자작나무(Betula platyphylla var. japonica HARA.)
- 작살나무(Carllicarpa japonica Thunb.)
- 주목(Taxus cuspidata S.et Z.)
- 편백(Chamaecyparis obtusa (Siebold & Zucc.) Endl.)
- 화살나무(Euonymus alatus (THUNB.) SIEB.)
- 황금측백(Platycladus orientalis (L.) Franco)
- 회양목(Buxus microphylla var. koreana NAKAI)

참고문헌

- 홍광표, 이혁재, 김인혜, 서동목, 홍승훈(2017). '실내에 조성되는 수직정원의 조성경향 연구 - 패트릭 블랑의 작품을 중심으로 -'. 한국조경학회 학술발표논문집, vol. 2017, no.1. pp.10~12.
- (사)한국정원디자인학회(2020). 세계의 수직정원. (사)한국정원디자인학회. 양천구, 서울.
- 조경공사 표준시방서,2014,12,01, 한국조경학회
- 식물학자 윤경은 교수와 우리집 정원 만들기, 윤경은 2007년 04월 30일, 김영사
- 동반식물로 가꾸는 텃밭·정원 안내서, Jessica Walliser, 2023년 03월 24일, 목수책방
- 정원계획과 설계, NORMAN K.BOOTH , JAMES E. HISS 저자(글) · 김용기 번역, 내하출판사 · 2008년 08월 01일
- 정원만들기, 이상석, 일조각 2006.02.25
- ArchDaily en Español(2014). En Detalle: Jardines Verticales. [online] Available at: https://www.archdaily.cl/cl/02-349031/en-detalle-jardines-verticales [Accessed 5 Feb. 2023].
- ByNature Design(2018). Modulogreen Living Walls. [online] Available at: https://bynaturedesign.ca/products/living-products/modulogreen-living-walls/
- Sagegreenlife(2017). An Architect's Guide To: Green Walls - Architizer Journal. [online] Available at: https://architizer.com/blog/product-guides/product-guide/eantka-green-walls/.
- Alan Titchmarsh How to Garden: Weekend Gardening, Alan Titchmarsh Ebury Publishing
- How to Grow Stuff Easy, no-stress gardening for beginners
- Alice Vincent Ebury Publishing
- Allotment Gardening For Dummies, Sven Wombwell, 2010.0305
- Seasons at Highclere: Gardening, Growing, and Cooking through the Year at the Real Downton Abbey, The Countess of Carnarvon, 2021.09.16

조성편

PART 6

정원식재관리

6 PART 정원식재관리

1 정원식재관리의 개요

정원식물관리란 정원에 있는 식물들의 식재 목적대로 유지 또는 보전하거나 더 향상될 수 있도록 보완해 가는 것이다. 최근 들어 정원을 많이 만들고 가꾸어 가고 있다. 정원은 관리에 의하여 완성되어 간다. 정원을 아무리 아름답게 조성하였다고 하여도 관리를 하지 않으면 곧장 쓸모없는 정원이 되거나 황폐화될 수도 있다. 정원의 완성은 처음 만들 때가 20% 완성한 것이고, 가꾸는 것 즉, 관리가 80%라고도 한다. 그만큼 정원관리가 매우 중요하다는 뜻이다.

정원관리의 종류는 정원운영관리, 정원이용자관리, 정원유지관리 3가지로 대분할 수 있다.

2 운영관리

1) 정원운영 관리

목표를 달성하기 위하여 필요한 일들을 추진해 가기 위하여 사업기획, 정책입안, 정원개선방안의 모색, 예산확보, 회계관리, 계약, 재산관리, 조직관리, 홍보 등을 하는 종합적인 경영관리라고 할 수 있다.

2) 정원관리기획

이미 조성된 정원을 더 보완하여 향상시키거나 수정하기 위하여 정원을 처음 만들 때처럼 수정 또는 보완하고자 하는 정원에 대하여 현황조사 및 분석, 기본구상, 기본계획, 실시설계, 유지관리계획 등을 수립하는 것이다.

3) 예산확보

정원관리를 할 때 소요되는 충분한 예산이 필요하기 때문에 장기적으로 안정된 예산 확보

방안을 모색하는 것이다. 예산편성을 할 때에는 물가변동률 등을 고려하여 통상적으로 매년 105~120% 정도 더 넉넉하게 편성하고, 실행을 할 때에는 목표치보다 낮게 예산을 집행하는 것이 통례이다. 실행비가 너무 낮으면 품질관리가 어려워질 수 있으므로 물가연동을 고려하여 적정한 실행비를 편성하는 것이 좋다.

4) 회계관리

정원을 관리하는 데 발생되는 재무적 상황을 수치적으로 표현하는 것이다. 정원관리에 있어서 재무적 상황을 파악하는 것은 정원의 규모와 품질 수준을 결정하는 데 도움이 된다. 자칫 재무관리가 제대로 되지 않으면 정원관리가 너무 고품질화되어 재정난에 큰 어려움을 겪을 수도 있다. 정원관리를 할 때 회계관리를 잘하는 것은 합리적인 정원관리를 경영하는 데 크게 도움이 되므로 결코 소홀히 할 수 없는 것이다.

5) 재산관리

정원에 있는 토지, 건축물, 시설물, 구조물, 식물 등의 재산을 파악하고, 관리하는 것이다. 정원의 재산을 제대로 파악함으로써 정원의 가치를 평가할 수 있고, 그 가치를 보전할 수 있게 하는 근원이 되기 때문에 정원의 재산관리가 중요하다.

6) 정원관리대장

정원시설물이나 정원식물 등의 품명, 취득일자, 구입처, 가격 등을 정원관리대장에 기록함으로써 정원에 있는 토지, 건축물, 시설물, 구조물, 식물 등의 이력을 파악할 수 있고, 향후 유지관리를 위해 추가로 구매해야 할 것, 교체할 시기 등을 파악할 수 있다.

7) 조직관리

정원관리를 효율적이고도 효과적으로 하기 위하여 정원관리에 참여하는 인원들을 조직하고, 상황적 직무관리가 잘되도록 시스템적이고도 체계적인 인적 관리를 하는 것이다. 대규모 정원관리는 많은 사람들이 유기적으로 해야 하기 때문에 조직관리가 매우 중요하다.

8) 정원홍보

정원에 대한 내용을 널리 알리고, 이용을 촉진 또는 증진시키기 위하여 게시판, 방송, 신문, 인터넷, 브로슈어 등을 통하여 널리 알리는 것이다. 홍보를 통하여 아름다운 정원을 많은 사람들과 공유할 수 있는 기회를 창출하기도 한다.

3 이용관리

정원은 사람들의 이용이 많다. 정원은 이용자들의 행태에 따라 더 좋아지기도 하고, 더 나쁜 상태로 변하기도 한다. 정원의 목표를 달성하기 위해서는 이용자들이 합리적인 이용이 가능하도록 이용자관리가 필요하다. 정원 이용자관리 내용은 정원의 이용안내, 이용지도, 이용계도, 안전관리 등이 있다.

그림 6-1 정원시설의 무자비한 이용을 방지하기 위한 이용자관리가 필요함 (아름다운 정원도 무자비한 이용으로 잔디가 불에 타서 훼손되는 장면)

1) 이용안내 및 해설

정원 이용자들에게 정원의 이용에 대한 공간, 장소, 프로그램 등을 소개하고, 이용 방법을 안내하여 줌으로써 정원이용을 효율적으로 이용할 수 있게 하는 것이다.

2) 이용지도

정원 이용자들이 쾌적하고, 안전한 상태에서 정원을 탐방하거나 즐길 수 있도록 정원의 이용내용과 방법을 지도하는 것이다.

3) 이용계도

정원 이용자들이 정원을 이용할 때 법, 규정, 규칙 등을 무시하고 불법 또는 무절제하게 이용하는 것을 올바르게 이용하도록 지도하여 질서 있는 이용을 하도록 하는 것이다. 정원 이용계도는 정원을 아무런 이유 없이 훼손하는 반달리즘이 없도록 하고, 쓰레기를 투기하지 않도록 지도하는 등을 계도하는 것이다.

4) 안전관리

정원 이용자들이 안전하고, 쾌적한 이용이 가능 하도록 사전에 안전대책을 세워 정원이용자들에게 안내, 교육, 감시하는 것이다. 안전관리 중점 사항은 이용 시설물의 설치, 안전상태 점검, 이용자들의 부주의 교육, 순찰, 정원시설의 적정한 이용 상태 등을 조사 또는 예방하여 문제점을 제거하는 것들이 있다.

4 유지관리

정원식물을 인간의 일상생활에 친화력이 있게 하기 위해서는 식재 이후에 적절한 시비, 전정, 관수, 배수, 지지대관리, 병해충 방제, 위험목 관리, 초화류 관리, 잡초관리, 재해예방 등이 필요하다.

4.1 토양개량

정원식물은 대부분 생명이 있는 식물로 구성되어 있다. 정원식물의 생장은 토양 상태에 따라서 양·불량이 결정된다. 대부분의 정원토양은 이식된 정원식물의 생장에 불리한 교란된 토양이 많다. 정원식물이 정원조성 목적에 알맞게 생장되기 위해서는 식물 생장에 불리한 토양은 식재한 식물에 알맞은 토양으로 개량해 줄 필요가 있다.

정원식물 생장에 불리한 토양은 토양교체, 객토, 경운, 시비, pH조정, 배수, 관수 등을 해준다. 배수가 불량한 곳에서는 투수성을 높이기 위하여 굵은 모래 섞기, 다공질 무기물 섞기, 배수로 설치 등을 해준다. 산성토양에는 유기물, 석회질 비료, 미량의 붕소 등을 시비하여 중화시켜준다. 알칼리성 토양에는 산성토양, 질산, 인산, 유기산 등을 섞어서 pH를 조정하기도 한다. 대규모 토양개량은 대형장비의 사용, 토양개량비가 많이 소요되므로 가급적 대규모 토양개량을 하지 않고도 식물 생장에 지장이 없는 식재와 관리가 필요하다.

4.2 지주관리

정원식물은 지지력이 약하여 식물 자체 무게나 바람에 쓰러질 수 있다. 정원식물이 스스로 지지하지 못하고 쓰러지게 되면, 식물 생장이 불량해지거나 말라죽을 수 있으며, 일상생활에 불편을 초래하기도 하고, 수목이 기울어지게 되면 시각적으로 불안정하기도 하고, 일상생활에 불편한 경관이 될 수 있다. 줄기나 뿌리 지지력이 약한 정원식물은 식물이 쓰러지지 않도록 지주를 설치하고, 수시로 보완해 줄 필요가 있다. 정원에 지주목을 설치할 때에는 정원식물과 지지대를 올바르게 세워서 통행에 지장을 초래하지 않도록 해야 한다.

4.3 관수

대부분의 식물들은 식물체 내에 수분이 약 80~90% 정도를 차지하고 있다[Taiz et al., 1998]. 식물체내 수분은 식물체 유지와 유기물의 합성 그리고 양분의 이동과 분해에 매우 중요한 작용을 한다. 식물체에 수분이 부족하면 대부분의 정원식물들은 생장이 저해되거나 말라죽게 되므로 수분 부족 시에는 관수를 해주어야 한다.

1) 관수방법

관수방법으로는 자연급수식, 유수식, 도랑식, 침수식, 침전식, 관수급수식 등이 있다.

- 자연급수: 빗물이 토양 속으로 자연히 스며들게 하는 방법으로, 표토 부위의 투수율이 좋은 사양토, 모래, 자갈, 파쇄칩 등을 포설하여 빗물이 토양 중으로 잘 스며들도록 하는 것이다.
- 유수식: 물이 경사를 따라 흘러가면서 관수되도록 하는 것이다.
- 도랑식: 물도랑을 파고 물이 도랑을 따라 흐르면서 식물에 관수되도록 하는 것이다.
- 침수식: 식물의 주위에 도랑을 파고 물을 부어서 물이 토양 속으로 스며들도록 하는 것이다.
- 침전식: 화분을 물속에 넣었다가 빼내는 방법이다.
- 관수시설 급수법: 토양수분을 인위적으로 공급하기 위하여 스프링클러, 점적식관수 등을 하는 것이다.

2) 관수의 시기

관수의 시기는 식물을 키우는 목표에 따라 다를 수 있다. 즉, 식물의 관수 목표는 식물을 성장시키기 위한 관수와 식물 성장을 제한시키는 관수 방법이 있다. 식물 성장을 목표로 하는 관수는 식물이 시들기 이전에 주는 것이 좋다. 식물이 시든다는 것은 수분이 부족하여 심한 스트레스를 받고 있다는 징후이다. 반면, 식물 성장을 제한하는 관수는 식물이 약간 시들었을 때 관수를 하는 방법이다.

4.4 시비

정원식물의 수목과 초본류들이 온전하게 생장하기 위해서는 생명활동에 필요한 여러 가지 양분이 필요하다. 정원은 대부분 식물의 자생지가 아니고, 개변된 토양이기 때문에 식물 생장에 필요한 양분이 모두 잘 갖추어져 있지 않다. 정원식물이 온전하게 생장할 수 있도록 인위적으로 시비를 해주어야 한다. 인위적으로 개변된 정원토양에는 토양물리성, 토양화학성이 불량하거나 유기물이 부족할 수 있다.

- 토양물리성 불량: 토성, 토양경도, 토양수분, 토양공기, 토양밀도, 토양입단화, 가소성, 토양공극 등이 있다.
- 토양화학성 불량: 특정 원소의 과다 또는 부족 등으로 식물 생장을 저해할 수 있다.

정원식물의 양분이 부족하거나 과잉된 토양에서는 식물들의 생장이 저조하거나 저해될 수 있기 때문에 식물의 생장 상태를 관찰하여 식물의 양분이 부족한 곳에는 시비를 해주고, 특정 성분이 과잉된 토양은 완충시비를 해주어야 한다. 토양의 상태 판단은 색깔로 판단할 수도 있다. 토양색이 흑색에 가까우면 유기물이 많은 토양이다. 토양색이 붉은색이나 청회색 또는 담녹색이면 철이나 망간이 많은 토양이다.

식물은 생명 활동을 하는 데 양분이 필수적이다. 식물체의 성분은 현재까지 알려진 바로는 약 40여 가지의 원소로 구성되어 있다. 식물들은 이러한 여러 가지 원소들이 적정량으로 충족되었을 때 정상적인 생장이 가능하며, 부족 시에는 생장이 불량해지거나 죽기도 한다. 식물이 양분 부족 또는 과잉상태가 되면 식물체 조직에 이상 증상이 발생된다. 정원식물을 관리할 때에는 정원식물이 어떤 양분을 필요로 하는지를 이해하는 것이 필수적이다. 식물 생장에 필요한 양분은 다량원소와 미량원소로 대분할 수 있다.

1) 다량원소

다량원소는 탄소(C), 수소(H), 산소(O), 칼슘(Ca), 마그네슘(Mg), 칼륨(K), 질소(N), 인(P), 황(S)이 있다[Stevenson, 1986].

① 탄소(C)

유기물 구성의 45% 이상을 차지하는 원소이며, 식물의 호흡작용과 탄수화물, 지방, 단백질, 색상, 향기 등을 생성시킨다. 식물체 내에서 흡수된 탄소에 의해 생성된 탄수화물은 호흡작용, 생명유지에 필요로 하는 에너지로 쓰이고, 나머지 지방과 단백질 등의 유기화합 등은 다른 양분을 만드는 중요한 역할을 한다. 식물의 탄소 흡수는 대부분 공기 중에서 흡수하지만, 토양 속의 유기물이나 토양미생물 등이 분해하는 과정에 발생하는 탄소에서 흡수하기도 한다.

② 수소(H)

식물의 모든 생리작용에 관여하고, 유기화합물을 구성한다. 수소(H)는 주로 물에서 흡수하며, 식물의 엽록체 내에서 물(H_2O)의 분해 과정에서 얻는다.

③ 산소(O)

식물이 호흡을 하면서 다른 원소들과 결합하여 다양한 유기화합물을 구성한다. 호기성 물에는 산소(O)가 많이 있고, 혐기성 물이나 토양에서는 산소가 적다.

④ 질소(N)

세포의 원형질 구성의 주성분으로 식물의 단백질 구성, 양분의 흡수, 동화작용, 엽록소 생성, 식물체 내 생장하는 효소, 호르몬, 핵산, 비타민류 등을 구성한다[국립원예특작과학원, 2019]. 질소는 주로 지상부 생장에 관여하는데 식물의 잎, 가지, 줄기 생장을 촉진시킨다. 질소가 과잉되면 나무의 생장과 활력이 저하될 수 있고, 특정 침엽수는 서리에 대한 내성이 점차적으로 감소될 수 있다[Aber et al., 1998]. 질소가 부족하면 식물 식물의 지상부 생장이 작고, 엽록체 생성이 잘 되지 못해 황백화되다가 심하면 하얗게 백화되어 괴사한다[Salisbury and Ross, 1991]. 질소가 과잉되면 탄수화물이 부족하여 세포벽이나 조직이 연약해져서 병충해나 바람 등에 대한 저항성이 약해지고[임선욱, 2006], 줄기나 가지의 지나친 성장, 도장지의 발생, 꽃눈이 적어지고, 낙과, 낙뢰, 착과불량, 과일숙성 지연, 줄기나 가지의 무름, 병해충 발생 등의 현상이 나타난다. 질소 시비는 생장 초기에 공급해 주는 것이 유리하며, 너무 늦게 시비하면 영양생장을 연장하고, 병해충의 피해가 발생될 수 있다[임선욱, 2006].

⑤ 인산(H_3PO_4)

광합성과 호흡작용에 관여하며, 다른 대사들이 관여하는 당인산과 핵산 그리고 막의 구성 성분인 인지질의 구성 요소이다[Salisbury and Ross, 1991]. 또한, 탄수화물대사와 에너지대사에 관여하며, 당류와 결합하여 호흡작용, 뿌리 발달, 생식에 관련된 꽃이나 열매 생장에 영향을 미친다. 인산이 결핍되면 식물의 근계는 한정되고, 줄기는 가늘고, 키는 작아지며, 가지의 생장률이 감소하고, 눈의 발육과 발아가 불량해진다[강영희·신영오, 1991]. 인산의 과잉은 아연, 철, 고토의 결핍을 유발하여 생장을 저해하며[임선욱, 2006], 열매의 성숙이 빨라지나 수확량이 감소된다. 인산질 시비는 기비로 주는 것이 좋으며, 추비 효과는 적다[임선욱, 2006].

⑥ 칼륨(K)

광합성과 호흡에 관여하는 여러 효소의 활성제 역할을 하고, 녹말과 단백질 합성에 필요한 효소를 활성화시킨다[Salisbury and Ross, 1991]. 또한 칼륨은 원형질의 구조를 잘 유지하고, pH와 삼투압을 조절하여 세포 안의 물질대사가 정상적으로 일어나도록 하며[임선욱, 2006], 탄수화합물 합성, 식물의 분열조직 생장에 관여하며, 뿌리 생장, 내병성에 영향을 미친다. 칼륨이 결핍되면 유관속의 목질화가 저해되어 지지력이 약해지고, 세포의 팽압을 유지하지 못하고 연약해져 쓰러지기도 하며[임선욱, 2006], 식물의 조직과 세포발달이 비정상으로 되며, 잎이 암록색으로 변하고, 아랫잎부터 적갈색 반점이 나타난다. 또한 칼륨이 부족하면 줄기의 유관속의 리그닌화가 낮아져 조직이 연해지고, 식물이 건조, 염해 등에 저항력이 낮아진다. 칼륨 과잉은 고토와 칼슘의 흡수량이 낮아져 양분 결핍현상이 발생한다. 칼륨은 부식질이 적은 토양, 습한 토양, 강산성토양 등에서 빠르게 유실되어 칼륨 부족현상이 발생한다.

⑦ 칼슘(Ca)

식물 생장에 필수적인 요소로서 식물의 원형질 이동, 핵분열, 세포 분열, 세포판 형성, 헛뿌리 및 꽃가루관의 생장에 관여한다[Takagi and Nagai, 1983]. 식물의 세포벽 구성 기본 성분으로 식물의 생리적 활동 전달자 역할을 하며, 세포의 신장과 삼투조절, 세포분열, 뿌리생장의 강화, 꽃가루관의 생장, 과실의 결실과 성숙, 염류집적의 감소, 단백질 분해 효소의 억제로 각종 곰팡이류의 감염을 줄여 내병성을 강하게 해준다. 식물체에 칼슘이 부족하면 잎이 황백화되며, 오래 되면 잎의 가장자리가 괴사한다[강영희·신영오, 1991]. 칼슘 부족이 심해지면 세포벽이 연해지고, 신장이 불량해지다가 말라죽기도 하며, 내병성이 약해지고, 열매 저장성이 약해지기도 한다. 칼슘 결핍은 어린잎이 오래된 잎보다 먼저 황녹색으로 변한다[Stulen et al., 2000].

⑧ 마그네슘(Mg)

식물의 엽록소를 구성하는 필수원소이다. 마그네슘은 칼슘과 마찬가지로 세포벽 중층의 결합염기와 단백질 안정화 역할을 하며[Kirkby and Mengel, 1976], 광합성작용과 인산화를 활성화하는데 있어서 모든 효소활성화에 필요하다[Evans and Sorager, 1966]. 마그네슘의 부족은 식물종에 따라 차이가 있으며, 광합성과 호흡에 부정적 영향을 미치며[Peaslee and Moss, 1966], 식물체 내 탄수화물 분배가 제대로 되지 않아서 식물 생장이 둔화된다[Fischer, 1993].

⑨ 황(S)

황(S)은 몇 가지 아미노산, 단백질 등의 유기물질을 구성하는 중요 성분이다. 유황은 작물의 생산성과 품질을 향상시키고, 다른 영양성분의 이용률을 높여 준다. 식물은 황 성분이 부족하게 되면 식물의 성장률이 감소하며, 뿌리보다는 줄기의 성장이 보다 큰 영향을 받으며, 이러한 식물들은 딱딱하여 부러지기 쉽고, 줄기는 가늘다[강영희·신영오, 1991]. 또한 황의 결핍은 잎이 황백화되며[Salisbury and Ross, 1991], 생장이 억제되고, 신엽은 아래로 처진다. 식물에 황 성분이 부족하게 되면 질소 부족 상태와 비슷하게 나타나는데, 질소 부족 증상과 다른 점은 질소가 부족하면 증상이 오래된 잎에서부터 누렇게 되고, 황 성분이 부족하면 어린잎에서부터 누렇게 변해 간다. SO_4^{2-}가 농도가 높아지면 잎에 괴사증상이 나타난다[강영희·신영오, 1991].

2) 미량원소

미량원소는 식물들이 생장하는 데 극히 적은 양의 성분이 필요한 것들을 말한다. 미량원소는 마그네슘(Mg), 철분(Fe), 아연(Zn), 붕소(B), 망간(Mn), 구리(Cu), 몰리브덴(Mo) 등이 있다[Stevenson, 1986]. 미량원소는 비록 100ppm 정도보다 적은 양이 필요하지만 부족 시에는 식물의 생장 불량에 영향을 미칠 수 있고, 병해충을 발생시킬 수 있으며, 미량원소가 많으면 식물이 생장 피해가 유발될 수 있기 때문에 적정량의 시비가 필요하다.

① 마그네슘(Mg)

식물의 광합성과 호흡 그리고 핵산 합성에 관여하는 효소들을 활성화 시키며[Salisbury and Ross, 1991], 뿌리생장, 내병성, 열매의 비대 및 착과 등에 영향을 미친다. 마그네슘이 결핍되면 잎의 정맥과 가장자리 언저리에 노랗게 변하며, 오래된 잎에서부터 발생한다[Salisbury and Ross, 1991]. 마그네슘 결핍 상태의 잎은 딱딱하고, 부스러질 것 같으며, 전연맥 사이가 뒤틀려 있으며, 잎이 일찍 떨어진다[강영희·신영오, 1991]. 마그네슘이 결핍되는 원인은 유기질 부족, 산성토양, 사질토양, 지온이 낮음, 칼슘의 과잉 등이다. 마그네슘은 엽면시비 효과가 크다.

② 철분(Fe)

식물 생장에 소량으로 필요하지만 엽록소 합성과정과 특정효소 작용에 중요한 기능을 하는 성분이다[Hamdollah, 2011]. 철분이 부족하면 식물 측근이 감소하며[Hamdollah. 2011], 어린잎에서부터 먼저 잎맥과 잎맥 사이에서 황백화 현상으로 나타나며[임선욱, 2006], 새로 나온 잎은 그물모양으로 번진다[강영희·신영오, 1991]. 심해지면 잎의 색이 희미해진다[임선욱, 2006]. 철분의 부족은 pH가 높은 알칼리성토양, 배수가 불량한 토양, 염류가 집적된 토양, 석회질토양, 인산이 많은 토양, 구리나 망간이 많은 토양에서 많이 발생한다.

③ 붕소(B)

당의 이동과 다당류 형성에 의해 세포발달에 영향을 미친다. 붕소결핍은 정단 생장점에서 맨 먼저 나타나고, 어린잎들이 기형적이고, 주름살이 잡혀 있고, 주맥과 주맥 사이에 불규칙한 황백화현상이 나타난다[강영희·신영오, 1991]. 붕소가 부족하면 뿌리 생장이 좋지 않아 짧고, 굵어지며, 잔털이 많아지며, 지상부에서도 어린잎에서는 세포분열이 저해되고 이어서 분열조직이 괴사하며[임선욱, 2006], 조직형성과 조직 발달이 비정상적으로 되고, 세포분화가 억제되며, 발아와 화분 생장에 영향을 미친다.

④ 망간(Mn)

식물의 엽록소를 생성하고, 세포 내 산환원 기능을 한다. 망간은 어린싹이 잘 자라도록 하고, 내병성을 강하게 해준다. 망간의 결핍은 식물의 조직은 작고, 세포벽이 두껍고, 표피조직과 표피조직 사이가 오므라든다[강영희·신영오, 1991]. 망간 부족 현상은 주로 식물 생장이 왕성한 시기에 발생하며, 무기질 토양보다는 유기질 토양에서 더 많이 발생하며, 토양산도(pH)가 높은 사토나 토탄질 토양이나 비가 많이 오는 장마철에는 망간이 유실되어 부족 현상이 일시적으로도 나타날 수 있다.

⑤ 아연(Zn)

식물체 내에서 발생하는 유해한 활성산소를 제거하며, 망간이나 마그네슘 등과 같이 효소를 활성화시킨다[위키백과, 2023]. 아연이 부족하면 엽신이 작아지거나 좁고, 길게 자라며, 마디 사이가 짧아진다. 잎이 밀집해 크게 자라지 못하고 말라 죽는다. 과실은 영양이 부족하고, 수분[受粉]이 잘되지 않으며, 광합성작용이 잘 되지 못하여 열매 생산량이 떨어진다[김인산, 2008].

⑥ 구리(Cu)

식물의 호흡작용, 광합성작용, 엽록소 형성, 단백질대사, 탄수화물대사 작용에 관여하는 성분이다. 구리가 결핍되면 곡류의 경우에는 분얼기 때 잎의 끝에서 맨 먼저 나타나는데, 잎의 끝은 백색으로 변하며, 잎 전체가 좁아진 채로 뒤틀려 있고, 마디 사이의 생장도 억제되며, 심해지면 이삭이 형성되지 않고, 과수의 경우에는 작은가지 끝의 생장점이 죽어버리는 여름가지마름병summer dieback이 발생한다[강영희·신영오, 1991]. 구리 성분이 과잉되면 뿌리 생장 장해를 받아 뿌리는 굵어질 수 있으나 곁뿌리 생장이 불량해지고, 잎이 갈변되며 생장이 현저하게 저해된다. 토양에 칼슘, 철, 질소가 많으면 식물이 구리 성분을 흡수하기 어려워진다.

⑦ 몰리브덴(Mo)

식물의 요구도가 비교적 낮은 원소이기는 하지만 질소고정과 질산환원효소를 활성에 관여하며, 질소동화작용에 필수성분이다[Brent, 2005]. 몰리브덴이 부족하면 효소의 활성이 크게 낮아지고, 질산이 축적되어[임선욱, 2006] 생장 장해가 발생한다. 몰리브덴이 결핍되면 어린 식물의 반점, 잎의 구부러짐, 회색으로 변함, 왜성화[Hewitt and Bolle-Jones, 1952] 등이 발생한다. 몰리브덴 부족 현상은 유기질이 적은 산성토양이나 모래질 토양(사토)에서 많이 발생한다.

⑧ pH(토양산도)

토양이나 양액의 산도를 측정하는 것이다. pH의 범위는 pH 0～pH 14까지로 수소이온(H)이 많은 토양을 산성토양이라고 하고, 수소(H)이온이 적은 것을 알칼리성토양이라고 한다. 토양산도는 pH 7 정도를 중성이라고 하고, pH 7보다 낮으면 산성이라고 하며, pH 7보다 높으면 알칼리성이라고 한다[위키백과, 2023]. pH는 식물 생장에 직접적으로 영향을 미친다기보다는 식물의 적응 가능한 토양 지표이다. 식물마다 적응하는 pH 범위가 다르다. 식물은 pH 3에서 pH 9 사이에서 자랄 수 있다[Salisbury and Ross, 1991]. 일반적인 식물들은 약산성이 pH 5.0～pH 7.5에서 생장이 잘 되며, 온대지방의 일반적인 식물은 pH 5.5～pH 6.5 정도에서 잘 자란다. 토양산도가 pH 5.5～pH 6.5보다 더 낮은 강산성토양이면 미량원소인 알루미늄(Al), 철(Fe), 망간(Mn), 아연(Zn) 등의 과잉장애가 발생하고, pH 7.5 이상의 강알칼리토양이면 칼슘(Ca)과 몰리브덴(Mo)은 함량이 높아지나 미량원소인 철(Fe), 망간(Mn), 붕소(B) 등의 결핍 현상이 발생한다. 산성토양을 중성시키려면 석회를 혼합하고, 알칼리성 토양을 중성시키려면 황을 섞는다.

3) 비료

비료란 식물에 영양을 공급해 주거나 토질을 개선해 주는 식물의 영양물질이다. 비료의 종류는 성분에 따라 유기질비료와 무기질비료로 대분할 수 있다.

① 유기질비료

유기질비료는 생명이 있었던 동물이나 식물 또는 미생물로부터 추출된 유기화합물이다. 유기물은 부피에 비하여 식물이 자라는 데 필요한 양분이 적은 편이지만 식물 생장을 간접적으로 돕는 중요한 역할을 한다. 식물이 필요로 하는 미네랄과 미생물이 많이 있어서 식물을 균형 있게 성장하게 하며, 토양의 지력 증진과 유지를 해준다.

유기물의 장점은 토양물리성 개량, 토양 보수력 증진, 생물성과 미생물성의 증진, 토양화학성의 완충, 미량원소의 공급 등이 있다. 유기물의 토양물리성 개량은 토양의 밀도를 낮게 해주고, 토양수분을 많이 보습할 수 있게 해주며, 토양이 다져지는 것을 예방하여 식물 뿌리 발달을 촉진시켜 준다. 유기물은 소량의 질소, 인산, 황 등의 양분을 식물에게 공급해 주기도 한다.

유기물의 단점은 완전 부숙되지 않은 유기물 사용 시 질소질 부족현상, 토양의 환원, 병해충의 유인, 양분용출 상태의 정밀예측 어려움 등이 있다. 유기물이 많은 토양은 검은색에 가까우며, 유기물이 적은 토양은 황색, 붉은색, 흰색에 가깝다. 완전분해되지 않은 유기물 시비를 할 때는 소량의 질소질 비료를 시비하여 질소질 부족 현상을 예방하여 주는 것이 좋다.

② 무기질비료

무기질비료는 주로 화학비료로서 생명성이 없는 공기, 물, 암석, 광물, 금속 등과 같은 무생물로부터 추출된 비료이다. 무기질비료는 질소, 인산, 칼리 등의 화학비료들로서 과잉 시비를 하면 식물들이 미네랄 흡수장해를 유발시킬 수 있다.

화학비료의 장점은 속효성으로 식물이 빠른 시간 내에 양분을 흡수할 수 있고, 식물 양분 상태를 빨리 파악할 수 있으며, 성분 조정과 시비가 용이하다.

반면, 무기질의 단점은 토양오염, 수질오염, 대기오염, 토양물리성 약화, 생물과 미생물 서식의 약화, 과잉시 식물 생장 저해를 유발시킬 수 있다.

4) 시비방법

시비방법은 표토시비법, 토양내 시비법, 엽면시비법, 관주시비법, 수간주사법 등이 있다.

- 표토시비법: 비료나 거름을 토양표토에 손이나 기계로 살포하는 방법이다. 표토시비법은 표토에 시비하는 방법으로 작업이 손쉬우나 비료의 유실량이 많다.
- 토양내 시비법: 비료성분을 토양을 파고 토양 내부에 시비하는 것이다.
- 관주시비법: 비료성분을 물에 희석하여 관수하여 비료성분이 토양내로 스며들도록 하는 방법이다.
- 엽면시비법: 비료를 물에 희석하여 식물의 잎이나 줄기 표면에 살포하는 방법이다. 엽면살포는 주로 식물의 수세를 빨리 회복시킬 필요가 있을 때 한다.
- 수간주사법: 주로 식물의 줄기에 구멍을 뚫고 양분을 삽입하는 방법이다. 수간주사법은 수세를 빨리 회복시키려고 할 때 줄기에 구멍을 뚫음으로써 줄기 손상이 될 수 있다.

토양시비법은 전면시비법, 방사상시비법, 윤상시비법, 점시비법, 고랑시비법, 구멍시비법 등이 있다.

- 전면시비법: 수목 지면부를 전체적으로 고르게 시비하는 것이다.
- 방사상시비법: 중앙의 한 점에서 여러 방향으로 바큇살처럼 시비하는 것이다.
- 윤상시비법: 식물 주위에 원형으로 시비하는 것이다.
- 구멍시비법: 토양에 구멍을 뚫고, 구멍 안에 시비하는 것이다.
- 점시비법: 식물 주변에 점적으로 시비하는 것이다.
- 고랑시비법: 식재된 식물들의 선을 따라서 길고 가늘게 시비하는 것이다. 주로 생울타리, 채소 등에서 한다.

5) 시비량

식물은 필수영양소가 충분한 양으로 공급되지 않으면 식물은 결국 외형에나 미세구조 또는 기능에 어떤 특징적인 증상이 나타나게 되며, 심하면 죽는다[임선욱, 2006]. 식물은 영양소의 농도가 낮은 결핍상태[deficient zone]에서는 농도를 높이면 생장이 증가하지만, 임계농도[critical concerntration] 이상에서는 생장에 크게 영향을 미치지 못하며, 영양소의 농도가 매우 높아지면 독성[toxic zone]이 나타나서 생장 억제 현상이 발생한다[Salisbury and Ross, 1991]. 그러므로 식물의 영양소는 적정범위[adequate zone]의 영양소를 공급해 주어야 한다.

6) 시비 시기

밑거름은 낙엽이 진 다음부터 봄철 이전이 좋다. 식물 생장기의 생장촉진을 위한 시비는 봄과 여름철에 시비하는 것이 좋다. 속효성 비료를 7월 이후에 시비를 하게 되면 겨울철 저온에 의한 동해피해가 발생될 수 있다. 그러므로 속효성 비료 시비는 가급적 7월 이후에는 시비를 하지 않거나 최소화하는 것이 좋다.

4.5 전정

정원식물은 방치해 둘 경우에는 나무가 너무 무성하게 자람, 부자연스러운 수형, 꽃이나 열매가 맺히지 않음, 일상생활의 지장초래, 병해충 발생 등으로 사람들이 원치 않는 경관이 되거나 일상생활에 지장을 초래하기도 한다[한국조경학회, 2016]. 정원수는 식재의 원래 목적을 달성할 수 있도록 수목의 실용성, 기능성, 심미성, 수목 생리·생태조절을 위한 전지 또는 전정이 필요하다.

그림 6-2 오랫동안 방치되어 버려진 정원수를 베어내지 않고 특이한 정원수로 재탄생시킨 사례

1) 전정작업의 목적

전정 작업의 목적은 실용적 목적, 공간조절목적, 기능적 목적, 미관상의 목적, 식물생리·생태학적 조절 등의 목적이 있다. 실용적 목적의 전정은 전지 및 전정 작업을 통하여 일상생활에 유익한 것을 만들어 내는 것이다[한국조경학회, 2016]. 전지 및 전정에 의하여 식물에 의한 가림효과, 바람조절효과, 유도효과, 녹음효과, 채광효과, 개화결실촉진, 병해충 감소, 매력적인 모양 유지[Joanne, 2022] 등의 효과가 있다.

2) 정지 및 전정의 시기

굵은 가지치기는 낙엽이 진 후부터 이른 봄까지 가지치기를 하는 것이 좋다. 난온대성 상록활엽수는 동해 방지를 위하여 3월 초부터 6월 말까지 전정하는 것이 좋다. 여름철 전정은 주로 과도하게 웃자란 가지, 세력지, 도장지, 맹아지, 곁가지, 가지끝순 다듬기 정도로 한다.

① 겨울전정

겨울전정은 12월~3월경에 전정하는 것이다. 대부분의 나무는 휴면기로 수목의 기본골격 형성을 위한 전정을 한다. 겨울전정은 다른 시기에 비하여 전정의 영향이 제일 적은 편이다. 그러나 너무 빨리 전정하여 새싹이 이른 봄에 나왔다가 기온이 갑자기 내려가면 냉해나 동해피해를 받을 수 있다. 낙엽수의 경우에는 겨울철에 잎이 없기 때문에 가지의 배열, 외관, 원하지 않는 가지, 피해가지 등의 발견이 쉽고 작업이 용이한 편으로 강전정의 적기이다. 상록활엽수는 절단 부위의 상처로부터 한기가 스며들어 시들 수 있으므로 추운지방에서는 동기전정을 하지 않는 것이 좋다한국조경학회, 2016.

② 봄철전정

봄철전정은 3월~5월에 하는 것이다. 봄철은 낙엽수는 최대 성장기이므로 강전정보다는 순지르기나 눈따기 등의 약한 전정을 하는 것이 좋다. 생장이 왕성한 4월~6월 사이에 강전정을 하면 수피에 수분이 많아서 전정 시 수피가 크게 찢어지거나 상처가 커질 수 있고, 가지가 영양생장을 왕성하게 하는 시기로서 가지에 탄수화물이 적기 때문에 상처가 빨리 아물지 않을 수 있다. 봄철은 상록활엽수 전정에 적당한 시기이다. 상록활엽수는 6월 중순 이후에 전정하게 되면 새순이 굳지 않은 상태이고, 탄수화물, 포도당, 미네랄 등의 축적량이 적어 저온에 견디는 내성이 적어서 겨울철에 동해피해를 받기 쉽다.

③ 여름전정

여름전정은 6월~8월 사이에 전정하는 것이다. 여름철 전정은 강전정보다는 주로 과도하게 영양생장하는 가지, 밀생지, 유해지, 도장지, 통풍조절 등을 위한 가벼운 전정을 하는 것이 좋다. 여름철에 강한 전정을 하면 수목 생장이 둔화될 수 있다. 비가 오거나 과습할 때 강전정을 하면 전정 상처부에 버섯류나 박테리아가 발생하기도 한다. 사과나무처럼 6월 중에 꽃눈형성을 하는 수목들의 전정을 할 때에는 꽃눈이 형성하기 직전에 약하게 전정하는 것이 좋다.

④ 가을전정

가을전정은 9월~11월에 하는 전정이며, 상록수의 솎음전정을 하기 좋은 시기이다. 이른 가을철에 전정을 하면 새로 나온 부정아지가 동해피해를 받을 수 있고, 수목이 양분을 저장하는 시기로 전정으로 인한 상처 부분에 유합이 늦을 수 있다. 또한 이른 가을철에는 공기 중에 곰팡이 포자가 많은 시기로 상처난 부분에 곰팡이 포자에 감염되기 쉽다. 가을철 전정은 불필요한 가지를 가볍게 전정하는 것이 바람직하다. 이른 가을철에 강전정을 하면 가지 끝의 옥신Auxin의 함량이 높아 잎눈이 일찍 싹이 터서 동해 피해가 발생할 수 있다.

3) 전정의 기본원칙

전정의 기본원칙은 전정하기 전과 전정 후의 모습을 예상하여야 한다. 수목의 주지는 정연한 수형을 만들고자 할 때에는 가급적 하나의 줄기로 하는 것이 좋다. 나무 하나를 풍성하게 하게 하거나 다간형으로 가꾸고자 할 때에는 나무 밑둥의 줄기들이 너무 많지 않도록 하는 것이 좋다. 나무 밑둥에 맹아지와 같은 잔가지가 많이 나오면 어수선해지므로 잔가지는 잘라내는 것이 좋다. 진입부에 정면으로 향한 가지는 위협적일 수 있기 때문에 정면을 향하지 않도록 가지 배열을 하는 것이 좋다. 뿌리 자람의 방향과 가지의 유인을 위한 가지자르기를 한다.

4) 전정의 순서

정지, 전정의 순서는 수목마다 나무의 형태나 상황에 따라 다를 수 있으나 쉽게 전지 및 전정하는 방법은 우선 불필요한 잔가지를 제거하고, 그 다음에 가지배열을 위한 강전정을 하고, 맨 나중에 외관 다듬기를 하는 것이 좋다.

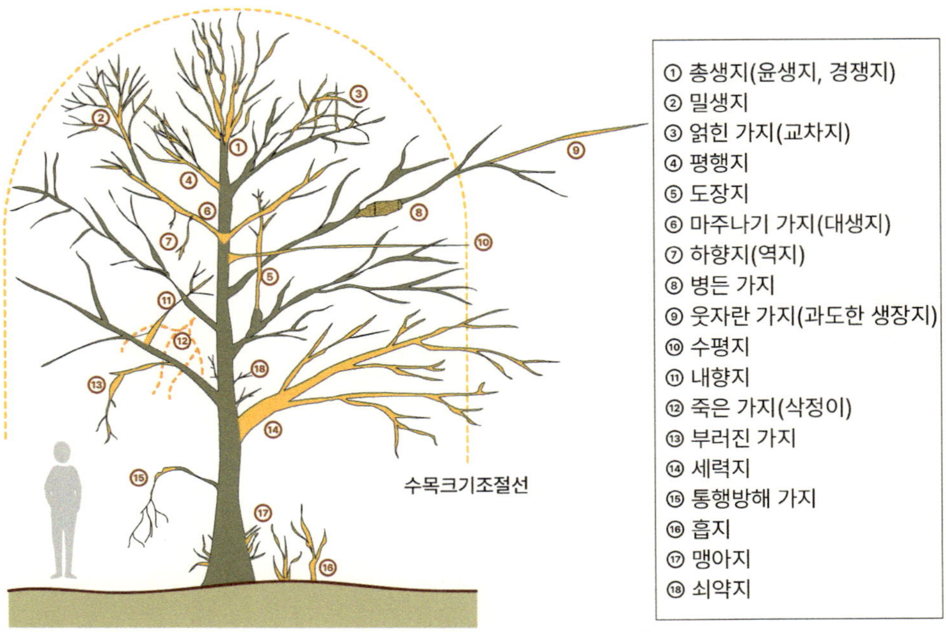

그림 6-3 정지 및 전정 대상

- 제1단계는 나무의 크기와 수형을 결정한다. 수형조절을 위한 전정은 주변의 상황에 조화될 수 있는 수형과 크기로 가상선으로 결정한다. 즉, 우선은 수형의 가상선만 결정하고, 수고 또는 수관폭 제한 전정이나 외관 다듬기는 나중에 한다.
- 제2단계 전정은 말라 죽은 가지, 부러진 가지, 유해로운 가지, 병해충에 걸린 가지 등을 자른다.
- 제3단계는 주변 가옥, 시설물, 구조물, 전선, 간판 가림, 보행, 자전거, 자동차 통행 등의 장애가 되는 가지는 제거한다.
- 제4단계는 맹아지, 밀생지, 하향지, 도장지, 쇠약지, 교차지, 평행지, 윤생지, 돌출지, 미관상 불량한 가지 등을 제거한다.
- 제5단계는 주가지와 부가지 배열을 위한 전정을 한다.
- 제6단계는 수형이 균형을 잃을 정도의 긴가지, 세력지, 꽃눈형성 조절을 위한 전정, 외관의 모양 다듬기 등을 한다.

5) 수목 구조의 정지

수목의 구조 정지는 주로 수목의 형태를 바로잡기 위하여 주로 줄기, 가지를 자르거나 다듬는 것이다.

① 가지형태 관리

가지의 형태를 장기적으로 유지관리하기 위해서는 가지는 질서 있게 배열한다. 가지 자람세의 방향을 일정하게 배열시키고, 가지의 세력을 일정하게 생장시킨다. 가지의 배열은 1~3개 정도로 분지시켜 가면서 조형한다.

② 수목 구조의 정지

수목의 구조적 정지는 무성하게 자란 가지, 지나치게 자란 가지, 수형이 균형을 잃을 정도의 도장지, 역지, 수하지 및 복잡하게 밀생한 난지, 기타 불필요한 가지 등을 제거하는 것이다. 수목의 지주는 하나로 하는 것이 좋지만 두 갈래 이상으로도 할 수 있다. 가급적 가지 상하 간에 근거리에 평행지를 만들지 않는 것이 좋다. 주 시각 방향에서 정면으로 향한 가지를 만드는 것보다는 가지는 주 시각 방향에서 양쪽으로 벌려지도록 유도하는 것이 좋다.

6) 가지 간격 조절

정원수는 가지가 밀생되면 심리적으로 답답하고, 우중충하여 우울증을 유발할 수 있고, 기능적으로는 통풍이 잘되지 않으며, 햇빛이 차단되고 어두워질 수 있으며, 생리적으로 수관 내부에 개화결실이 어렵고, 병해충이 많이 발생할 수 있다.

가지 간격 조절은 수관의 원줄기와 외관선은 본래의 상태를 유지하고, 주가지와 부가지의 간격을 조절한다. 가지의 간격은 맨 밑가지부터 위로 올라갈수록 가지 간격의 비율이 조금씩 낮아지게 하거나 균등하게 한다. 시각적으로는 가지의 간격 비율은 위로 올라갈수록 조금씩 낮아지게 하는 것이 안정감이 있게 보인다.

7) 큰 줄기 및 큰 가지 자르기

① 큰 줄기 및 큰 가지 자르기

수목의 큰 가지나 줄기를 자를 때는 가지의 밑살(지륭)을 상하거나 베지 않도록 한다. 가지 지륭선을 과도하게 짧게 하거나 길게 남기면 가지자르기를 한 상처 부분에 캘러스가 형성되지 않아서 유합되지 못하고, 부후될 수 있다. 가지를 자르고 남은 가지 터기를 남기지 않도록 한다.

가지를 자를 때 지피융기선 안쪽으로 자르지 않도록 한다. 지륭선 끝부분인 '3' 부분은 생장력이 강한 부분으로 전정에 의한 상처가 빨리 아무는 캘러스callus[1]가 있는 곳이다. 지륭선 끝부분인 '3' 부분에서 줄기 쪽으로 너무 가깝게 자르면 절단면이 너무 크고, 생장점이 소실되어 전정으로 손상된 부분의 캘러스 형성이 매우 오래 걸리고, 그 과정에 부패되기 쉽다. 지륭선 끝부분인 '3' 부분에서 줄기 바깥쪽으로 너무 길게 두면 캘러스 형성을 막고, 죽은 가지가 남아서 미관을 해치거나 사람들의 활동에 지장을 초래할 수 있다. 가지를 최종적으로 자를 부분은 '3' 부분이지만 '1'은 가지의 찢김을 방지하기 위하여 가지 무게를 줄이는 부분이다.

톱질이나 전정은 절단면이 매끄럽게 되도록 자른다. 굵은 가지 자르기 순서는 먼저 가지의 무게를 줄이기 위하여 먼저 1부분을 줄기의 껍질이 찢기지 않도록 자른다. 그다음 2번 방향으로 자르고 난 다음 A－B 방향으로 매끈하게 자른다. 굵 은가지 자르기를 할 때에는 가지 터기잔지, 殘枝를 남기지 않도록 하고, 가지 밑살의 C부분에 상처 나지 않도록 한다. 가지를 자를 때 지피융기선枝皮隆起線 안쪽으로 자르지 않도록 한다. 굵은 측지는 너무 커지기 전에 정지를 해야 한다.

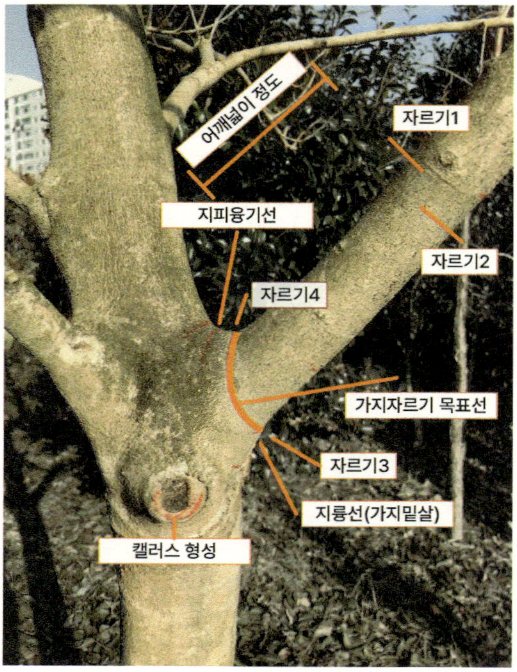

그림 6-4 굵은가지 자르기 순서 및 위치

② 큰 줄기 및 가지 자르기 후 마무리

굵은 줄기나 가지를 절단한 부분의 상처에 빗물 침투나 부후균 침입이 민감한 수종들이 있다. 굵은 가지나 줄기를 자르면 상처 부분에 부패균이 침입하여 썩기 시작하는데 과습할 때 더 빠르게 썩기 때문에 상처부에 빗물이 스며들지 않도록 방습해주면 좋다. 이러한 나무들은 굵은 줄기나 가지를 절단한 후에 빠른 시간 내에 부후균 침입이나 빗물 침투를 방지할 수 있는 조치를 하여야 한다.

굵은 줄기나 가지를 자른 부분에 부후균이나 병원균이 침입하지 못하도록 도포제를 발라준다. 나무썩음병^부후균 방지를 위한 재료들은 락발삼^Lac Balsam, 티오파네이트메틸^톱신페스트 Topsin paste, 테부코나졸도포제^Silvacur paste, 라텍스유제, 가타파스타 등이 있다. 기존의 페인트, 콜타르, 크레오소트, 바셀린^Vaseline, 오공본드 등은 상처 부위의 유세포와 형성층을 상하게 할 수 있기 때문에 바르지 않는 것이 좋다. 전정 후에 도포제를 바르지 않아도 되는 나무는 상처난 부분에 스스로 치유하거나 부후가 잘되지 않는 나무들이다. 전정 후에 도포제를 바르지 않아도 되는 수종은 주로 소나무류이다. 소나무류는 상처난 부분에 수지^송진이 나와서 병해충의 진입을 방지하기 때문으로 보인다.

8) 깎아다듬기

깎아다듬기는 나무 모양을 둥글거나 각이 지도록 깎아서 형태를 만드는 것이다. 깎아다듬기는 주로 생울타리나 조형목에 깎아다듬기를 한다. 깎아다듬기에 적합한 수목들은 가지가 연하고, 잘 잘라지며, 가지 자른 다음에 잔가지가 잘 발생하는 나무들이다.

깎아다듬기 후 부정아지 발생시기를 고려한다. 특히, 깎아다듬기 이후에 발생된 부정아지가 동해피해를 받지 않을 시기로 해야 한다. 상록활엽수로 조성된 생울타리는 6월 이전에 깎아다듬기를 해야 신초의 동해피해를 예방할 수 있다. 낙엽활엽수는 늦은 봄~6월 중순에 주로 하지만 9월에 한 번 더 깎아다듬기 하면 연중 정연한 모양을 볼 수 있다.

깎아다듬기는 꽃눈 형성시기화아분화, 花芽分化 시기를 고려하여 전정해야 한다. 나무들의 꽃눈 형성시기는 수종별로 많이 다르기 때문에 깎아다듬기를 할 때는 대상 수종의 꽃눈 형성시기를 알아두고 깎아다듬기를 해야 한다.

9) 개화결실을 위한 전정

생장이 왕성한 나무는 개화결실이 부실해질 수 있다. 과실수는 전정을 하지 않으면 해거리를 하게 되고, 열매가 퇴화되기도 한다. 개화결실이 잘되지 않는 수목들은 전정을 통하여 개화결실을 촉진할 수 있다. 개화결실을 촉진하기 위해서는 가지 끝의 정아 또는 가지를 잘라준다. 정지 및 전정 시기는 개화결실과 화아분화 시기를 고려하여 전정한다. 식물마다 꽃과 열매 맺는 가지가 다르기 때문에 화아 분화의 형성시기, 개화결실 시기의 습성, 겨울눈의 종류, 꽃눈 맺는 위치를 잘 알고 전정해야 한다. 유실수나 화목류는 개화 및 결실 가지가 1년생지, 2년생지, 3년생지 등에서 발생하기 때문에 가지의 년수를 잘 알고 전정해야 한다한국조경학회, 2016.

① 1년생지에서 꽃이 피는 화목류의 전정

전정 후에 새가지가 나와서 꽃과 열매를 맺게 하는 수종들로, 주로 가을~다음해 봄에 한다. 1년생지에서 꽃이 피는 나무들은 감나무, 배롱나무, 수국, 장미 등이다.

② 2년생지에서 꽃과 열매를 맺는 나무

당해년에 자란 가지가 아닌 2년차 가지에서 꽃과 열매를 맺는 수종들로 전정을 할 때에는 꽃과 열매를 맺는 2년생 가지 자름을 이해하고 전정을 해야 한다. 특히, 봄철에 꽃이 진 다음 곧바로 전정을 해야 하는 식물들은 주로 3월~4월경에 꽃이 피고, 9월경에 꽃눈형성을 하는 식물은 목련, 철쭉류, 개나리, 진달래 등이다. 6월에 전정을 해야 하는 나무들은 매화나무,

사과나무 등이다. 가을부터 다음해 봄까지 전정해야 하는 화목류는 협죽도, 백일홍, 싸리나무, 석류나무 등이며, 싸리나무, 부용 등은 이 시기에 지상부를 베어내도 된다.

③ 3년생지에서 꽃과 열매 맺는 나무 전정

배나무로 주로 겨울철에 전정을 한다. 화목류들을 너무 늦게 전정을 하면 꽃눈이 감소하기도 하므로 주의해야 한다.

4.6 멀칭

멀칭[Mulching]이란 지표면을 어떤 물질로 덮어 주는 것을[Wikipedia, 2023] 말한다. 멀칭의 효과는 토양침식 및 유실의 방지, 토양온도의 보온, 토양수분 손실 방지, 보습의 효과, 토양산소 유통, 잡초발생의 억제, 토양답압의 방지, 토양미생물 증가의 효과, 토양동물 서식처의 제공, 토양비옥도 증진, 토양구조의 개선, 토양고결이나 균열의 방지, 토양산소 유통, 경계설정 및 진입방지의 효과, 햇빛 복사열 차단 효과, 빛 반사 차단의 효과, 소음완충, 지표면 미관향상, 시각적 디자인의 효과 등이 있다.

그림 6-5 식재 후 멀칭은 식물 생장에 긍정적인 영향을 많이 미친다.

1) 병해충 방제

식물의 병해충이란 식물 생장에 지장을 초래하는 병해와 충해를 말한다. 정원식물들은 생장에 불리한 요인들이 많기 때문에 병해충이 수시로 많이 발생한다. 병해충의 방제목적은 병해충을 완전히 제거한다기보다는 인간에게 경제적 손실을 최소화하고, 인간 생활이나 동식물의 생활에 유해하지 않을 정도로 병해충의 밀도를 조절하는 것이다. 병해충이 정원식물의 품질을 좌우할 수 있기 때문에 정원식물을 심고 가꿀 때에는 병해충 관리를 잘 해주어야 한다. 정원식물에 병해충이 발생하면 수목 생장에 지장을 초래할 뿐만 아니라 식생경관이 비위생적이며, 미관이 불량해질 수 있으므로 수시로 예찰하여 병해충 방제를 하여야 한다.

① 병해

병해disease란 생물, 화학물질, 기상요인과 같은 무생물 등에 의하여 병원균이나 병원체가 식물의 내적 또는 외적 대사작용metabolism이 변화를 일으켜 식물의 생리적 작용이 파괴하여 영양생장, 생식 등의 생리적 기능이 제대로 되지 못하는 상태를 말한다. 식물이 병해 피해를 입을 때는 주로 식물 병원에 의하여 발병이 된다. 식물병원은 병원체와 병원균이 있다. 병원균이란 세균이나 진균과 같은 균류를 병원이 발생되는 것이고, 병원체란 어떤 생물이거나 바이러스에 의해 병원이 발생되는 것이다.

식물의 발병은 병원균이 식물에 부착하여 감염되어 병원균이 감염된 식물로부터 양분을 흡수하여 감염된 식물에 병이 발생하는 것이다. 식물의 병원은 생물성 원인과 비생물성 원인이 있다. 생물성에 의한 발병은 전염성 병 또는 기생성 병으로 바이러스를 포함한 생물성 병이다. 비생물성에 의한 발병은 비전염성 또는 비기생성 병으로 주로 부적당한 기상이나 토양, 영양장해, 수분장해, 유해물질, 농기구 등에 의한 기계적 상해 등에 의해 발생된다.

기상에 의한 발병은 주로 지나친 고온, 저온, 과습이나 건조, 강풍, 폭우, 우박, 눈, 벼락, 서리, 광량부족 등에 의하여 발생한다. 영양장해에 의한 발병은 식물이 필요로 하는 양분이 너무 과잉이거나 부족할 때 발생하는 것이다. 수분장해에 의한 발병은 토양이나 공기 중에 수분이 너무 과습하거나 건조할 때 발생한다. 유해물질에 의한 발병의 대기오염, 독성, 약해, 염류해 등이 있는 광물질 등에 의하여 발생한다. 농기구에 의한 기계적 발병은 주로 잔디 깎는 기계, 자동차, 엔진톱 등에 의하여 발생한다.

식물의 병원은 주인과 유인이 있다. 식물병의 발생은 한 가지 요인에 의하여 발생하는 것보다는 대부분 2가지 이상의 원인에 의하여 복합적으로 발병한다. 이때 주된 발병의 원이 되는 것을 주인이라고 하고, 2차적으로 발병하게 되는 것을 유인이라고 한다.

병원체는 기주와 감수체가 있다. 기주식물奇主植物; host plant이란 병원체가 침입하여 정착 당하는 식물이다. 기주란 어떤 병원체가 침입 당하여 그 식물에 기생하는 생물에게 양분을 빼앗기는 생물이며, 숙주라고도 한다.

식물병은 감수체와 감수성이 있다. 감수체感受體; suscept는 병원체가 식물에 침입하기 전에 감염될 수 있는 상태를 말한다. 식물의 감수성은感受性; susceptiable에 걸리기 쉬운 정도를 말한다.

병원성이란 병원체가 감수성이 있는 식물에 침입하여 병을 일으킬 수 있는 능력이다. 식물의 침해력은 병원체가 감수성인 수목에 침입하여 식물의 내부에 침해하여 정착할 수 있는 정도이다. 식물은 병해충으로부터 침해나 기생을 당하면 병징과 표징이 나타난다. 식물의 병징과 표징을 아는 것은 식물병의 예방과 방제를 하기 위해서는 진단이 매우 중요하다.

식물의 병징이란 식물이 어떤 병원으로부터 침해 또는 기생을 당하게 되면 식물체의 세포, 조직, 기관 등에 이상 증상이 외부로 나타나 식물체가 병에 걸렸다는 것을 알 수 있게 되는 상태이다. 병징으로 나타나는 것들은 식물 색깔의 변화, 구멍천공, 시듦위조, 괴사조직이 부분적으로 죽음, 식물조직의 작아짐잎 등이 작아짐, 위축, 비대, 기관의 탈락, 암종, 빗자루모양, 줄기마름병동고병, 胴枯病, 잎마름, 가지의 죽음 등이 있다.

식물의 표징이란 식물이 어떤 병원으로부터 침해 또는 기생을 당하게 되면 발병된 부분에 병원체, 병원체의 일부, 병원체의 부산물 등이 나타나는 것이다. 표징으로 나타나는 것은 식물체나 병원체의 가루, 곰팡이, 검은점, 균핵, 돌기, 점질물, 냄새 등이 있다.

② 충해

충해란 벌레에 의하여 피해를 입는 것이다. 인간 생활이나 식물에 피해를 미치는 벌레를 해충이라고 하고, 유익한 벌레를 익충이라고 한다. 정원식물에 피해를 미치는 주요 해충은 진딧물, 깍지벌레류, 응애류, 이화명나방, 소나무좀 등이 있다.

③ 병해충 방제 방법

방역의 기본 원칙은 병원체의 제거, 감염경로의 차단, 감수성 동물에 대한 대책 등이 있다. 병해충의 방제 방법은 전염경로의 차단, 물리적 방제법, 생물학적 방제, 화학적 방제법, 기계적 방제법, 임업적 방제법, 생리활성물질을 이용한 방제법, 식물검역법 등이 있다. 전염경로의 차단은 병해충의 이동경로 차단, 식물검역 등이 있다.

식물검역에 의한 차단은 외래식물을 도입할 때 식물 검역을 통하여 새로운 병원체가 유입되지 않도록 사전에 예방하는 것이다. 식물검역은 외국식물의 수입이나 국내에서도 다른 지역의 식물을 도입하고자 할 때 식물검역을 한다. 물리적 방제법은 병해충을 잡거나 포집

하여 제거하는 것이다. 화학적 방제법은 살충제, 살비제, 살균제 등의 화학약품이나 농약으로 방제하는 것이다. 기계적 방제법은 기계나 기구 등을 사용하여 방제하는 방법이다. 임업적 방제법은 내병성이 강한 식물의 선택, 상처나지 않은 묘목, 건강한 식물을 선택하여 식재하는 등의 방법이다.

병해충 방제는 수시 또는 주기적으로 예찰하여 병해충 발생 시기, 빈도, 번식 등을 관찰하여 연간 기록표로 작성하여 병해충 방제에 참고로 한다. 병해충 방제는 사후 방제보다는 미리 사전에 병해충 예찰을 통하여 병해충 발생 사전 또는 초기에 방제를 하는 것이 좋다.

식물의 해충 관리를 할 때에는 해충의 생활사를 이해하는 것이 중요하다. 해충의 생활사를 이해하면 해충을 언제 어떻게 방제할 것인가를 결정할 수 있다. 해충의 생활사는 일반적으로 알 → 유충 → 번데기 → 성충 순으로 완전변태를 하는 것이 있고, 알 → 유충 → 번데기 순으로 불완전변태를 하는 것들이 있다. 식물종마다 병해충 방제 시기가 다르지만 일반적으로 가해 초기인 어린 유충기에 방제하는 것이 좋다.

병해충 방제는 병해충 발생이 예상되거나 발생되었을 경우에 방제작업을 한다. 병해충 방제를 할 때 같은 성분을 계속 반복 사용하면 병해충이 면역력이 생기기 때문에 다른 성분의 농약을 사용하는 것이 바람직하다. 중간기주에 의하여 병해충이 발생하는 식물들은 중간기주를 제거해야 한다.

그림 6-6 식물의 병해충은 식물의 생장에 부정적 영향을 미치기도 하지만 위생적으로 부정적인 영향을 미칠 수 있기 때문에 병해충의 방제가 필요하다.

2) 월동보호

정원식물이 겨울철 저온에 적응하기 어려운 경우에는 저온에 견딜 수 있도록 월동 보호를 해주어야 한다. 월동보호는 짚, 마대, 비닐 등으로 줄기 감싸기, 수관 감싸기, 토양멀칭 등으로 한다. 난온대성 상록활엽수는 겨울철 저온에 의하여 동해피해 및 피소현상이 발생하므로 겨울철 월동보호가 필요하다. 주요 월동보호 대상 수종은 주로 난온대성 상록활엽수로서 후박나무, 구실잣밤나무, 녹나무, 먼나무, 감탕나무, 동백나무, 종려 등이 있다.

3) 잡초 및 잡목 관리

인간의 일상생활권 주변에는 인간이 원하거나 목표로 하는 식물이 있다. 반면, 인간이 원치 않거나 일상생활을 불편하게 하는 식물이 있다. 잡초와 잡목이란 인간이 목표로 하는 식물 이외에 발생하여 목표로 하는 식물의 생장에 지장을 초래하거나 일상생활을 불편하게 하는 식물을 말한다. 인간이 원하지 않는 잡초는 잡초가 나지 않게 하는 사전에 잡초발생방지 방법과 잡초 발생 후 사후 잡초를 제거하는 방법이 있다.

- 잡초발생방지 방법: 잡초가 발생하기 이전에 잡초가 발생하지 않도록 하는 방법이다. 잡초 발생 방지 방법은 경운, 토양경화, 멀칭, 잡초발아 전 처리제 살포, 잡초씨앗 태우기, 표토 제거 등이 있다.
- 경운에 의한 잡초발생방지 방법: 땅을 갈아엎어서 잡초 종자가 발아가 되지 않게 하는 방법이다.
- 토양경화에 의한 잡초발생 억제: 표토를 단단하게 하여 종자가 발아하지 않게 하는 방법이다. 멀칭에 의한 잡초발생 방지는 비닐폴리에틸렌 필름, 파쇄칩, 굵은모래 등으로 표토를 덮어서 종자가 발아하지 못하도록 하는 것이다.
- 잡초종자 태우기: 지표면에 있는 종자를 불로 태우는 방법이다. 주로 늦가을철에 잡초 태우기를 한다. 표토제거에 의한 잡초 제거 방법은 잡초 씨가 많은 표토부분을 제거하는 방법이다.
- 잡초 발아전 처리제: 잡초 발아전 처리제를 살포하여 잡초 발생을 억제하기도 한다. 잡초 발아전 처리제는 잡초 종자가 싹이 트기 전에 '잡초 발아 전 처리제' 를 표토에 뿌려서 잡초의 씨앗이 싹을 트지 못하게 하는 것이다. 발아전 처리제는 표토경운 후 2일~3일 이전에 살포하는 것이 좋다. 발아전 처리제의 유효기간은 약 3주~5주 정도이므로 3주~5주마다 1회씩 뿌려주어야 한다.

• 잡초발생방지는 적기에 하는 것이 좋다. 잡초발생 방지를 제때에 하지 않으면 잡초 제거에 몇 배 더 많은 고생을 하게 되므로 잡초발생 억제를 위해서는 제때에 잡초 제거를 하는 것이 좋다.

① 잡초 제거 방법

잡초가 발아 후에는 잡초를 제거해야 한다. 잡초 제거 방법은 인력, 경운, 기계, 제초제에 의한 방법이 있다. 인력에 의한 잡초 제거는 사람이 직접 잡초를 호미, 괭이, 삽, 낫 등으로 제거하는 방법이다. 경운에 의한 잡초 제거는 땅을 뒤엎어서 잡초를 제거하는 방법이다. 땅을 뒤엎어 잡초를 제거하는 방법은 삽, 쟁기, 경운기, 트랙터 등으로 잡초가 있는 땅을 뒤엎어 잡초를 제거한다. 기계에 의한 잡초 제거는 예초기, 트랙터 등으로 잡초를 잘라내는 방법이다. 제초제에 의한 잡초 제거는 농약의 한 종류인 화학적 처리제로 원하지 않는 식물의 생장을 억제하거나 죽이는 것이다.

② 잡목의 제거

잡목은 인간이 원하지 않는 목본성 식물이다. 잡목의 제거는 인력, 기계, 화학적 제거 방법 등이 있다. 인력에 의한 잡목의 제거는 낫, 톱 등을 이용하여 잡목을 제거하는 방법이다. 기계에 의한 잡목의 제거는 엔진톱, 충전톱, 예초기 등으로 제거하는 방법이다. 화학적 처리제에 의한 잡목 제거 방법은 주로 제초제를 사용하여 잡목을 제거하는 방법이다. 화학적 처리제에 의한(제초제) 잡목 제거는 이행성 제초를 사용하여야 뿌리까지 죽일 수 있다.

4) 농약

농약이란 목표로 하는 농작물에 해를 끼치는 해충, 병원균, 잡초 등을 예방 또는 제거하기 위하여 살포하는 약품이다. 농약은 '작물보호제' 역할을 하는 것이지만 정원에서도 많이 사용한다.

농약은 무색무취한 고독성인 것이 대부분이기 때문에 취급을 주의해야 한다. 농약은 대부분 인체나 생물들에게 위해 한 것이기 때문에 사용을 기피하는 경우도 많이 있다. 최근에는 토양이나 자연상태에서 생분해되고, 인체에 무해한 친환경적인 농약들이 시판되기도 한다. 농약은 살포 후 1개월~수 개월 이내에 공기 중 또는 토양에 자연분해되는 것이 좋다. 농약은 친환경 인증된 것을 사용하는 것이 바람직하다.

농약의 종류는 살충제, 살균제, 살비제, 제초제, 식물생장조정제, 전착제 등이 있다.

- 살충제: 해충이나 벌레 등을 방제하기 위한 농약이다. 살충제는 경엽처리제와 토양처리제가 있다. 경엽처리제는 잡초의 줄기, 잎, 열매 등에 피해를 입히는 해충을 방제하는 농약이다. 토양처리제는 토양 표면이나 토양 속에 있는 해충을 살멸시키는 농약이다.
- 살균제殺菌劑: 미생물, 균류, 바이러스류 등의 병원체를 방제하는 농약이다. 살균제는 작용특성에 따라 보호살균제와 직접살균제가 있다. 보호살균제는 약제가 식물체 내로 침투하는 능력이 낮아서 병이 발생 전에 살포하는 것이 좋다.[2] 직접살균제는 병원균의 발아 방지, 병원균의 침입방지, 침입한 병원균의 살멸 작용을 한다. 또한 살균제의 사용목적에 따라 주로 종자소독제, 경엽처리제, 저장병방제제, 토양소독제 등이 있다.
- 살비제: 응애류와 같은 거미강의 벌레들을 살멸하는 농약이다한국작물보호협회, 2023. 응애류는 거미강에 속하여 일반 살충제로는 방제가 어려워농약안전정보시스템, 2023 살비제로 방제하여야 한다.
- 제초제: 초본류나 목본류를 제거하기 위한 농약이다. 식물생장조정제는 식물의 생장 촉진, 개화결실의 촉진, 열매 촉진, 낙과방지 등을 위한 약제이다.
- 전착제: 농약의 효과는 없지만 농약의 주성분이 병해충의 표면에 잘 부착하거나 퍼지게 하는 물질이다.
- 식물생장조절제: 식물의 생장 촉진 또는 개화촉진, 낙과방지 등의 생장조절에 사용되는 약제이다한국작물보호협회, 2023.

5) 제초제

제초제는 농약의 한 종류로 원하지 않는 식물을 죽이는 화학적 유기화합물이다. 제초제는 일정량 이상의 식물 생장 호르몬과 접촉하게 함으로써 광합성을 방해, 단백질 구성인 아미노산 생합성의 방해, 엽록소 파괴, 호르몬 분비의 이상 작용 등으로 식물의 뿌리와 줄기에 있는 생장점을 파괴시키거나 고사시키기도 하는 것이다.

제초제의 구분은 작용범위, 이행성, 접촉형, 흡수형, 토양제초제, 경엽제초제, 발아억제제 등으로 구분된다.

2) https://psis.rda.go.kr/psis/cont/contentMain.ps?menuId=PS00311

① 제초제의 작용범위에 따른 구분

- 선택성제초제: 특정 일부 식물만 죽이고 다른 식물들에는 영향이 없는 제초제이다. 선택성제초제는 제거하고자 하는 잡초의 유형에 따라 제초가 가능한 제초제이다. 광엽성식물만 제초하고자 할 때 주로 많이 사용한다. 선택성제초제는 2, 4-D, 벤타존 등이 있다.
- 비선택성제초제: 제초제를 살포하면 제초제에 접촉된 대부분의 식물을 죽이는 제초제이다. 비선택성제초제는 대부분의 식물을 죽이는 제초제이다. 비선택성제초제라고 해도 잘 죽지 않는 식물도 있다. 비선택성제초제는 글리포세이트, 파라콰트 등이 있다.

② 제초제의 이행정도에 따른 구분

- 이행성제초제: 식물체 일부에 제초제가 식물체에 닿으면 제초제의 성분이 식물체의 물관과 체관을 타고 식물 전체에 퍼져서(이행) 식물이 죽는 것이다. 이행성 제초제는 글리포세이트, 벤타존 등이 있다. 이행성제초제의 효과는 빠른 것은 3일～5일 이내에 나타나기도 하지만, 1주일～3주일 정도 후에 나타나는 것들이 많다. 이행성제초제는 식물의 물질이 뿌리로 이동하는 가을철에 뿌리면 효과가 더 크다.
- 비이행성제초제: 제초제가 식물체에 닿는 부분만 고사하는 것이다.
- 이행성제초제 처리시기: 식물의 영양생장이 끝나고, 식물의 잎과 줄기의 양분이 뿌리에 저장하는 시기인 가을철에 제초제를 살포하면 보다 효과적이다. 제초제의 흡수는 온도가 상승하면 제초제의 흡수가 촉진되며, 온도가 10℃ 증가함에 따라 화학반응의 증가속도는 2배가 증가하므로 되도록 맑은 날을 택하여 작업하는 것이 좋다[농촌진흥청, 2020].

③ 제초유형에 따른 구분

- 경엽제초제: 식물의 줄기와 잎에 제초제를 직접 살포하는 제초제이다.
- 접촉형제초제: 제초제가 식물체에 묻은 부분만 죽이는 제초제이다. 접촉형 제초제는 주로 엽록체를 파괴하여 잡초를 죽인다.
- 흡수형 제초제: 식물체내 제초제가 흡수되어 식물을 고사시키는 것이다.
- 발아억제제: 토양에 있는 식물의 씨앗이 발아되지 않도록 하는 것이다.

5 정원관리 매뉴얼의 작성

매뉴얼이란 어떤 일의 목표를 달성하기 위하여 작업의 내용이나 작업방식 등을 문장, 도표, 그림 등으로 표준화시켜 누구나 쉽게 이해하고, 작성된 내용에 따라서 쉽게 작업할 수 있는 체계화된 작업 지침이다. 여러 사람 또는 위탁관리를 해야 하는 대규모 정원관리는 여러 사람이 하게 되면 일사분란한 정원관리가 어렵고, 담당자가 바뀔 때마다 정원관리의 목표가 방법이 달라서 정원관리가 같은 방향으로 진행하기 어려워지기도 한다. 정원관리를 할 때에는 정원관리 매뉴얼을 작성해 두면 작업을 생산성이 있게 할 수 있으며, 담당자가 자리를 비우더라도 매뉴얼을 보면 누구든지 쉽게 할 수 있다.

비록 작은 개인 정원일지라도 정원관리를 쉽게 하기 위해서는 정원작업을 하는 것을 기록하고, 그것들을 정리하여 매뉴얼화 해두면 정원작업 목표나 방법을 여러 사람들과 나누어 작업할 수 있고, 정원작업을 제때에 제일을 할 수 있으며, 정원관리의 소소한 즐거움도 많아지고, 정원일에 대한 노하우가 축적되어 가는 것을 알게 될 것이다.

매뉴얼 작성은 우선 주요 작업 항목을 열거해 보고, 다음으로 그 항목별로 정의, 개념설정, 작업순서, 작업 방법 등을 기술한다. 정원식물관리의 매뉴얼은 주로 유지관리에 대한 관수, 지지대, 시비, 토양개량, 전정, 병해충방제, 잡초관리, 월동관리 등이 있다.

6 정원식물의 연간 유지관리계획

정원식물은 오랫동안 생명활동을 하면서 시간의 흐름에 따라 성장과 퇴화를 한다. 정원식물은 제때에 관리하지 않으면 식물의 생장 상태가 불량해지거나 말라 죽으며, 유지관리가 더 어려워지기도 하고, 회복 불가능한 상태로 되기도 한다. 그러므로 정원식물은 제때 제 관리를 하는 것이 좋다.

정원관리를 할 때에는 정원관리 일정표를 미리 작성하여 준비하고, 제때에 제일을 할 수 있게 하는 것이 중요하다. 정원관리계획서와 일정표를 작성해 두고 참고하여 정원관리를 하는 것이 좋다. 정원관리는 제때에 제일을 하지 않으면, 후일 더 많은 정원관리 작업을 해야 하거나 정원의 기본 틀을 유지하는데 큰 어려움을 겪을 수도 있다. 정원관리계획서와 일정표를 작성해 두면 정원관리 작업을 미리 계획하고, 준비할 수 있기 때문이다.

연간관리계획에는 관수, 지지대, 시비, 토양개량, 전정, 병해충방제, 잡초관리, 월동관리 등에 대한 일정을 계획한다.

구분		횟수	월 별 일정(월)												비고
			1	2	3	4	5	6	7	8	9	10	11	12	
전정	상록활엽수	1~2				━	━								동해를 고려
	낙엽수	1~2	━	━					━	━			━	━	겨울철: 정지 및 전정 여름철: 약전정
	관목	1~3					━	━	━				━		생울타리
시비		1~2			━	━	━					━	━		생장 상태에 따라
관수		수시			━	━	━	━	━	━					환경조건에 따라
제초, 풀베기		3~4				━	━	━	━	━					6월~9월 집중관리
줄기감기		1											━		월동보호
병충해방제		2~4				━	━	━	━	━					병해충 예방 및 발생시
지주결속		1					━	━	━	━	━	━	━		태풍대비 8월 전후
월동작업		1											━	━	난온대식물 월동보호

표 6-1 정원식물의 연간 유지관리계획표

참고문헌

- 강영희·신영오(1991), 식물영양학, 도서출판 아카데미서적, 425.
- 국립원예특작과학원(2019), 원예·특용작물 기술정보, 제77호 전자자료
- 김인산(2008), 포도의 아연결핍증 예방방법, 농사로: https://www.nongsaro.go.kr/portal/ps/psz/psza/contentSub.ps
- 농약안전정보시스템(2023), 농약 안전정보, 농촌진흥청 농약안전정보시스템: https://psis.rda.go.kr/psis/cont/contentMain.ps?menuId=PS00311
- 농촌진흥청(2020), 농약에 대한 이해: https://psis.rda.go.kr/psis/cont/contentMain.ps?menuId=PS00320
- 위키백과(2023) 아연: https://ko.wikipedia.org/wiki/%EC%95%84%EC%97%B0
- 위키백과(2023): https://ko.wikipedia.org/wiki/수소_이온_농도_지수
- 임선욱(2006), 비료학, 일신사, 472.
- 친환과학농법(2019), 식물의 필수원소, 다량원소, 미량원소: https://m.blog.naver.com/PostView.naver?isHttpsRedirect=true&blogId=gcmkty&logNo=221739375505
- 한국작물보호협회(2023), 작물보호제의 이해: https://www.koreacpa.org/ko/crop-protection/pesticide/class/
- Aber, J. D., W. McDowell, K. Nadelhoffer and A. Magil(1998). Nitrogen saturation in temperature forest ecosystems. BioScience, 48: pp. 921-934.
- Brent, N.K., L.G. Kate, N.B. Joanne, P. Thomas and D.T. Stephen(2005). The role of molybdenum in agricultural plant production. Annals of Botany 96: 745-754.
- Evans H. and G. Sorger(1966) Role of mineral elements with emphasis on the univalent cations. Annu Rev Plant Physio 17: 47-76.
- Fischer E. Bremer(1993) Influence of magnesium deficiency on rates of leaf expansion, starch and sucrose accumulation, and net assimilation in Phaseolus vulgaris. Physiol Plant 89: 271-276.
- Hamdollah E.(2011) The importance of iron(Fe) in plant products and mechanism of its uptake by plants. J. Appl. Environ. Biol. Sci., 1(10): 448-452.
- Hewitt E.J. and E.W. Bolle-Jones(1952) Molybdenum as a plant nutrient. II. The effects of molybdenum deficiency on some horticultural and agricultural crop plants in sand culture. Journal of Horticultural Science 27: 257-265.

- Joanne Yung(2022) Growing Together: For best results, follow the science behind pruning: https://niagaranow.com/news.phtml/7101-growing-together-for-best-results-follow-the-science-behind-pruning/
- Kirkby E. and K. Mengel(1976) The role of magnesium in plant nutrition. Z P flanz Bodenkunde 2: 209-222.
- Peaslee D. and D. Moss(1966) Photosynthesis in K-and Mg-deficient maize leaves. Soil Sci Soc Am Pro 30: 220-223.
- Salisbury, F. and C. Ross(1991). Plant Physiology(4th ed). Wadsworth Publishing. California, USA. 682.
- Stevenson F.J.(1986). Cycles of soil carbon, nitrogen, phosphorus, sulfur and micronutrients. Wiley, New York, 448.
- Stulen I., F. Posthumus, S. Amancio, I. Masselink-Beltman, M. Muller and L. DeKok(2000) Mechanism of H2S phytotoxicity. In C Brunold, ed, sulfur nutrition and sulfur assimilation in higher plants: Molecular, biochemical and physiological aspects, Bern, Switzerland, pp 381-383
- Takagi S. and R. Nagai(1983) Regulation of cytoplasmic streaming in Vallisneria mesophyll cells. J Cell Sci 62: 85-405.
- Taiz, L. and Z. Eduardo(1998) Plant physiology. 2nd ed. Sinauer Associates, Inc. Sunderland, MA, USA .
- Wikipedia(2023): https://en.wikipedia.org/wiki/Mulch
- https://m.blog.naver.com/PostView.naver?isHttpsRedirect=true&blogId=cmssfmy&logNo=220166409108
- https://m.blog.naver.com/PostView.naver?isHttpsRedirect=true&blogId=kgfarmmall&logNo=220695054682
- https://psis.rda.go.kr/psis/cont/contentMain.ps?menuId=PS00311
- https://www.plataformaarquitectura.cl/cl/02-349031/en-detalle-jardines-verticales
- http://xn--cjrt5kjv0b8mv.jp/about/kisochishiki.php#kouhou
- https://edition.cnn.com/2021/04/19/business/compton-vertical-farm-plenty-trnd/index.html

조성편

PART 7

정원시설물관리

7 PART 정원시설물관리

정원 내에는 각각의 기능을 가진 공간이 존재하고, 그 공간의 기능과 역할을 원활히 수행하기 위한 다양한 시설물이 설치된다. 정원시설물에 대한 관리는 급수 및 배수, 포장, 옹벽 및 석축 등과 같은 정원 내 기반시설에 대한 관리, 휴게 및 편의시설, 놀이시설, 수경시설 등과 같은 개별 시설물에 대한 관리로 구분할 수 있다.

이러한 정원시설물은 비교적 초기 투자비용이 높기 때문에 시설물의 수명을 연장하고 노후시설물에 투입되는 비용을 줄이기 위한 방향으로의 지속적인 유지·관리가 필요하다. 또한, 시설물의 관리 시기는 식물처럼 일정한 적기가 있는 것이 아니라, 손상 또는 파손 부위가 발견되면 즉시 보수를 해야 하는 특징을 가지고 있다. 따라서 정기적인 시설물에 대한 점검을 통해 파손 형태 및 상태를 주기적으로 확인하고 적합한 보수방법으로 시설물을 유지·관리해야 한다.

1 기반시설관리

1.1 급·배수시설관리

1) 개요

급수시설은 정원 내 음수대 또는 분수, 연못, 벽천 등 수경시설에 물을 공급하기 위한 제반시설과 잔디밭, 화단 등과 같은 식재공간에 식물의 성장 및 관리를 목적으로 물을 공급하기 위한 관수시설을 말한다. 배수시설은 건축물에서 나오는 오수를 오수관으로 연결하여 배수하거나, 우천 시 정원시설 및 식재공간에 도달한 우수를 원활하게 배수하기 위해 설치되는 시설을 말한다.

특히, 배수시설은 정원 내 시설물 및 식재공간의 관리를 위해 중요한 역할을 한다. 원활하지 못한 배수로 인해 철재 및 목재시설의 부식, 겨울철 동상으로 인한 포장시설의 파손, 배수불량으로 인한 수목의 고사 및 병충해 발생과 같은 문제점이 나타나기 때문에 배수시설에 대한 지속적인 관리가 필요하다.

2) 급·배수시설의 점검

급수를 필요로 하는 장소의 급수전에 대해서는 물탱크 등의 적절한 용량과 급수 펌프의 성능을 점검하고, 배관계통 및 각종 기구의 누수, 파손 등을 정기적으로 점검한다. 또한, 물탱크의 내·외부의 청소상태 점검 및 수질 검사를 정기적으로 실시하고, 사용 수량의 확인 및 수도미터기의 점검을 주기적으로 실시한다.

정원에서의 배수를 원활하게 유출하기 위해서는 주기적으로 각종 기구를 점검해야 한다. 또한, 배수 계통, 시설의 위치, 배치 및 구조 등을 기록하거나 도표로 작성하여 점검하고, 강우 초기시 또는 강우 중 우수가 유출되는 상황과 배수시설의 상태를 점검한다. 정원 내 배수시설의 점검에 있어서 다음 사항에 유의하여야 한다.

- 정원 내 배수시설의 배수 상황 및 측구, 집수구, 맨홀 등의 토사 퇴적 상태
- 포장 구간의 배수 상태
- 배수시설의 내부 및 유수구의 토사, 먼지, 오니, 잡석 등의 퇴적 상태
- 지하 배수시설, 유출구의 물 빠지는 상태
- 배수시설의 파손 및 결함 상태

3) 급·배수시설의 보수 및 관리

급수시설 및 물탱크를 정기적으로 점검 및 청소하고 훼손된 부분을 즉시 보수한다. 또한, 배관 계통 및 각종 기구의 누수·파손 부위를 보수하고, 급수 방법에 따라 수도법에 준하여 안전위생을 확보하도록 한다.

배수시설의 보수 및 관리는 측구, 집수구 및 맨홀, 배수관 등으로 구분하여 진행한다. 먼저, 측구는 항상 기능을 제대로 발휘할 수 있도록 정기적으로 점검과 청소를 해야 한다. 또한, 토사 측구는 수시로 점검하여 잡초가 많은 지역은 정기적으로 벌초 및 제초 작업을 시행한다. 콘크리트 측구는 측벽 주위의 토압에 눌려 파손되었을 경우 측벽 배면의 토사를 물이 잘 빠지는 토사로 치환하거나 측벽 사이를 작은 들보로 지지하도록 보수한다.

집수구 및 맨홀 주변은 토사나 낙엽 등 찌꺼기가 쌓여 물 빠짐이 방해되지 않도록 정기적으로 청소하고 집수정 거름망을 설치하여 배수구로 낙엽 등이 유입되지 않도록 한다. 또한, 지표

면이 침하되어 집수구에 물이 유입되지 않을 경우 주변 지반을 토사로 높이거나 집수구를 절단하여 높이는 낮추도록 한다. 집수구나 맨홀의 뚜껑이 분실 또는 파손되었을 때에는 위험하므로 즉시 교체 또는 보수해야 한다.

그림 7-1 낙엽 등으로 인한 배수 불량

배수관은 먼지나 오니 등의 퇴적에 의해 통수 단면이 좁아지지는 않았는지, 배수가 원활하게 이루어질 정도로 통수 단면이 충분한지 판단하여 개량한다. 또한, 누수나 물고임이 발견될 경우 원인을 조사하여 즉시 보수하고, 기초가 침하되거나 경사가 달라질 경우 배수기능이 상실되거나 이음새 부분의 누수가 발생될 수 있으므로 재설치 또는 보수하도록 한다. 배수관 유출구 주변의 급작스러운 토사의 퇴적은 지반 내의 관·구거에 구멍이 뚫렸거나 이음새에 균열이 발생해서 생기는 현상일 가능성이 높으므로 잘 조사하여 보수한다.

1.2 포장시설 관리

1) 개요

정원 내 사용되는 포장시설에는 관리용 포장(투수콘, 아스콘, 콘크리트 등), 보행용 포장(ILP 블록, 점토 벽돌, 투수 블록, 화강석 포장, 자연석 판석 등), 시설공간용 포장(고무칩(매트), 마사토, 우레탄 포장 등)이 있다. 포장시설 관리 시에는 재료별 파손 여부, 강우에 의한 변형(배수 불량), 동해로 인한 소재의 변형, 이용자의 이용에 따른 소재 변형 등을 고려해야 한다.

2) 포장시설의 점검

포장시설은 내구성이 중요한 요소로 보행자의 이용에 불편함이 없도록 지표면이 항상 평탄하고 재료의 유실이 없어야 한다. 또한, 일반적으로 포장시설은 포장의 유형에 따라 원인에 대한 점검이 이루어지게 되므로, 포장의 유형별 특성을 잘 파악한 후, 파손 원인을 고려한 점검을 시행해야 한다.

포장 유형	구분	내용
토사 포장	특징	· 편안한 느낌을 주는 자연 친환적인 공법 · 배합문제로 인해 잦은 하자 발생
	점검 항목	· 심한 건조로 인해 먼지 발생 · 강우 후 배수불량 및 지반 연약화 · 동결과 융해의 과정으로 지반 질퍽거림 발생 · 노면 약화 및 지지력 부족
블록 포장	특징	· 블록 제품의 결합으로 시공되어 유지관리 용이 · 기반층 및 재료의 종류에 따라 하자 발생
	점검 항목	· 소요 강도 부족으로 인한 블록 모서리 파손 · 블록 자체 파손 · 연약지반, 시공불량 등으로 포장 구간의 요철 및 만곡 발생
콘크리트 포장	특징	· 시공이 간편하고 공사비가 저렴 · 건조 수축에 따른 하자 발생 가능성 큼
	점검 항목	· 균열, 융기, 침하, 단차 등 · 표면 박리 및 마모 발생
인조잔디 포장	특징	· 천연잔디보다 유지관리가 용이 · 영구적이지 않으며, 지속적인 관리 필요
	점검 항목	· 표층 충전재 유실 · 평탄성 및 탄성(쿠션감) 저하 · 환경오염 및 인체 유해성
고무칩 (매트) 포장	특징	· 높은 탄성이 유지되며 안전성에 큰 장점 · 환경오염 또는 인체 유해성 문제 발생
	점검 항목	· 인체 유해성 · 배수 및 물고임 문제 · 탄성 저하 및 고무칩 알갱이 유실

표 7-1 포장 유형별 특징 및 점검 항목

그림 7-2 블록 포장의 침하 및 융기 현상

그림 7-3 고무칩 포장의 균열 현상

3) 포장시설의 보수 및 관리

① 토사 포장

토사 포장의 보수 및 관리는 정원의 환경적 여건과 문제의 원인을 해결하기 위한 방식으로 시행한다. 지반 토질이 점토나 이토인 경우 지지력이 약하고 동결 및 융해로 파괴될 수 있으므로 동결심도 하부까지 모래질이나 자갈·모래로 치환하도록 한다. 또한, 물의 침투를 방지하기 위해 포장공간의 횡단구배를 유지하고, 측구 및 맹암거 설치로 지하수위를 낮춘다.

토사 포장의 흙먼지를 방지하기 위해서는 살수를 시행하여 먼지 발생을 억제하거나, 약품, 역청재료를 포장 표면에 살포하도록 한다. 표면에 요철부가 발생하면, 배수가 잘되는 모래 및 자갈 등을 채워 다지도록 하며, 표면의 안정성을 유지하기 위해서는 신속히 고여 있는 지표수를 배수하고 횡단경사를 유지하도록 한다. 토사 포장의 동상 및 진창흙을 방지하기 위해서는 흙을 비동상성 재료(점토질이 적은 모래나 자갈)로 치환하거나, 배수시설을 설치하여 지하수위를 낮추도록 한다.

② 블록 포장

블록 포장은 블록 제품의 결합으로 시공되기 때문에 다른 포장에 비해 유지관리가 용이한 편이다. 보수는 다음의 과정에 따라 진행하면 된다.

보수할 위치 및 뜯어낼 영역 결정

↓

보수가 필요한 영역의 블록을 걷어내고 재사용 유무에 따라 분리

↓

모래층 유실에 따른 침하의 경우 모래 보충

지반층 침하에 따른 하자의 경우 모래층을 걷어내고 기반층 보수

↓

지반층이나 모래층은 부설 후 다짐 기계(콤팩트, 래머 등) 실시

↓

모래층 수평 고르기 → 기존 형태대로 블록 시공

↓

모래를 뿌려 블록 이음새를 메꾸고 다짐 실시

그림 7-4 블록 포장의 보수 과정

③ 콘트리트 포장

콘크리트 포장의 경우에도 문제점을 해결하기 위한 방식으로 보수 및 관리하도록 한다. 줄눈 및 표면에 균열이 발생했을 경우 충전법, 메우기, 덧씌우기, 모르타르 주입공법 등으로 보수할 수 있다. 충전법은 균열 부위에 접착제를 살포한 후 충전재를 주입하는 방법이며, 메우기는 균열 부위를 아스팔트유제를 도포하거나 아스팔트 모르타르로 메우는 공법이다. 덧씌우기는 전면파손 우려가 있는 경우 아스팔트 혼합물을 도포하는 방식이며, 모르타르 주입공법은 포장 슬래브에 구멍을 내고 모르타르를 주입하는 방법이다. 포장의 파손이 심한 경우에는 파손 부위를 따내고 보수하는 패칭공법을 적용할 수 있다.

콘크리트 포장의 꺼짐은 표면의 균열 부위로 우수가 침투하여 발생되는 것으로 초기 발견 시 주입공법으로 예방할 수 있으며, 정도가 심한 곳은 메우기 또는 패칭공법으로 보수할 수 있다. 또한, 영하 5℃ 이하의 저온 현상이 오랫동안 지속되었을 때 표층의 일부가 분리되는 박리현상이 발생했을 경우 박리가 가벼운 곳은 시멘트풀을 바르고, 심한 곳은 시멘트 모르타르를 발라서 보수한다.

④ 인조잔디 포장

인조잔디에 들뜸 현상이 나타났을 경우 잔디를 잘라내고 기층재료를 추가하거나 재분배하고 잔디를 교체하도록 한다. 인조잔디의 일부가 터지거나 찢어졌을 경우에는 유실된 부분을 잘라내고 접합 또는 봉합 작업을 진행한 후 평탄화 작업을 실시한다. 또한, 인조잔디의 성능 유지를 위해 분기별로 충전재를 표면에 배토하고, 인조잔디를 오랫동안 사용하였을 경우 충전재를 제거 및 교체하도록 한다. 인조잔디의 경우 인체에 유해한 물질이 검출될 수 있으므로 중금속, 세균 감염 조사를 주기적으로 실시하고, 정기적인 청소를 실시한다.

⑤ 고무칩(매트) 포장

고무칩 포장에서 가장 많이 발생되는 현상은 고무의 탄성이 저하되는 것으로, 이로 인해 바닥이 고른 상태를 유지할 수 없을 경우 재시공 및 지반 고르기를 실시한다. 고무칩 알갱이들이 이탈하여 유실되면 수질오염을 야기시킬 수 있으므로 수시로 청소를 실시하고, 유실된 부분은 봉합해야 한다. 또한, 고무칩의 원료와 시공 과정에서의 불량은 호흡기 장애나 아토피 등의 피부질환의 원인이 될 수 있으므로 정기적인 안전 검사를 실시해야 하며, 표면이 흙, 모래, 먼지 등으로 오염되었을 경우 부드러운 브러시를 이용하여 합성세제와 물로 세척한다.

1.3 옹벽 및 담장 관리

1) 개요

옹벽 등 구조물의 종류에는 석축, 옹벽, 담장, 계단, 울타리 등이 있으며, 이 시설은 경사진 지형을 고려하여 설치된다. 옹벽, 계단, 담장 등의 구조물은 형태 및 구조, 사용 재료가 다양하고, 기능이 차별화되어 있기 때문에 각 구조물 특성에 맞는 관리가 필요하다. 다만, 이러한 구조물들은 대부분 기초 콘크리트를 사용하고 외부 마감재료는 내구성이 큰 것을 사용하는 특징을 가지고 있으므로, 이점을 감안하여 유지관리의 효율적인 방법을 찾아서 보수작업을 하는 것이 경제적이고 시간을 절약할 수가 있다.

2) 옹벽 및 담장 시설의 점검

옹벽 및 담장과 같은 구조물은 단순한 구조상의 문제뿐만 아니라 이용자의 안전에 직접적인 영향을 줄 수 있으므로 수시로 점검하고 문제점 발견 즉시 보수해야 한다.

유형	내용
옹벽 및 석축	· 지반의 침하, 옹벽 상단의 고저차, 신축 이음새의 어긋남 · 옹벽의 균열, 이음새의 상태 · 콘크리트가 떨어져 나간 파손 상태 · 물 빠짐 구멍의 배수 상황 및 배면에 물이 고여 있는 상황 · 기초 부분의 세굴 상태
계단 및 경사로	· 포장면의 파손 상태 · 답면의 미끄럼 방지 상태 · 종단 및 횡단 경사에 따른 배수 상태
담장	· 외부 마감 재료의 파손 및 유실 여부 · 구조체의 전도 위험성 및 기초부 노출 여부 · 주변 시설물과의 조화

표 7-2 옹벽 및 담장 시설의 점검 항목

3) 옹벽 및 담장 시설의 보수 및 관리

① 옹벽 및 석축

옹벽을 보강하는 방식은 영구적 대책과 응급적 대책으로 구분할 수 있다. 만약, 보강의 원인이 지반이나 외적 요인에 의한 경우에는 단순 보강만으로 영구적 대책이 되지 못하므로 안전에 미치는 영향도를 고려하여 신중히 결정한다. 옹벽의 변화 상태에 따르는 대책에는 재설치 교체, 구조적 보강, 기초의 보강, 옹벽에 미치는 외부 요인의 저감 등이 있다. 또한, 대규모 붕괴에 의해 지형 자체가 변경된 경우, 옹벽의 노후화 및 대규모 파손으로 보강이 불가능한 경우, 그리고 기초의 보강에 많은 비용이 들고 보수하여도 안전하지 않을 경우에는 재설치를 하는 것이 좋다.

한편, 석축(자연석 쌓기)의 경우 아래의 조건을 고려하여 보수한다.

- 일부 균열이 있을 때: 뒷면에 물이 고여 있어 토압이 증가되면, 배수구를 만들어 토압을 감소시킨다.
- 구멍이 났을 때: 뒷면에 이상이 없으면 그 부분을 콘크리트로 채우고, 뒷면에 이상이 있으면 그 부분을 재시공한다.
- 전체가 옆으로 넘어지려고 할 때: 뒷면 토압이 문제일 경우 석축 앞에 콘크리트 옹벽을 설치하고, 기초부의 세굴이 문제일 경우 세굴 부분을 채우고 콘크리트나 활석으로 보수한다.

또한, 석축 주변으로 조성된 돌틈식재 등의 생육을 위한 토양 유실을 주기적으로 점검하고, 하자목 복구, 경관상 불량지역의 보충 식재 등을 통해 전체적으로 조화로운 경관을 유지하도록 한다.

② 계단 및 경사로

계단 및 경사로의 콘크리트 포장면이 훼손된 곳은 부분 수선 작업을 실시하고, 주변 포장면과 이질감이 없도록 마감한다. 블록 포장재는 부분 교체하되 규격이나 색상이 기존 재료와 차이가 없도록 하고 답면 높이도 균일하게 맞춘다. 또한, 목재 데크 계단의 파손 부위는 동일 목재로 교체 시공하고, 마감 오일스테인 색상 등은 최대한 기존 상태와 일치하도록 한다. 계단 및 경사로 주변의 배수가 원활하지 않은 경우 횡단경사를 조정하고 측구를 설치한다. 답면의 미끄럼 가능성이 예측되는 부분은 미끄럼 방지 밴드를 부착한다.

③ 담장

담장이나 가벽의 외부 마감 재료가 부분적으로 파손 또는 유실되었을 경우 기존 재료와 동일한 재료를 사용하여 교체 시공한다. 석재 등의 결합 부위 하자는 면밀히 조사하여 결합을 강화하고 훼손 부위를 교체 또는 깨끗이 마감하도록 한다. 또한, 풍압 또는 인위적인 물리력에 의해 전도의 위험성이 예측되는 곳은 기초 부위를 강화하고, 주변에 식재된 수목들의 생육이 왕성하여 담장에 위해를 가하거나 경관성을 저해할 경우 부분적으로 가지치기 등의 식재관리를 시행한다.

2 시설물관리

2.1 휴게시설 관리

1) 개요

휴게시설은 정원 내 설치되는 의자, 야외 탁자, 퍼걸러, 정자 등을 말한다. 휴게시설은 사용되는 재료에 따라 부패·부식·침식·마모 등이 다르게 나타나기 때문에 사용되는 재료를 파악하여 점검 및 관리를 해야 한다. 또한, 휴게시설은 이용자들이 가장 많이 사용하는 시설이므로 오염, 훼손 및 파손, 고장 등이 발생했을 경우 즉시 이용자의 이용을 중지하고, 안전하게 사용할 수 있도록 조치해야 한다.

2) 휴게시설의 점검

휴게시설의 사용 재료는 목재, 합성수지, 금속재, 콘크리트, 석재 등으로 구분되며, 소재별 파손 유무를 점검한다.

- 목재: 접합 부분, 갈라진 부분, 부패된 부분, 파손된 부분 등
- 합성수지: 갈리진 부분, 파손된 부분, 변형된 부분, 도장이 벗겨지거나 퇴색된 부분 등
- 금속재: 용접 등 접합 부분, 충격에 의해 비틀리거나 파손된 부분, 부식된 부분 등
- 콘크리트: 파손된 부분, 갈라진 부분, 침하된 부분, 마감 처리 상태 등

a. 부서진 벤치

b. 도장이 벗겨진 벤치

그림 7-5 휴게시설의 파손 및 훼손 발생 사례

3) 휴게시설의 보수 및 관리

벤치, 야외 테이블, 퍼걸러, 정자 등의 휴게시설은 주로 야외에 설치하기 때문에 이용자들이 불쾌하지 않도록 정기적으로 청소해 청결을 유지한다. 또한, 썩거나 녹이 잘 스는 부분은 점검하여 조치 및 관리하도록 한다.

휴게시설의 보수 및 관리에 대해 구체적으로 살펴보면, 인조목으로 만든 의자나 테이블은 파손되지 않도록 관리하고 파손된 부위는 즉각 보수한다. 퍼걸러에 올린 등나무와 같은 식물은 이용자에 의하여 훼손되지 않도록 보호 조치를 하고 가지를 솎아 줘야 한다. 또한, 그늘이나 습기가 많은 장소에는 설치된 목재 벤치는 콘크리트나 석재 벤치로 교체하는 것이 좋다. 바닥의 지면에 물이 고인 경우에는 배수시설을 설치한 후 흙을 넣고 충분히 다지거나 지면을 포장해야 하고, 기초의 노출 부분은 흙을 놓고 다지며, 담뱃불이나 화재 등으로 그을음 부분은 보수하고 재도장한다.

한편, 휴게시설의 재료에 따른 보수 및 관리는 재료별로 구분하여 진행한다. 목재는 일부분이 부패되었을 경우 방충제나 방균제를 살포하고 지면과 접하고 있는 부분은 썩기 쉬우므로 모르타르를 바르거나 정기적으로 방부제를 칠한다. 금속재는 정기적으로 부식 상태를 점검하고 손상 정도에 따라 샌드페이퍼로 닦아 낸 후 도장하거나 부분 절단 후 교체한다. 콘크리트는 경미한 균열이나 부식 여부를 정기적으로 점검하여 손상의 정도에 따라 실링공법이나 콘크리트 타설 치환을 통해 보수한다. 석재는 파손된 경우 손상 정도에 따라 표면실링공법이나 고무압식 주입공법 등을 이용하여 보수한다.

2.2 놀이시설 관리

1) 개요

정원 내 설치될 수 있는 놀이시설물의 종류에는 그네, 시소, 회전무대, 정글짐, 미끄럼틀, 조합 놀이대, 놀이벽, 조각 놀이대 등이 있다. 놀이시설은 재료별 특성에 따라 목재 시설, 금속재 시설, 합성수지 시설, 콘크리트 시설 등으로 구분할 수 있으며, 휴게시설과 유사하게 재료별 특성에 따라 점검 및 관리가 이루어져야 한다. 또한, 놀이시설은 어린이들이 주로 사용하는 시설로 어린이들이 안전하고 편안하게 놀이기구를 이용할 수 있도록 유지 및 보수가 이루어져야 한다.

2) 놀이시설의 점검

놀이시설은 안전사고를 예방할 수 있도록 주 1회 이상 모든 시설물을 수시로 점검해야 한다. 점검 시에는 긴급을 요하는 사항과 그렇지 않은 사항으로 구분하여 긴급을 요하는 것에는 신속히 대책을 수립한다. 특히, 안전을 요하는 것은 점검 시 즉시 응급 처리하도록 한다. 또한, 사용 재료에 균열 발생 등 파손 우려가 있거나 파손된 시설물은 사용하지 못하도록 보호 조치해야 한다.

한편, 놀이시설의 사용재료별 점검 항목은 다음과 같다.

사용 재료	내용
목재	· 충격에 의한 파손, 사용에 의한 마모 상태 · 갈라진 부분, 뒤틀린 부분 · 부패된 부분, 충해에 의해 손상된 부분
합성수지	· 금이 간 곳, 파손된 곳, 흠이 생긴 곳 등
금속재	· 곡선부의 상태 · 충격에 의해 비틀린 곳, 충격에 의한 파손 상태 · 사용에 의한 마모 상태 · 체인의 곡선부 상태 · 지면과 접한 곳, 지상부 등의 부식 상태 · 축 및 축수의 베어링 마모 상태, 이완 상태
기타	· 회전 부분 윤활유 유무, 도장이 벗겨진 곳, 퇴색된 부분, 접합 부분(볼트, 리벳, 엘보, 용접 등)의 상태 등

표 7-3 옹벽 및 담장 시설의 점검 항목

a. 파손된 미끄럼틀　b. 파손된 그네　c. 부서진 시소

그림 7-6 놀이시설의 파손 발생 사례

3) 놀이시설의 보수 및 관리

놀이시설의 보수 및 관리의 경우에도 재료별 특성을 고려하여 이루어져야 한다.

① 목재 놀이시설

목재 놀이시설물은 감촉이 좋고 외관이 아름다워 사용률이 높지만, 금속재보다 부패되기 쉽고 잘 갈라지므로 사용 시 주의해야 한다. 사용에 의해 더러워진 부분은 미관상 나쁘므로 정기적으로 도색하고, 도장이 벗겨진 부분은 쉽게 부패하므로 즉시 방부 처리 및 재도장작업을 수행한다. 또한, 시설물의 벌어진 곳, 갈라진 곳은 조기에 발견하여 부분 보수 또는 전면 교체하도록 한다. 놀이시설의 연결 부위 고정 부품(볼트, 너트, 앵커볼트 등)의 이완 및 풀어짐이 발생하면, 사용자의 위험과 직결되므로 발견 즉시 장비를 이용하여 조이도록 한다. 기초 부분은 조기에 부패하기 쉬우므로 항상 점검하며 상태가 불량한 부분은 교체하거나 콘크리트 등으로 보수한다. 목재와 기초 콘크리트의 접합 부분에 나타나는 들뜸 현상은 모르타르 등으로 보수할 수 있다.

② 합성수지 놀이시설

합성수지 놀이시설은 내후성이 있고 성형이 용이한 반면 마모되기 쉽고 자외선, 온도의 변화 때문에 퇴색되거나 비틀리고 휘기 쉬우므로 사용 시 주의해야 한다. 사용자의 중력이 지속적으로 가해지는 시설에 대해서는 퇴색이나 비틀림, 휨에 의하여 강도가 저하되므로 교체해야 하며, 표면에 벌어진 금이 생긴 경우에는 보수가 곤란하고 이용자가 상처를 입을 수 있으므로 즉시 부분 보수 또는 전면 교체한다.

③ 금속재 놀이시설

금속재 놀이시설의 경우 장기간 사용하게 되면 도장이 점차 벗겨져 미관상 나쁘며 녹이 슬어 강도가 저하되므로, 도장이 벗겨진 곳은 방청 처리 후 조합 페인트를 칠하며 파손이 현저한 경우 교체하도록 한다. 앵커볼트, 볼트, 너트 등 접합 부분이 이완되었을 때는 장비를 사용하여 조이며, 이완이나 어긋남이 심하거나 꺾어짐에 의해 이용자에게 미치는 위험성이 큰 부분은 부품을 교체한다. 또한, 금속재 부분이 충격 때문에 가볍게 뒤틀렸거나 휘어졌을 때는 보수가 가능하지만, 상태가 심하여 기능적으로 문제가 있을 경우에는 교체해야 하며, 연결 부분의 벌어짐이나 금, 마모가 심한 경우에는 교체해야 한다. 놀이시설의 회전 부분 축부에 기름이 떨어지면 동요나 잡음이 생기므로 정기적으로 윤활유를 주입하고 베어링이 마모되었을 때는 교체한다. 철 부재와 기초 콘크리트의 접합 부분이 흔들리면 기초 콘크리트를 부수고 철 부재에 보조 철근으로 용접한 후 거푸집을 설치하고 기초 콘크리트를 다시 타설하도록 한다.

④ 콘크리트 놀이시설

콘크리트 놀이시설의 경우 시설물의 자체 침하, 경사 또는 큰 균열이 생기게 되면 안전 상 위험해 질 수 있으므로 즉시 보수하도록 한다. 콘크리트 부분이 박리되어 철근이 노출된 경우에는 철근의 강도를 조사하여 강도가 부족하면 철근을 보강한 후 보수한다. 콘크리트 파손에 따른 부분 보수는 강도에 충분히 견딜 수 있도록 파손 부분을 요철로 깎아 내고 물로

씻어 낸 후 원설계와 같은 배합의 콘크리트를 타설한다. 콘크리트 기초가 노출되어 있으면 위험하므로 성토, 모래 채움 등의 보수한다. 한편, 콘크리트 놀이시설의 미관을 위한 도장은 일정 기간이 지나면 칠이 벗겨지고 더러워지므로 3년에 한 번 정도 재도장을 실시한다.

2.3 수경시설관리

1) 개요

수경시설은 정원 내 동적인 경관을 제공하고 소리와 청량감을 줄 수 있는 물을 이용한 공간과 시설을 말한다. 수경시설에는 연못, 인공 폭포와 벽천, 캐스케이드, 분수, 자연형 계류 등이 포함된다.

수경시설은 다양한 시설의 형태 및 기능에 비해 자연석 및 인공석과 같은 외부 마감재가 많이 사용되어 관리는 단순한 편이다. 그러나 물을 작동시키기 위하여 설치되는 기계 설비와 수경관 연출을 위하여 설치되는 조명시설 및 전기 배선이 복잡하여 전문 인력들이 종합적으로 관리에 참여해야 한다. 특히, 우리나라에서는 계절적 변화로 인해 겨울철 전후로 대부분의 수경시설 가동이 중단되기 때문에 재가동을 위한 사전 점검 및 보수 작업이 필수적으로 이루어져야 한다.

2) 수경시설의 점검

수경시설의 점검은 안전성, 경관성, 기능성을 목적으로 운전 전 점검, 월 점검 또는 장기 운전 후 점검, 3년 차 점검 등으로 구분하여 진행된다. 수경시설은 관리 매뉴얼에 따라 시설물의 소재별, 부위별 상황을 점검한다. 점검항목은 아래와 같다.

- 구조체: 지반과 접합된 부분의 안정성을 검토하고 구조체의 훼손 부분을 확인한다.
- 마감재료: 화강석, 자연석, 인조석, 타일 등 마감 재료의 파손 및 유실을 점검한다.
- 설비계통: 급·배수를 위한 기구와 배관을 점검하고, 수중 모터 및 펌프를 확인한다.
- 노즐: 분수시설의 노즐 작동 여부를 정기적으로 점검한다.
- 전기배선: 전기배선 및 조명 등의 원활한 작동을 확인한다.
- 여과 및 소독장치: 여과와 소독을 위한 배관, 밸브, 소독살조 장치 등을 점검한다.

3) 수경시설의 보수 및 관리

수경시설의 운영에 사용되는 수중 모터 펌프가 정상적으로 작동되도록 전류계 부하 상태, 절연 저항, 모터의 봉수, 방청 상태, 케이블 손상 여부 등에 대하여 점검 정비를 해야 하며 이상이 발견되면 즉시 원인을 분석하고 조치해야 한다. 수중 조명 기구는 효과적인 조명 연출과 안전을 위해 기계적 성능, 전기적 성능, 광학적 성능으로 나누어 점검하고, 이상이 발생하면 즉시 원인을 분석하여 조치한다. 분수의 노즐은 연출 특성, 분사 각도, 분수 높이, 분출 거리, 밸브 개폐, 녹 발생 여부, 깨어짐 및 막힘 등을 점검 및 정비한다.

또한, 여과설비는 설비의 동작 상태, 여과재의 상태, 배관 및 밸브의 방청 및 누수 상태, 수경시설 내 물의 상태를 점검한다. 여과설비 유지관리는 여과설비뿐만 아니라 수경시설에 공급되는 새로운 물의 양, 계절적인 변화 등을 고려하여 기준치를 설정하고 적절하게 조화시켜야 한다. 소독살조 설비는 동작 상태, 소재의 상태, 배관 및 밸브의 방청 및 누수 상태, 소독살조 농도 또는 강도에 대하여 점검하고 효과적인 이용을 위해 계절이나 사용 목적에 맞게 설비의 사용시간, 살균 농도를 조정해야 한다.

한편, 수경시설의 물을 이용한 시설이기 때문에 정기적으로 누수 상태를 점검해야 하고, 필요에 따라 물의 유실을 막기 위해 추가 방수 조치를 해야 한다. 또한, 수경시설의 기능과 미관 유지를 위해서 주기적으로 청소를 실시해야 한다.

참고문헌

- 국가건설기준센터(2019), 조경공사 표준시방서: 시설물 유지관리(KCS 34 99 15)
- 국가건설기준센터(2019), 조경공사 표준시방서: 조경유지관리공통(KCS 34 99 05)
- 수원시(2018), 수원시 민간조경관리 매뉴얼, 환경과조경
- 한국조경학회(2015), 신 조경관리학, 문운당
- 한국조경학회(2016), 신 조경시공학, 문운당
- 한국직업능력개발원(2019), NCS 학습모듈: 조경시설물관리(LM1405010308)
- 한국직업능력개발원(2019), NCS 학습모듈: 조경기반시설관리(LM1405010309)

조성편

PART 8

식물생리

8
PART

식물생리

1 식물의 생리

식물을 포함한 모든 생물은 어느 곳에 있든지 주변의 환경과 끊임없이 상호작용하면서 살아간다. 생물이 만나는 환경요소는 생물요소(생산자, 소비자, 분해자)와 비생물요소(물, 영양소, 태양에너지 등)이다(그림 8-1). 이들 환경과의 관계 속에서 생육하고 생존할 수 있을 때 비로소 생물의 지속가능성을 확보할 수 있다. 이러한 관점에서 볼 때, 이상적인 정원도 그 정원을 구성하는 생물들이 환경과의 상호작용을 원활히 유지하여 하나의 온전하고, 지속가능한 생태계를 표방하는 것이 바람직하다.

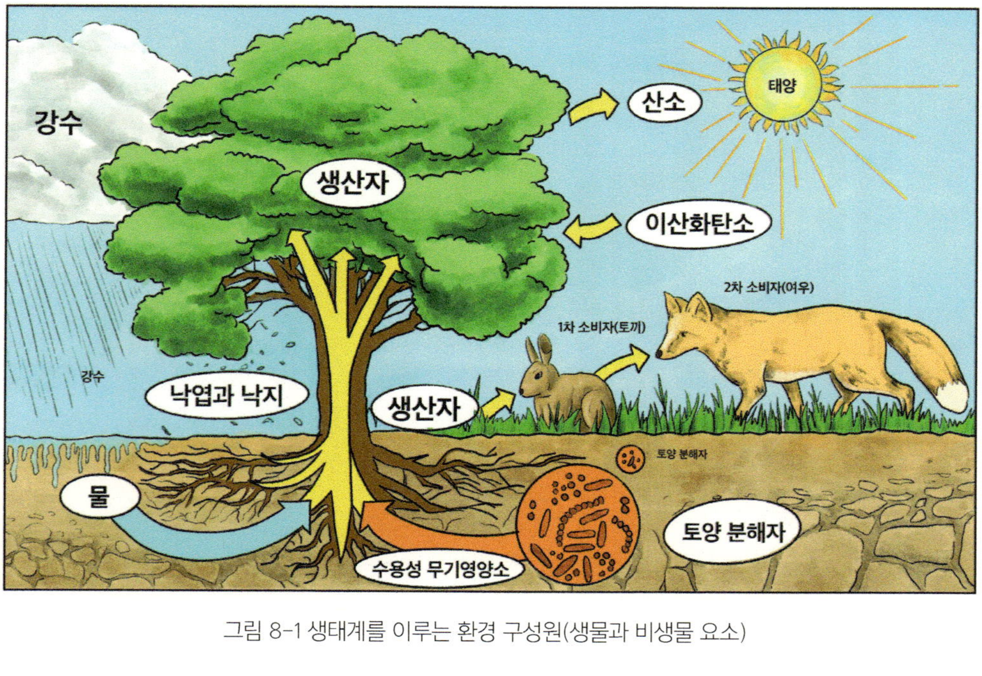

그림 8-1 생태계를 이루는 환경 구성원(생물과 비생물 요소)

정원의 식물도 다양한 환경 속에서 살아가게 된다. 식물이 발아하여 싹이 나고, 잎과 줄기가 자라고, 꽃이 피고, 열매가 맺는다. 이러한 식물의 생활사의 모든 과정마다 처한 환경에 대하여 반응하는 세포 내의 생리적인 과정이 일어나고, 그 결과로 식물의 모습이 갖추어지고 이루어진다. 즉 식물에 나타나는 가시적인 특성이나 변화는 반드시 식물체 내의 생태생리적인 과정이 먼저 있고 나서, 그 다음에 비로소 식물의 표현형적인 반응phenological response이 나타나게 된다.

식물이 그 환경에 잘 자라고 있는지, 현재 사는 곳의 환경에 적합한 식물인지, 제대로 적절하게 식물의 관리를 하고 있는지 등을 사람의 눈으로 인식하기 전에 미리 알 수 있게 해 주는 지표가 식물의 생태생리적 반응이다. 따라서 식물의 생태생리적인 변화(광합성의 변화 등)를 미리 인식하고 파악할 수 있다면, 정원관리 등에서 나타나는 식물의 문제를 사전에 알고 대처할 수 있어 정원의 식물관리를 선제적으로 할 수 있게 된다.

이 장에서는 빛이나 토양과 같은 환경의 물리적인 요인에 대하여 나타나는 정원식물의 반응기작의 생태생리적 원리를 식물의 가장 중심적인 대사과정인 광합성의 변화를 중심으로 살펴보고, 어떻게 식물이 다양한 물리환경에 적응하는지를 소개하고자 한다.

2 식물 반응의 원리

2.1 내성의 법칙: 생물은 번성할 수 있는 물리화학적 환경조건이 다르다

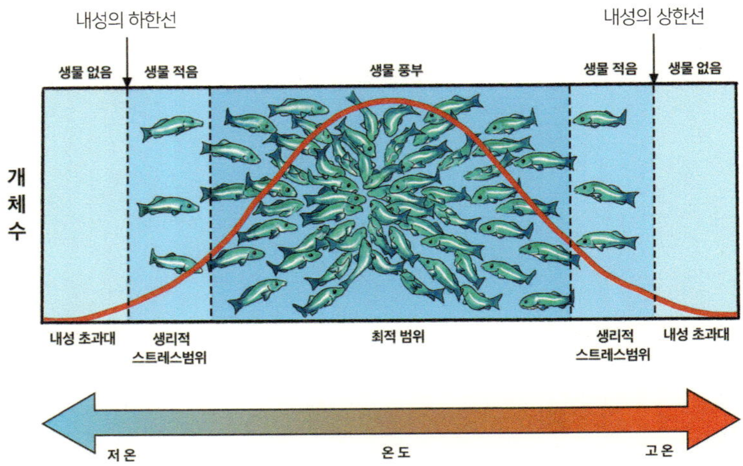

그림 8-2 물고기를 예로 든 생물의 비생물 환경요인(온도)에 대한 내성 범위와 이에 따른 개체군 크기의 분포. 환경에 대한 생물의 반응은 보통 정규분포의 형태로 나타난다. 생물의 분포는 환경의 내성 분포 한계(하한, 상한) 안에서만 생존할 수 있다.

모든 생물은 환경에 대하여 견딜 수 있는 내성tolerance을 갖는다. 어떤 식물은 많은 빛을 필요하지만, 다른 식물은 그늘에서 더 번성할 수 있다. 어떤 식물은 무덥고 축축한 환경을 좋아하고, 다른 어떤 식물은 서늘하거나 건조한 조건을 선호한다. 심한 경우에는 사막이나 염습지와 같은 가혹한 환경조건에 적응하여 사는 경우도 있다.

어느 생물에게든지 물리적·화학적 환경의 변화에 대한 내성범위tolerance range가 있다(그림 8-2). 한 식물종 내에서 온도 등의 환경요인에 대한 개체들의 내성범위는 유전적 차이, 발달단계, 활력의 정도에 따라 조금씩 서로 다르게 나타난다. 예를 들어 차가운 물에 사는 송어는 잘 살 수 있는 최적 수준의 물의 온도대는 좁지만, 그 범위 밖에서도 생존은 가능하다. 그러나 수온이 너무 낮거나 너무 높으면 송어는 전혀 살 수가 없다.

식물 한 종이 어느 곳에 분포하거나 그 수가 많고, 적음을 결정하는 것은 하나 이상의 물리화학 요인에 대하여 그 식물종이 견딜 수 있는 범위 내에 있는가이다. 어떤 종의 내성 범위는 특정 요인에 대하여서는 넓지만 다른 요인에 대하여는 좁을 수 있다. 대부분 생물에서 어린 시기나 생식기간 중에는 내성 범위가 좁아지는 것이 일반적이어서 이때 세심한 관리가 더 필요하다. 일반적으로 내성이 큰 생물은 조건이 매우 다른 여러 곳에서 살 수 있다.

여러 종류의 환경요인들이 개체수에 영향을 줄 수 있다. 때로는 제한요인limiting factor이라고 부르는 한 요인이 개체수를 조절하는데 다른 요인들보다 더욱 중요하다. 내성의 법칙과 관련된 생태학의 원리를 제한요인의 원리limiting factor principle라 한다. 어떤 비생물요인이라도 너무 많거나 너무 적으면 다른 요인이 최적일지라고 개체수의 생장이 제한되거나 정지될 수 있다.

식물에게서 가장 흔한 제한요인은 토양의 수분함량이나 빛의 양이다. 토양의 수분량이 적으면 건조로 해를 받는 것과 같이 토양 속에 수분이 너무 많으면 토양의 산소량이 부족으로 토양호흡의 장애가 일어나서 죽게 된다. 토양 중의 무기 영양소도 제한요인으로 작용할 수 있다. 물, 질소, 칼륨과 다른 무기 영양소가 최적일지라도, 인P, phosporus이 부족한 토양에서는 식물에 의하여 이용 가능한 인을 다 사용하고 나면, 식물들의 성장이 멈추게 된다.

또한 너무 많은 양의 비생물요인도 제한요인이 될 수 있다. 예를 들면, 보통 정원사들이 자주 실수하듯이 물이나 비료가 너무 많아도 식물은 죽게 된다. 수생식물에서는 수온, 햇빛, 이용 가능한 무기영양소와 염도salinity(일정부피의 물속에 녹아있는 여러 종류의 무기영양염류 즉 소금의 양)가 제한요인으로 작용하기도 한다.

2.2 환경에 대한 반응의 원리: 생태지위를 통하여 환경에 적응한다

각 식물종은 생태계에서 독특한 역할 또는 생활방식인 생태지위ecological niche를 가지고 있다. 생태적 지위는 생태계에서의 모든 기능적 역할이며 한 종의 생존과 번식에 영향을 미치는 모든 것을 포함한다. 생태지위가 동일한 식물종은 없고, 그런 생물들은 같이 살 수 없다(가우스의 법칙 Gause's rule). 따라서 현존하는 모든 식물종의 생태지위는 서로 다르며, 그렇기 때문에 공존하는 것이다.

한 식물종의 생태적 지위는 그 구성개체들이 환경에 대한 적응적 특성을 포함한다. 그것은 또한 그 종의 온도 또는 물의 이용도, 토양의 영양염류의 농도와 같은 물리적, 화학적 조건에 대한 내성의 범위를 포함한다(그림 8-3).

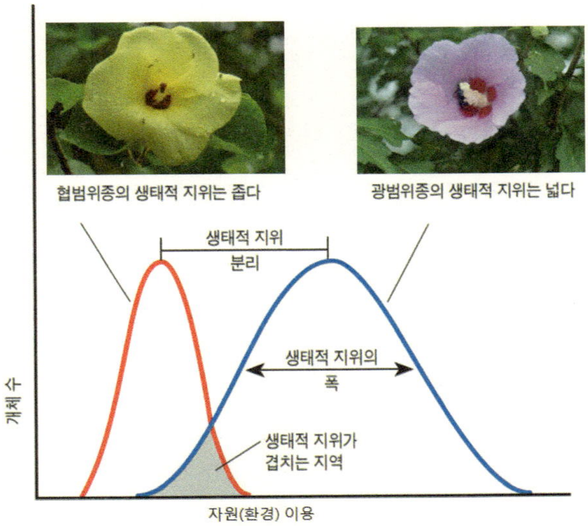

그림 8-3 황근과 같은 협범위종의 생태지위는 좁고(왼쪽), 무궁화 같은 광범위종의 생태지위는 넓다(오른쪽). 중복된 지역에서는 두 종이 하나 또는 그 이상의 자원에 대하여 경쟁한다. 그 결과 각 종은 기본 지위(fundamental niche)의 부분만을 차지하게 된다.

무궁화와 같이 생태지위가 넓은 종(일반종, 광범위종generalist)은 많은 다른 장소에서 살 수 있고, 넓은 범위의 환경조건에서 잘 견딘다. 잡초가 대부분 여기에 속한다고 할 수 있다. 반면, 황근은 좁은 생태지위를 갖는다. 이들은 좁은 곳에서만 살 수 있다. 무엇보다도 겨울철의 최저기온이 영상으로 유지되는 해안가에서 살 수 있다. 황근은 이처럼 좁은 범위의 기후조건에서만 견딜 수 있는 특수종(협범위종specialist)이다. 그렇기 때문에 황근은 무궁화와 같은 과(아욱)

에 속하지만 환경조건이 변하면 멸종될 가능성이 훨씬 높은 것이다. 우리나라에서 멸종위기로 지정된 대부분의 식물들은 사는 환경의 범위가 좁고, 생태지위가 좁은 특수종이라 할 수 있다.

3 물리환경에 대한 식물의 생리적 반응

3.1 빛

식물에서 모든 환경 조건들과 광합성 경로는 가장 밀접하게 연결되어 있고, 가장 질서정연하게 연결되어 있다. 식물에게 나타나는 가시적인 반응은 식물의 내부적인 세포수준에서 일어나는 생리적인 반응의 최종적인 결과라 할 수 있다. 따라서 광합성과 과정을 이해하면 식물의 환경요인에 대한 과정을 잘 이해할 수 있다. 따라서 외부 환경요인이 광합성을 미치는 영향을 설명하고자 한다.

광합성에서 광자는 빛에너지를 전달하는 엽록소와 같은 색소체와 관계한다. 광합성 생물은 빛에너지를 유기물과 같은 고에너지 결합에 저장함으로써 화학에너지로 전환한다. 이산화탄소로부터 얻은 탄소 원자를 환원시켜 유기물을 만들 수 있으며, 이때 탄소는 유기물질의 기본 골격을 이루게 된다. 광합성은 아래와 같이 반응물질과 생성물질로 표현되는 간단한 식으로 나타낼 수 있다.

$$6CO_2 + 6H_2O + \text{광자} \rightarrow C_6H_{12}O_6 + 6O_2$$

1) 명반응

광합성에서 첫 단계는 색소가 빛에너지를 흡수하는 것이다. 엽록체 내에서 엽록소가 광자를 흡수하면 곧 전자를 방출하고 일련의 반응에 관여하여 고에너지 화합물인 ATP와 NADPH를 생산한다(광합성의 명반응). 이후 식물 세포는 ATP와 NADPH를 이용하여 탄소(C)를 환원시켜 포도당($C_6H_{12}O_6$)을 생산한다(광합성의 암반응). 엽록소 분자는 명반응에서 물분자(H_2O)로부터 전자 한 개를 얻어 잃었던 전자를 보충하게 되고, 이 과정에서 산소(O_2)가 발생한다.

2) C_3광합성(식물)

우리가 알고 있는 주변의 대부분 식물(소나무, 코스모스, 참나무 등)은 광합성 초기단계에서 CO_2를 3탄소당으로 전환시킨다. 대기 또는 수중에서 CO_2는 5탄소당인 ribulose bisphosphate[RuBP]와 결합하여 2분자의 glygeraldehyde 3-phosphate(G3P)를 생성한다. 이 광합성 단계에서는 3탄소 화물물이 생산되기 때문에 C_3광합성(C_3 photosynthesis)경로라고 불린다(그림 8-4의 A). 기공은 낮에 열리고 밤에 닫힌다.

CO_2 + RuBP → 2G3P
1탄소 5탄소 3탄소

3) C_4광합성(식물)

더운 곳에서 사는 초본식물 중 벼과식물은 C_3식물과는 차별화되는 과정을 가지고 있다. CO_2는 3탄소 물질인 phosphoenol pyruvate[PEP]과 반응하여 4탄소물질인 oxaloacetate acid[OAA]를 생성하므로 이 경로를 가진 식물들을 C_4광합성(식물)이라 부른다. C_3식물은 토양수분이 풍부하고 보다 시원한 기후지역에 적응력이 좋은 반면, C_4식물은 더운 계절에 생산성이 더 높은 옥수수, 수수, 사탕수수, 사탕무 등이 해당된다. 이 C_4식물들은 잎 속의 이산화탄소의 농도를 높게 유지할 수 있고, 기공을 닫고 광합성을 할 수 있어 수분손실을 줄일 수 있다(그림 8-4의 B). 기공은 낮에 열리고 밤에 닫힌다.

CO_2 + PEP → OAA
1탄소 3탄소 4탄소

4) CAM[Crassulacean Acid Metabolism] 식물

알로에, 선인장, 파인애플과 다육식물(용설란과, 난초과, 돌나물과, 선인장과 등)같은 수분스트레스가 심한 사막과 같은 환경에서 자라는 다육식물은 C_4식물과 같은 생화학 광합성 경로를 밟으나 CO_2동화과정(암반응)은 밤에 일어나고, 명반응은 낮에 일어나는 점이 특징적이다. 즉 C_4식물에서는 명반응과 암반응이 엽육세포와 유관속초에서 공간적으로 구분되어 일어나지만, CAM식물에서는 밤과 낮에 시간적으로 구분되어 일어난다. C_3식물은 모든 광합성 과정은 엽육세포에서만 일어난다. CAM식물에서는 수분 손실을 막기 위해 기공은 밤에 열리고 낮에 닫힌다. CAM식물은 수분의 보유능이 높아 토양의 수분 관리에 특히 주의하여야 한다(그림 8-4의 C).

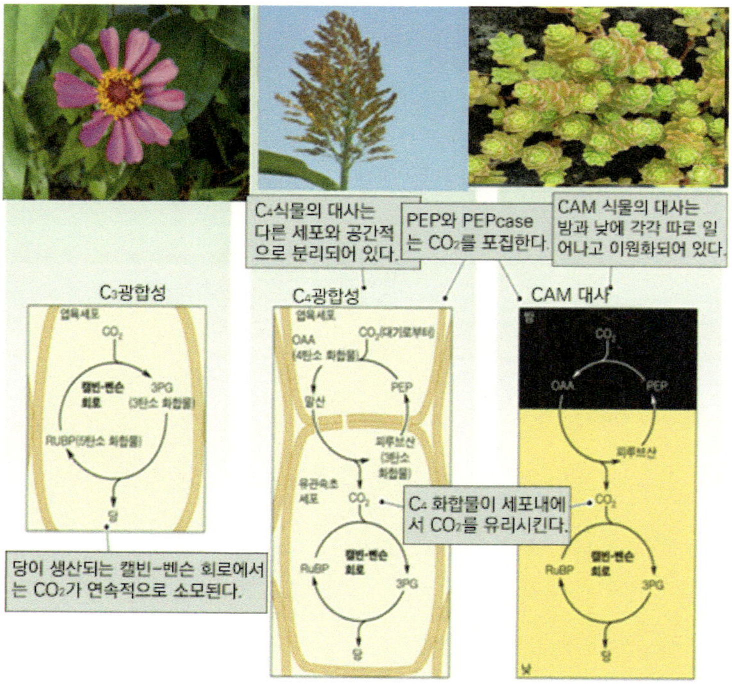

A. C_3식물, 백일홍 (Zinnia elegans)　B. C_4식물, 수수 (Sorghum cernuun)　C. 오른쪽, CAM식물, 돌나물 (Sedum sarmentosum)

그림 8-4 광합성의 세 가지 식물형(그림 위)과 탄소동화회로(그림 아래)

5) 양지식물과 음지식물

식물 중에는 강한 광환경에 적응된 것과(양지식물heliophytes) 약한 광환경에 적응된 것(음지식물sciophytes)이 있다는 것은 오래전부터 알려져 있다. 같은 유전자형을 갖고 있지만 서로 상이한 광 조건에서 자란 개체 혹은 잎들은 형태적 또는 생리적인 차이를 보인다. 음지에서 자라는 식물은 잎이 넓고 얇으며, 엽육세포가 크고 밀집되어 있지 않으며, 마디 사이가 길고 전체적으로 털이 많지 않다. 이러한 적응 현상은 광의 이용 효율을 증가시키고, 광을 접할(차단)할 수 있는 면적을 증가시키며, 광의 반사를 감소시킨다. 400~700 nm 범위의 가시광선(광합성 유효파장, PAR)이 증가함에 따라 양엽과 음엽이 보이는 전형적인 광합성 반응을 나타낸 것인데, 음엽은 양엽에 비하여 낮은 광도에서 광보상점light compensation point (호흡과 광합성이 같은 지점)에 이르고 광포화점도 낮다(그림 8-5).

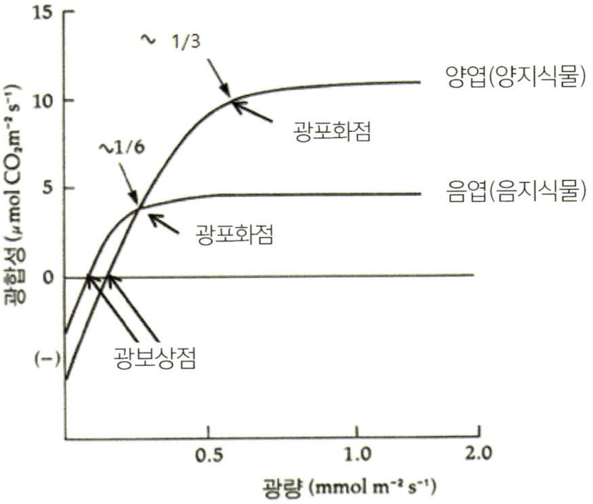

그림 8-5 양엽(양지식물)과 음엽(음지식물)의 일반적인 광포화곡선
화살표는 광의 포화강도(광포화점)를 나타내는데 양엽은 전광의 약 1/3, 음엽은 전광의 약 1/6 수준이다.

음지식물이 음지에서 양의 탄소 수지를 유지할 수 있는 능력은 낮은 광 조건에서 양지식물보다 광합성을 더 빨리 수행하는 능력 때문만은 아니다. 내음성종과 비내음성종을 낮은 광 조건에서 키울 때 광합성률이 같다. 다만, 음지식물이 음지에서 생육할 수 있는 가장 중요한 요인은 음지에서의 호흡률이 낮다는 것이다. 내음성 식물은 음지에서의 호흡률이 낮아 광보상점이 낮기 때문에 총 광합성률이 매우 낮을 때라도 양의 탄소수지를 유지할 수 있다. 음지에서의 낮은 호흡이 그늘에서의 생존에 핵심적 요인이다.

6) 광주기(낮과 밤의 길이)에 대한 반응

식물도 동물과 비슷하게 주기적인 행동을 한다. 기공이 열렸다 닫혔다하고 저녁에 잎이나 꽃이 접었다가 아침에 펴는 수면운동sleep movement을 한다. 콩을 밝은 곳이나 어두운 곳에 계속 두어도 장소와 상관없이 일정한 주기로 수면운동을 한다. 이러한 생체주기는 어떤 환경요인에 의해서도 조절되지 않으며 약 24시간의 내재된 일주기성이다. 이처럼 식물은 내부에 생체시계가 있다.

식물의 발달과정에서 정상적인 경우에는 휴면의 시작과 타파, 씨의 발아, 개화 등은 1년 중

특정 시기에만 일어난다. 식물의 생활사는 환경적인 계절 주기에 붙잡혀있다. 이러한 생체주기는 식물의 일주기 활동뿐만 아니라 계절적 리듬에서도 영향을 받는다. 식물이 1년의 시간을 측정하는데 이용되는 환경의 자극이 광주기photoperiod인데, 낮과 밤의 상대적인 길이를 뜻한다. 이 광주기를 통해 식물은 계절을 안다.

광주기에 따라 꽃이 피는 식물은 2종류가 있다. 하나는 단일식물short-day plant, long-night(장암식물)로서 날의 길이가 짧아지는(밤의 길이가 길어지는) 늦여름이나 가을 혹은 겨울에 꽃이 핀다. 국화나 수국, 꼬리풀 등은 단일식물이다. 반면 붓꽃, 제비꽃, 유채를 대부분의 곡류 작물은 장일식물long-day plant, short-night(단암식물)로 낮의 길이가 길어지는(밤의 길이가 짧아지는) 늦봄이나 초여름에 꽃이 핀다. 민들레와 토마토, 벼는 중일식물day-neutral로 일정한 성숙단계에 이르면 광주기와 상관없이 개화한다.

그림 8-6 단일식물(전주물꼬리풀)과 장일식물(붓꽃)에서 광주기(낮과 밤의 길이)에 의한 개화조절
암기 중에 빛을 비춰주면 단일식물은 꽃이 피지 않고, 장일식물은 개화를 유도할 수 있다.

그림 8-6은 밤의 길이가 개화에 어떻게 영향을 주며 단일식물과 장일식물의 개화가 어떻게 다른지를 보여주고 있다. 맨 왼쪽 ①번의 그림이 단일식물이다. 단일식물은 밤의 길이가 임계기critical period(약 14시간, 가운데 막대 표시) 이상 유지되지 않으면 개화하지 않는다. 이때 암기가 지속적으로 유지되어야 한다. 만약 암기 중에 매우 잠시라도 빛을 주어 방해를 하면 단일식물은 개화하지 않는다(그림 8-6의 ③). 그러나 낮 동안에 잠깐 어둡게 하여 광주기를 방해하더라도 개화는 영향을 받지 않는다.

장일식물은 밤의 길이가 임계기 이하로 짧아질 때만 꽃이 핀다(그림에서는 10시간). 밤의 길이가 그 이상이 되면 꽃이 피지 않는다. 그러나 밤에 빛을 잠깐 비추면 장일식물의 개화를 유도할 수 있다(그림 8-6의 ⑥).

이러한 광주기(밤의 길이)를 고려하여 식물의 개화시기를 조절할 수 있다. 그러나 대부분의 식물이 고유의 임계암기critical night length가 있지만 임계암기가 개화에 어떻게 영향을 주는지는 식물 종마다 다르다. 단일시물에서 임계암기는 개화에 필요한 최소한의 밤의 길이를 의미하여 밤의 길이가 그 보다 짧아지면 개화하지 않는다. 반면 장일식물에서의 임계암기는 꽃이 피는데 필요한 최대한의 밤의 길이를 의미하며, 밤의 길이가 임계암기보다 짧은 조건에서 꽃이 핀다.

3.2 수분(건조)

식물이 받는 수분 스트레스는 대기로 증발에 필요한 양이 수분 공급량을 초과할 때 나타나는 식물의 수분 상태이다. 수분 스트레스의 가장 직접적인 영향은 기공이 닫혀rst 저항이 증가하기 때문에 이산화탄소와 물의 이동이 제한을 받는다는 것이다. 기공이 닫히는 이유로는 잎의 물이 감소하기 때문이거나 아니면 잎의 물과는 관계없이 토양수의 부족에 대한 반응의 결과일 수도 있다.

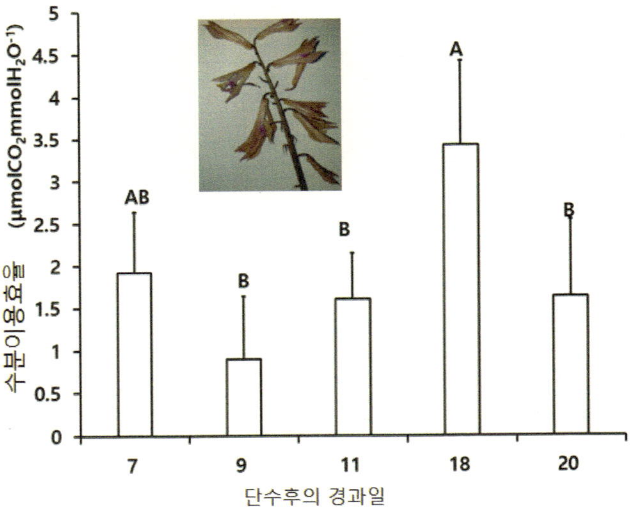

그림 8-7 단수 후 약난초의 수분이용효율의 변화
토양의 수분이 부족해도 수분손실을 조절할 수 있어 물을 20일이나 주지 않아도 수분이용효율의 변화가 거의 없다.

가뭄에 내성이 있는 식물은 잎의 해부학적 특성과, 광에 대한 넓은 범위에 걸친 높은 순광합성률과 낮은 기공밀도를 갖는다. 기공이 없는 지의류에서는 수분이용도의 변화에 따라 광합성률이 변한다.

C_4식물과 CAM 식물은 수분 소실을 제한하고 있는 동안에도 광합성을 위해 빛을 이용할 수 있는 능력이 향상되어 있다. 즉, C_4식물과 CAM 식물들은 C_3식물에 비하여 1분자의 이산화탄소를 고정하는 데 적은 양의 수분을 소실한다. 고정된 CO_2에 대한 소실된 수분의 비를 수분 이용 효율 Water Use Efficiency, WUE이라고 한다(그림 8-7). CAM 식물은 온도가 높고 습도가 낮아 대기의 증발 요구량이 가장 높은 기간에는 기공을 닫아 수분을 보존한다. 이때는 또한 엽육 세포벽의 증발 가능한 표면에 물이 가장 많이 존재하는 시기이다. 엽육 세포의 표면은 항상 물로 포화되어 있다. 그러나 높은 온도에서는 더 많은 물이 존재한다. 예를 들어, Agave deserti는 잎의 온도가 25℃와 5℃일 때 포화 수증기 농도가 각각 $23gm^3$과 $6.8gm^3$이 된다. 주변의 수증기 농도가 $4gm^3$일 때 수분 소실은 5℃ 때보다 25℃ 때가 7배 이상 높다. 내부 조건과 외부 조건이 수분 유지에 도움이 될 때 CAM 식물은 기공을 연다.

C_4식물의 수분 이용 효율은 C_3식물의 거의 두 배에 가깝다. 이것은 앞에서 설명한 것처럼 C_4 식물이 내부의 이산화탄소 농도^{cias}를 감소시킬 수 있는 능력이 있다는 데 일부의 원인이 있다. 내부의 이산화탄소 농도가 감소되면 내부의 기체 공간^{cias}과 외부대기^{cair} 사이의 이산화탄소 농도 구배가 커지게 되고 그 결과 기공의 폐쇄로 인하여 증가된 저항이 상쇄된다. 따라서 물의 소실이 감소되는 동안에도 이산화탄소의 흐름은 유지된다. 물의 유동은 이산화탄소의 유동보다 더 감소되는데, 그 이유는 기공저항은 이산화탄소보다 수분에 의해서 전체 저항에 대한 비가 크기 때문이다.

덥고 건조한 환경에서 C_4식물과 CAM 식물의 종수가 많은 이유 중의 하나는 이들의 수분 이용효율이 높다는 것이다. 이러한 사실은 C_4식물들이 건조한 환경에서 C_3식물들보다 경쟁적 이점을 가진다는 뜻은 아니다. CAM 식물은 수분 이용도 증가에 대하여 쉽게 반응하여 이용할 물이 많으면 낮 동안에도 기공을 열기도 한다. CAM 식물 중에는 수분 스트레스를 받았을 때 기공을 완전히 닫는 것들이 있다.

수분스트레스는 물과만 관련되는 것은 아니고 염분에 의해서도 유발된다. 특히 겨울철에 제설제를 뿌리고 난 뒤 남아있는 토양에 사는 도로변의 가로수들은 이러한 피해를 받을 수 있다.

3.3 온도

온도는 다양한 방법으로 광합성에 영향을 준다. 이미 언급한 바와 같이 C_4식물은 C_3식물에 비하여 높은 온도에서 양의 광합성을 수행하는 능력이 있다. 온도는 세포의 효소의 촉매 반응을 제한한다. 최적 온도에 이를 때 까지 광합성은 점점 증가한 다음 효소가 변성을 일으키는 높은 온도에서는 광합성량이 갑자기 감소할 것으로 추측할 수 있다.

식물은 이전의 온도 환경에 순화할 수 있는 능력이 있고, 사는 서식처, 세포조직의 나이와 관련이 있다. 광합성과 온도 사이의 이러한 밀접한 관계는 생육계절이 짧은 서식처에 특징적인 현상이다. 생장을 위해 이용 가능한 시간의 제한은 성공을 위해 중요한 가장 높은 광합성률을 갖도록 한다.

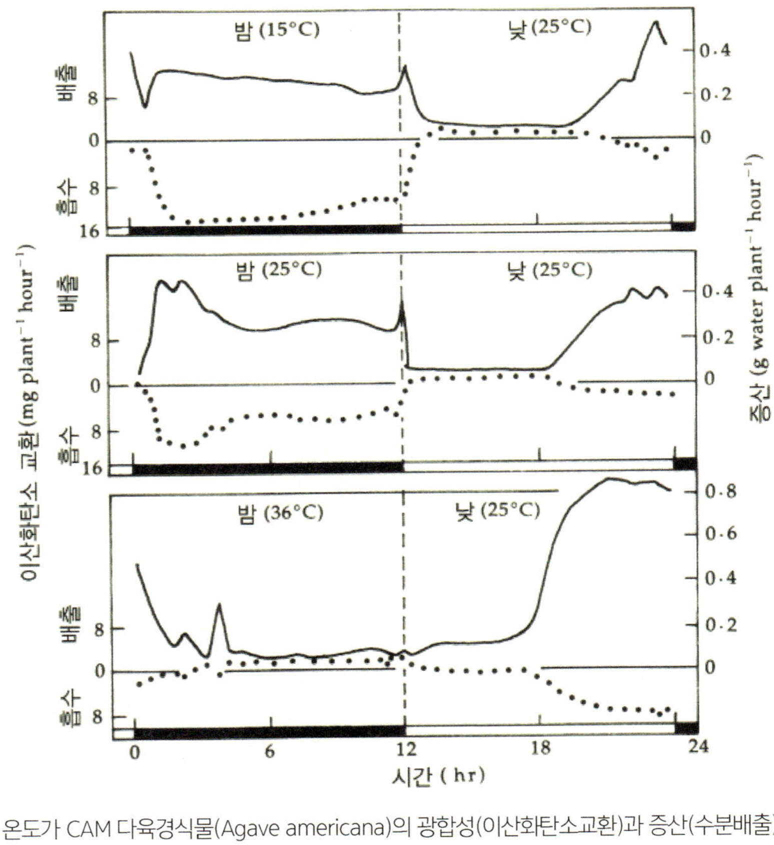

그림 8-8 밤의 온도가 CAM 다육경식물(Agave americana)의 광합성(이산화탄소교환)과 증산(수분배출)에 미치는 영향 밤 온도가 낮으면 광합성이 높고, 낮에 증산율도 낮다. 반면에 밤 온도가 높으면 광합성이 거의 일어나지 않고, 낮에 증산으로 수분손실이 많다.

광합성과 온도 사이의 이러한 밀접한 관계는 생육계절이 짧은 서식처에 특징적인 현상이다. 고산지대와 같이 생육계절이 짧은 곳에서 사는 식물은 생장을 위해 이용 생존 성공을 위해 최대 광합성률의 최적온도가 낮다. 이처럼 생육기간이 짧은 지역이나 안정된 환경조건에서 생육하는 식물들은 온도 변화에 순화하는 능력이 감소되고 온도에 대한 내성 범위가 더 좁다.

온도는 CAM 식물의 광합성을 조절하는 결정적인 요인인데, 그 이유는 밤 동안에 일어나는 CO_2의 흡수에 저온이 필요하기 때문이다. CAM 식물인 Agave americana의 정상적인 밤, 낮의 기공 리듬이 밤의 온도가 36℃ 또는 그 이상에 도달하면 역전된다(그림 8-8). 식물체를 낮에는 25℃, 밤에는 30℃에 두었을 때 밤에 이산화탄소의 고정이 일어나지 않는다.

3.4 영양염류(영양소) 토양

식물의 영양소는 식물의 생육상태를 결정함은 물론이고, 생존까지도 결정할 정도로 중요한 인자이다. 토양에는 토양자체에 영양소를 보유하고 있으나 질소성분(N)이 대부분이 부족하고, 토양에 따라 결핍된 영양소가 항상 존재하며 그 종류는 각기 다르다. 따라서 토양의 영양소의 상태를 파악하지 못하면, 여기에서 자라는 식물의 생육이 불량해진다.

식물은 토양의 영양소가 많을지라도 토양의 조건에 따라 식물의 이용률이 낮거나 심지어 이용할 수 없는 상태도 존재하는데 이것은 앞서 설명한 토양의 수분함량(건조)이나 뒤에서 설명하는 토성, 미생물의 활동과 같은 물리적 조건에 따라 영양소의 이용이 크게 영향을 받기 때문이다.

1) 토양의 구성

기후에 의해 식물의 분포가 제한되는 범위 내에서 토양은 주어진 지역에서 식물의 출현에 가장 중요한 영향을 준다. 식물이 가장 긴밀하게 상호작용을 하고 있는 토양 환경이다. 토양은 식물의 생장에 필요한 대부분의 영양분을 공급하므로 육상생물의 기초가 된다. 토양은 통과하는 물을 걸러 정화해주는 지구의 주요 필터이고, 물순환과 물의 저장과정에서 주요 요소이다.

토양은 4가지 구성원인 광물질, 유기물, 물 그리고 공기로 구성되어 있다(그림 8-9). 광물질은 식물이 뿌리를 내리고, 물이나 공기 그리고 영양염류 저장을 위한 장소와 공극pore space을 제공하며, 식물이 필요한 영양염류를 위한 치환 장소, 그리고 풍화 가능한 광물질을 통해 이들

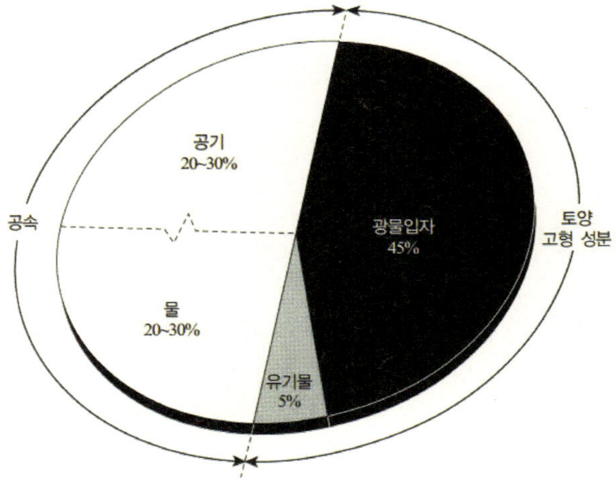

그림 8-9 식물생장에 이상적 조건일 때 양토의 부피구성
물과 공기 사이의 점선은 서로 상대적인 변동을 의미한다. 미세질 토양에서는 공극이 미소 공극으로 되어 있다. 조립질 토양에서는 공극이 주로 거대공극으로 되어 있다.
©Brady & Weil(1996)

영양염류 공급원 역할을 한다. 토양의 유기물은 다양한 분해 단계에 있는 동, 식물의 사체뿐만 아니라 수십억의 박테리아, 곰팡이, 노래기, 지렁이와 같은 토양생물의 세포, 조직, 분비물 등이 포함된다. 유기물은 (a) 영양염류의 재순환을 위한 공급원과 교환 지소를 제공하며, (b) 토양의 구조, 공극, 보수 능력 등에 영향을 주며, (c) 토양 미생물과 기타 종속영양생물을 위한 에너지 공급원 역할을 한다(그림 8-11 참조).

토양에 있는 고형 유기물과 무기 입자 사이에 있는 공간인 공극에는 공기와 물이 들어 있다. 물이 토양의 아래쪽으로 흘러내리는 것을 침투infiltration라 하고, 물이 스며 나오면서 위층에 있는 여러 종류의 무기물과 유기물을 녹여 밑의 층으로 이동시키는 과정을 세탈leaching이라 한다. 토양수는 식물생장에 필요한 영양염류의 용매역할을 하며, 토양입자의 표면이나 유기물질의 치환 부위에 흡착되어 있는 양이온과 음이온, 그리고 식물 뿌리에 의해 분비되어 토양 용액 자체에 용해되어 있는 양이온과 음이온 사이의 평형을 유지한다(그림 8-10). 토양속의 공기에는 식물 뿌리와 토양 생물의 세포호흡을 위한 산소, 물질대사 활동에 의해 방출된 이산화탄소가 포함되어 있는데, 이산화탄소는 광물질의 풍화를 촉진시킨다. 그리고 질소고정 생물을 위한 분자상태의 질소 등이 포함되어 있다.

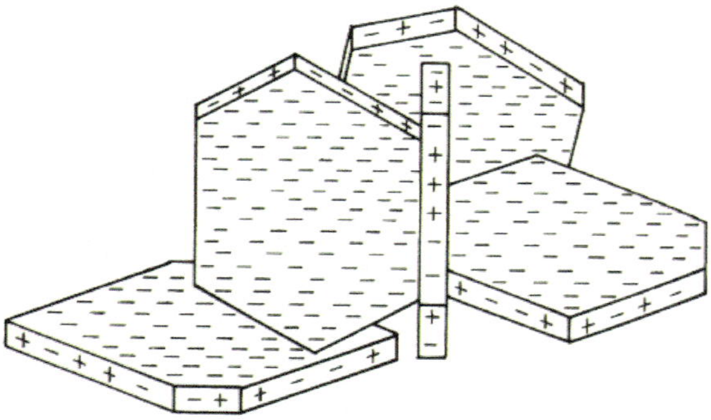

그림 8-10 토양의 점토 입자 표면에 나 있는 전기적 상태 모습
가장자리에 있는 양이온들은 넓은 표면에 있는 음이온들에 의해 끌린다. 음이온들은 양이온 치환 지소를 제공하여 K, Ca, Mg와 같은 양이온들의 저장소의 역할을 한다. ©Thomson & Troeh(1973)

그림 8-11 토양의 일반화된 토양단면
토양층위의 수, 조성과 두께는 토양의 유형에 따라 달라진다. 토양은 생명의 건강과 생존을 가능케 하는 기초를 제공한다. ©Miller(2006)에서 수정

2) 토양층위

비옥한 토양은 일련의 수평층으로 구성되는 토양층위soil horizon가 형성된다. 이 토양층위의 단면도를 토양단면soil profile이라 한다. 대부분의 성숙한 토양은 3층 이상으로 구성되어 있다

(그림 8-11). 최상층은 낙엽층(L) 또는 O층이라 하고 보통 검은색이나 갈색을 띤다. 최근에 떨어져 아직 분해되지 않았거나 일부만 분해된 낙엽, 가지, 줄기, 동물의 노폐물, 진균과 다른 유기물로 구성되어 있다.

표토층top soil layer(토양표층) 혹은 A층은 부식질humus로 반쯤 분해되었거나 완전히 분해된 유기물과 무기 입자가 성기게 섞인 곳이다. 이 층은 아래층에 비하여 색이 덜 짙고 푸석푸석하고 부드럽다. 생산성이 높은 비옥한 토양은 이 A층이 두껍고 부식질이 많이 들어있다. 그래서 표토는 식물의 뿌리에 흡수될 물과 영양소를 잡아둘 수 있다. 표토의 색이 어둡고 짙을수록 질소와 유기물이 많다는 것이고, 회색, 밝은 황색이나 적색일수록 유기물이나 질소와 같은 양분이 적다는 뜻이다.

식물뿌리와 토양 유기물 대부분이 O층과 A층에 집중되어 분포한다. 식물물이 이 층에 뿌리내리는 한 토양은 물을 저장해 두었다가 조금씩 내놓는다. 또한 이 두층에는 복잡한 먹이그물과 상호작용하는 세균, 진균, 지렁이 그리고 작은 토양소동물이 풍부하다. 한 줌의 표토에는 수십억 마리나 되는 세균과 다른 분해자 미생물(곰팡이 포함)이 복잡한 유기화합물을 물에 녹는 간단한 무기화합물로 분해한다. 이런 영양소가 녹아있는 토양수분이 식물의 뿌리에 흡수되어 줄기, 가지를 통해 잎으로 이동되는 과정이 지구 화학순환의 일부가 된다.

B층(하층토)는 A층에서 세탈된 물질이 집적되는 곳으로 철과 알루미늄의 화합물, 탄산염, 점토, 염 그리고 부식물질이 있다. A층에서 세탈이 일어나지 않는 곳에서는 B층이 없기도 한다. C층(모재)은 풍화되지 않은 모암의 위에 형성되어 있다.

3) 토성과 공극

토양에 들어있는 입자의 크기와 공간은 다양하다. 토양 입자는 직경이 2mm 이하로 이보다 큰 것은 자갈로 토양에 해당되지 않는다(표 8-1). 토양에 따라 구성하는 점토clay(매우 미세한 입자 <0.002mm), 미사silt(미세한 입자, 0.002～0.05mm) 그리고 모래sand(0.05～2mm)의 구성비는 달라진다. 크기별 상대적인 양과 이들 무기질 입자의 유형이 토성soil texture(토양의 부드러운 정도)을 결정한다. 양토loam는 모래, 미사와 점토가 거의 같은 비율로 혼합된 것을 말한다. 양토일 경우 식물의 생장에 가장 적합하다.

일반적 용어		기본적인 토성 이름
통속명	토 성(느낌 정도)	
사토(sandy soil)	굵고 거칠다	사토, 양질 사토
양토(loam)	적당히 거칠다	사양토, 미세 사양토
	중간	매우 미세한 사양토, 양토, 미사양토, 미사토
	적당히 미세하다	식양토, 사질 식양토, 미사질, 식양토
식토(clay soil)	미세하다	사질 식토. 미사질 식토, 식토

표 8-1 토성에 사용되는 일반 용어

토성은 단위 부피 토양 속에 있는 공간의 부피인 토양공극soil porosity을 추정할 수 있게 해준다. 미세한 입자가 많으면 물을 많이 보유하고, 굵은 입자가 많으면 공기의 보유에 유리하다. 공극이 큰 토양에는 구멍이 많으므로 보다 많은 물과 공기를 가질 수 있다. 토양속의 이런 빈 공이 토양에서 물과 공기의 위에서 밑으로의 속도를 결정한다.

4) 토양 산도(pH)와 토양영양 염류

토양 pH의 중요한 효과 중의 하나는 무기 영양염류의 이용도에 미치는 영향이다. 식물이 이용하는 원소들은 토양용액 중에 가용성 이온으로, 전기를 가진 입자 표면에 흡착된 이온으로, 또는 광물입자나 유기물입자의 구성원으로 존재한다. 흡착된 이온은 세포, 조직 또는 기관 속에 이입되어 있는 흡수된 이온과는 반대로 고체의 표면에 붙어있는 이온들을 의미한다.

토양에 따라서는 pH 4 이하, 혹은 pH 8 이상의 값을 갖는 것들도 있지만, 일반적인 토양은 pH 4~8의 범위를 갖는다. 예를 들어, 염분토양이나 석회암 토양은 보통 pH 7.3~8.5의 범위를 갖는다.

일반적으로, 세탈은 토양으로부터 염기성 이온들을 제거하여 토양의 pH를 낮춘다. 토양 pH에 대한 식물의 영향은 매우 복잡하다. 영양염류 (양이온과 음이온)는 표층토의 바로 밑 부분에서 식물체에 흡수되고, 토양에서 흡수된 영양염류는 낙엽을 통해 토양에 회수된다. 벼과의 초본식물들은 더 많은 염기성 이온을 사용하는 경향이 있어 토양 pH가 낮아지는 것을 막을 수 있다. 반면에 침엽수의 낙엽은 산성 세탈액을 제공하는데, 그 결과 토양 pH가 낮아진다. 치환 부위에 흡착되어 있는 양이온이 적고, 산성 풍화에 의해 더 많은 양이온이 방출된다(그림 8-12).

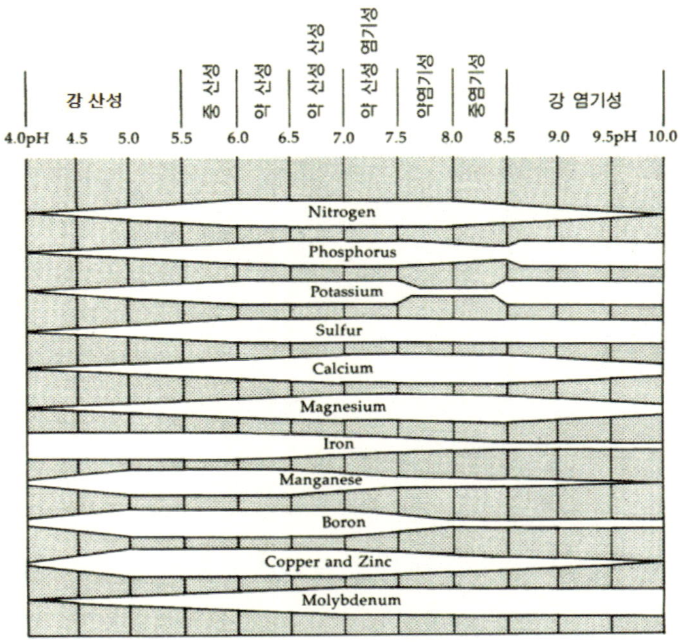

그림 8-12 토양 pH와 식물의 영양염류 이용도 사이의 관계
원소의 넓이가 넓을수록 잘 이용하는 것이다. 수용액이 강산성이거나 강염기성이면
식물에 중요한 N, P와 K의 이용범위가 줄어들고 약산성과 약염기성에서 증가한다.
©Thompson & Troeh(1973)

경작지의 토양은 암모늄태 질소와 황이 포함된 화학비료의 사용으로 pH 값이 낮아진다. 예를 들어, 암모늄태 질소는 미생물의 활성을 촉진하고, 수소이온을 방출하는 토양생물의 개체군을 증가시킨다. 그 결과 토양이 산성화되고 저장된 양이온 영양염류가 제거된다. 이들 산성 토양을 중화시키기 위해 흔히 석회(CaO 혹은 $CaCO_3$)를 사용한다. 반면에 토양이 강한 알칼리성일 때에는 pH를 낮추기 위해 원소상태의 황을 처리한다. 대부분의 토양에서는 여러 가지 완충효과를 갖는 이온들이 들어있어 pH가 크게 변화되지 않는다.

토양의 pH가 직접 식물 생장에 미치는 영향은 한정되어 있지만, 간접적인 영향은 매우 다양하며 또한 중요하다. Al과 Mn(낮은 pH에서 잘 용해됨) 같은 금속의 독성은 pH에 의한 직접적인 영향에 속한다. 토양 pH의 가장 중요한 간접적인 효과는 영양염류 이용도에 미치는 영향과 미생물 활성에 미치는 영향이다. 풍화율과, 질소, 인산, 황 등과 같은 영양염류의 이용도, 그리고 칼륨과 같은 영양염류의 세탈 등은 모두 토양 pH에 의해 영향을 받는다. 인(P)처럼 용해도가 낮은 영양염류의 이용도는 pH 변화에 대하여 특히 많은 영향을 받는다. pH 6.5~7.5 사이인 중성 근처에서 인산의 이용도가 가장 높고, 식물생장에 필요한 대부분의 영양염류의 이용도도 중성에서 가장 높다.

3.5 정원식물 적용

지금까지 환경에 대하여 반응하는 식물의 생태 및 생리적인 과정을 살펴보았다. 우리가 정원에 식물을 도입하여 식재하고 가꿀 때 성공과 실패를 좌우하는 것은 여러 가지의 매우 다양한 환경적 요소가 있다. 정원에서 실패하는 이유는 병해충과 같은 요인도 있겠으나, 대부분은 정원식물의 생리적인 범위에 맞는 환경범위를 벗어나는 곳(환경)에 식재를 잘 못하였거나 아니면 그 범위를 벗어나는 관리 행위를 하였기 때문이라 할 수 있다.

예를 들자면, 물을 저장하는 다육경식물인 세듐sedum에 대한 관리방법에서 찾을 수 있다. 식물은 건조에 적응한 내성을 갖는 식물로 수분을 많이 공급하면 개화가 잘 되지 않는다. 이러한 식물들은 일반적인 중성식물과 다르게 수분관리를 해주어야 한다. 또 다른 예로는 정원에서 천사의 나팔꽃과 같이 꽃이 크게 피는 식물을 키우는 경우가 많은데 종종 꽃이 없고, 잎만 무성만 경우를 많이 본다. 이러한 경우는 대개 건물이 그늘을 만들거나 약간 음지에서 관찰된다. 이는 큰꽃을 만드는데 많은 태양에너지가 필요하지만, 응달에서 있기 때문에 광합성이 적게 일어나서 아직 생식생장의 단계로 나가지 못하기 때문에 일어나는 현상이다.

정원식물이 제 모습을 제대로 아름답게 보여주기 위해서는 각 식물의 고유한 생리적인 내적인 특성을 숙지하는 것이 필요하다. 그러나 이러한 식물의 생리적인 특성은 측정 장비나 이를 통한 학문적인 연구가 특별히 되어 있지 않아도 별 문제는 되지 않는다. 왜냐하면, 이미 식물들이 자연에서 살고 있는 장소(생육지)가 바로 각 식물이 생리적인 범위에 따라 적응한 적당한 환경조건을 갖추고 있는 곳이기 때문이다. 따라서 정원식물을 제대로 식재하고 바르게 관리를 하기 위해서는 바로 그 식물의 자연 분포지의 광 선호도(음지, 양지)와 광주기성, 수분(내건성, 내염성), 산성도(호산성, 호염성), 영양염류(빈영양, 부영양) 등의 환경조건이 어떠한지를 논문이나 보고서 등의 문헌을 통하여 파악하고, 자료와 정보를 모으는 것이 우선적으로 필요하다. 즉 적재적소에 맞는 정원식물의 선발이 참으로 중요하다.

기문당

기문당은 1976년 창립이래 반세기동안 쌓아 온 건설 전문 콘텐츠를 바탕으로 도서출판 분야를 넘어서 전자책, 온라인 강의 등 디지털 교육 분야로 나아가고 있습니다.
건설분야 최고의 지식 콘텐츠 프로바이더로서 건설인 여러분에게 더욱 전문적인 지식과 풍부한 정보들을 다양한 방식으로 전달하겠습니다.

기문당 KMD PLUS

- 전문도서
- eBook
- 온라인강의
- 정보 서비스
- 교육·서비스

건설분야 최고의 전문가로 성장할 수 있는 콘텐츠와 환경,
기 문 당에서 제공해 드립니다.

KMD PLUS 기문당의 이러닝 교육 서비스는 KMD PLUS를 통해 제공됩니다.

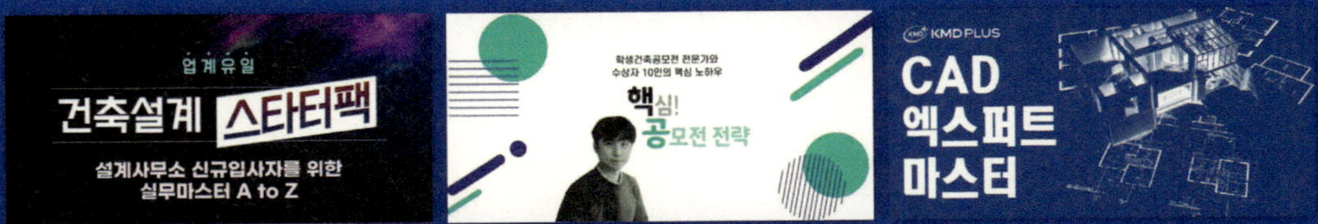

홈페이지에서 더 많은 강의를 확인해보세요. www.kmdplus.net